云中的风铃

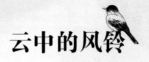

宁波野鸟传奇

张海华◎著

宁波出版社
NINGBO PUBLISHING HOUSE

作 / 者 / 简 / 介

　　张海华，男，70后，新闻记者、自然摄影师、宁波市野生动物保护协会副会长。本科毕业于中山大学哲学系，研究生毕业于复旦大学中文系，文学硕士。有十余年野外摄影经验，业余主要致力于野生鸟类、两栖爬行动物、野花等方面的拍摄；近年来同时致力于自然文学的创作，自2015年11月起，在《宁波晚报》开设《大山雀的博物旅行》专栏，并长期为国内多家报刊供稿。从2016年6月起，在宁波市图书馆开设"大山雀自然学堂"，每月一期，与市民分享自然的故事。

自 序

　　2006年7月,清晨,橘红的阳光铺满了湿地。乘一叶扁舟,在广阔的湖上、在丰盛的水草旁、在芦苇的边缘,穿行。无数的水鸟,如天地间的精灵,它们飞翔、守候、捕鱼、追逐、亲热……此时此刻,就算不举起镜头,我也已经陶醉,还有什么,能比大自然的生机勃勃更让人感动?

　　是的,那时候我刚爱上拍鸟,心中充满了热情,一种简单的快乐,却至今让我回味再三。十余年的时光眨眼即过,2017年因酷热而显得特别漫长的夏天,我因为写作"宁波野鸟传奇"而享受到心中的一片清凉。

　　半年前,编辑徐飞老师说,这本"鸟书"你写个10万字吧。谁知,我一写就收不住,竟然写了16万字。这里面的原因,一方面,固然是因为宁波多达400余种的野生鸟类实在有太多传奇值得书写;另一方面,也是因为有点贪多求全,总觉得没有提到某种鸟儿就对不住这种精灵似的。

　　这本书,算是宁波历史上第一本关于本地野生鸟类的书吧,既是散文,也马马虎虎可说是图鉴。如今,书稿终于完成了,为了方便读者诸君阅读本书,有些事项得略作说明。

　　先说说本书的叙述逻辑。它由两条线交织而成:一是故事,包括鸟儿本身的故事、观鸟与拍鸟的故事,乃至鸟儿与古典诗歌的故事;二是分类,即大致按照不同鸟类的分科,把某个"野鸟家族"放在一块儿讲。比如说,读了《白额燕鸥的爱情故事》，就不仅熟悉了白额燕鸥，也顺带着了解了宁波有分布的其他燕鸥科鸟类。

业内人士都说："分类分类，越分越累。"此言非虚。我手头有多本鸟类专业书籍，但它们对于鸟的分科都不相同，对鸟的命名也各有差异。为统一起见，本书关于鸟类的分科，以《中国鸟类分类与分布名录》(科学出版社，2011年6月第二版)为准；至于鸟名，也基本以此书为准，只有极少数几种鸟因近年来已被重新定名，因此凡我知道的，一律采用新的鸟名。另外，书中所附的关于各科鸟类的简介，若非特别注明，均摘自《中国鸟类野外手册》(湖南教育出版社，2000年6月)。

接下来，得多费点笔墨，详细说说写这本书的一些背景，包括我的相关人生经历与思考——归纳起来就三句话：一个人、一个孩子、一群孩子。

先说说"一个人"的故事：我从"书呆子"到"野人"的故事。

我自幼在江南水乡长大，对鸟儿、青蛙、野花等都非常好奇，可是很无奈，写作文时总要写"不知名的小鸟""不知名的野花"之类，没人能告诉我它们的名字。我大学本科读的是哲学，研究生读的是中国古典美学，毕业后做了近20年的记者，跟各行各业的人都打过交道，应该说读书、阅事均不算少，但童年时的疑问依旧没得到解决，那种好奇心始终潜伏在我的内心深处。我决定自己去探索。最近十余年来，我痴迷于拍摄野生鸟类、两栖爬行动物、野花等，成了一名自然摄影师，同时也成了一名自然文学创作者、一个自然教育的倡导者与探索者。因此，我的博物之旅，从本质上说就是一场"回归童年的旅行"，是向童年的致敬。

荒野之间，有很多美丽需要我们放下身段去欣赏。我曾经在象山的深山中拍摄金线兰。这是一种不起眼的珍稀兰科植物，如果随意走过，恐怕会将她的小花踩在脚下也不知道，但当我趴下来平视她，就觉得那些花儿简直就像是暗黑森林中闪烁的小星星。

多年来,我花了无数的时间,在荒野中独自游荡,从未感到孤独。夏天的晚上,在深山的溪流中,我戴着头灯,穿着高帮雨靴,溯溪而上进行夜拍。有时,我会故意把所有灯光关闭,就一个人在溪流中仰望星空,听听那蛙鸣,听听那风声,觉得很舒服。当然,有时,清冷的月光,还有远处猫头鹰"嗡!嗡!"的叫声,会让心里感到一点点的恐惧。

此时此刻,你若身临其境,你会发现,当自己全身心地融入大自然中,全身心地感受这一切,会觉得自己不再是一个社会的人,至少暂时不是所谓的"社会关系的总和",而是一个自然的人,再也没有所谓的权势、财富之类的外在东西。是的,当你身处黑暗的广阔山野,看着璀璨的星空,你会感到自己是如此的渺小。

此时此刻,在这条溪流中,在这片黑暗中,你是如此脆弱、无助,仿佛回到了远古洪荒时代,而身边所有的一切 —— 哪怕是一只蛙、一只虫 —— 都比你更适应这个世界,比你更强大、更自在。没有东西可以帮助你,因为你置身于神秘而无限的大自然中。

是的,此时此刻,那些世俗的烦恼又算得了什么呢?我觉得这是荒野带给我的最大震撼。

接下来说说"一个孩子"的事。这孩子,就是我的女儿航航,今年15岁,刚读十年级。

从小到大,我都不愿意送航航去上补习班,而经常鼓动她跟我一起到野外玩,一起观察自然,去观鸟、看野花,乃至夜探溪流。犹记得她读小学时,有一年暑假她央求我一定要带她去夜拍。起先我出于安全考虑,不肯带她去,后来实在拗不过,就答应了。那天晚上,她刚踏入溪流,就激动地喊了一声:夜间科考开始啦!这场景我永远都不会忘记。后来胆子越来越大,2014

年夏天，我带女儿夜探西双版纳的热带雨林，近距离观察竹叶青蛇，还不小心惊动了黑蹼树蛙，有一只蛙直接跳到了航航身上。我轻轻把它放在女儿手心，然后任由它跳走。

我们甚至曾鼓动女儿"逃学"去看日环食。那是 2012 年 5 月，航航还在读小学四年级。难得一见的日环食可以在厦门看到，于是我和她妈妈费了好大劲，才说服女儿不上学一天，而跟我们一起去厦门。于是，那天我们在沙滩上目睹了海上带食日出、犹如燃烧的"魔戒"的日环食等令人震撼的奇伟天象。

航航从小就喜欢画画。记得她很小的时候就会照着绘本画鸟，画得挺不错的，而且很快。但迄今为止，她从未接受过任何专业美术训练，都是自己在捣鼓。而且，我也一直没有真正发现她的绘画才能 —— 直到 2016 年暑假。当时她告诉我，老师布置了一份跟自然观察有关的作业，而她决定用水彩来手绘宁波的 20 多种蛙类。我大吃一惊，心想你会画吗。最后，当女儿把她的作品一幅幅拿出来时，我简直惊呆了。我把航航画的蛙发到了新浪微博上，得到了不少国内的博物绘画"大神"的表扬。

也正是因为画蛙有了一点小名气，于是在 2017 年年初，应《知识就是力量》杂志之邀，从 2 月的那一期开始，我们父女俩开始合作做《自然笔记》专栏，每月一期，我负责写作，女儿则负责博物插画。我们一起完成了《料峭二月，寻找萌动的春意》《三月里的"独唱"》《空谷幽兰，为谁绽放》《雨蛙的季节》《清源溪自然笔记》《全职鸟爸爸》《夏末峡谷》《九月鹰飞》等篇章，实际上也是为宁波每个月做了一期自然笔记。

曾经在海边，我目睹成千上万的候鸟在湿地上空飞成了一个完美的"爱心"形状，听到无数翅膀在头顶振动的声音，心中充满了感动。是的，我们要为这一份大自然赐予的美好而坚持。传达自然之美，去影响更多的孩子，这是一种荣幸，也是一种责任。

近年来，我注意到，很多孩子看上去"无所不知"，可以滔滔不绝地谈论遥远地方的奇风异俗，却根本不关注身边的一草一木、一虫一鸟，仿佛它们从未存在过。你问一个小孩：食物是从哪里来的？他说，在超市里啊，在便利店里啊。他不知道庄稼是从土地里长出来的。

这跟我小时候的经验刚好相反。我小时候，对世界了解并不多，但体验却很深。我自幼在农村长大，爬树、逮知了、抓螃蟹、用弹弓打鸟……总之，就像我父母所说，"拆天拆地"，无所不为。尽管我对日常生活经验之外的世界几乎一无所知，但这丝毫没有降低我对外部世界的探索热情。

我觉得，对现在的孩子来说，了解不能替代体验。因此，近两年来，我们经常在宁波组织亲子自然观察活动，带孩子们去野外观鸟、赏花、夜探大自然等。我觉得，我们做的这些事情，能让孩子们的眼睛发光。

举个例子。我一个同事的儿子，去年读小学二年级。他妈妈说，小家伙一直讨厌写作文，说实在没东西写。去年暑假，他参加了我带队的夜探日湖公园活动，非常兴奋。没过多久，他妈妈用手机拍了他写的关于那次夜探活动的作文，然后发给我。我一看，哟，不得了，居然洋洋洒洒写了约600字，而且写得有声有色，很有感染力。

慢慢地，我发现，越来越多的家庭喜欢上了博物旅行，年轻的父母们希望自己的孩子不再死读书，而能更多地接触自然，感受自然之美，并在此基础上真正做到了解乡土、关注并保护生态环境。

我曾经去女儿学校做了一场题为"发现身边自然之美"的演讲。后来，学校的一位艺术家老师给我画了一幅画，说画的就是"大山雀先生"（"大山雀"是我的网名）。大家如果看过电影《魔戒》就会知道，里面有群人叫"树人"，这位老师给我画的形象，就差不多是一个树人：双脚下面生出了根，牢

李娜 / 手绘

　　牢扎根于乡土；手臂上也长出了树枝，还有一只小鸟停栖在那里。我很喜欢这幅画，因为它所表达的含义非常符合我的理念，即关注乡土是最重要的。我想通过对乡土的探索，告诉大家在我们宁波也有这么多珍贵的宝贝，值得去热爱，去欣赏。

　　我相信，坚持做下去，去影响更多的人，一起来关注乡土，我们就能改变世界一点点，更美好的一点点。

　　是为序。

张海华

2017 年 9 月 5 日

目 录

你不一定认识"麻将"

说来好玩,在很多宁波人的"鸟类分类学"中,本地有分布的野生鸟类,似乎主要分为四种:麻雀、白鹭、乌鸦、老鹰。对排名第一的麻雀,宁波话称之为"麻将"。

多年前,我拍了一种色彩艳丽的小鸟,有个朋友看到照片后惊奇地说:"哇,这只麻将好漂亮!"我说:"哪有羽毛这么鲜艳的麻雀?"他说:"哦,彩色麻将!彩色麻将!"我顿时笑得前仰后合。看来,在这位哥们眼里,"麻将"分两种,即"普通麻将"与"彩色麻将"。

说真的,虽说麻雀是最常见的鸟,但绝大多数人未必真正认识它,这里面的缘故,值得想一想。

我们的老邻居

我们这里的麻雀,也叫树麻雀。树麻雀分布极广,遍布整个欧亚大陆。在中国东部,树麻雀一统城市与乡村,而在欧洲及中国西部的一些地方,树

【麻雀】
小型鸟,上身具棕、黑色杂斑,因而俗称麻雀。嘴粗短强壮,圆锥状,尾方形或楔形。生活于农作区或开阔的次生林灌丛间,树栖性,大多在地面或草茎上取食种子。营巢于树上或建筑物缝隙间。(据《台湾野鸟图鉴》)

麻雀　　　　　　　　　　雀科

　　体形略小（14厘米）的矮圆而活跃的麻雀。顶冠及颈背褐色，两性同色。成鸟上体近褐，下体皮黄灰色，颈背具完整的灰白色领环。与家麻雀及山麻雀的区别在脸颊具明显黑色点斑且喉部黑色较少。幼鸟似成鸟但色较暗淡，嘴基黄色。栖于有稀疏树木的地区、村庄及农田。

　　麻雀主要生活在乡村，分布在城镇的主要是家麻雀。因此，在100多年前，《飞鸟记》的作者欧仁·朗贝尔曾俏皮地说：

　　小小的树麻雀，或者也可以称你为篱笆上的麻雀，你那淳朴善良的样子一下子就泄露了你的乡村出身。它还写在了你的羽毛上。覆盖头顶的栗褐色发式，肯定不是你在城市里获得的。还有你的小短腿、圆后背、胖下巴、短尾巴（就像农民身上裁剪到不能再短的衣服下摆），都不会是时髦商店的产物。你的兄弟——那个城里人（注：指家麻雀）——倒也不是穿得更好，相反，还不如你……

白脸颊上有黑斑，是麻雀的特征

是的，这身材矮圆、衣着简朴、叫声单调的小家伙，尽管是四季常在的土著居民（按照欧仁·朗贝尔的说法，"它们从没想过向南方迁徙：乡下人一点都不爱好旅游"），也是老在我们身边"叽叽喳喳"的小邻居，但大家反而对它熟视无睹，很多人事实上完全不能区分麻雀和相类似的鸟——基于此，我才说，你不一定真的认识麻雀。其实，在外貌上，麻雀有一个重要的标志性特征，就是：白色的脸颊上有一块明显的黑斑。这一点，似乎连欧仁·朗贝尔都没有特别留意到。

几十年前，因啄食谷物的罪名，麻雀曾一度被列为"四害"之一，在一场全国性的运动中，差一点被消灭干净。幸好后来在众多动物学家的反对下，麻雀得到"平反"，除名后的空缺由臭虫（蟑螂）"光荣"替补，因此新"四害"名单变为"苍蝇、蚊子、老鼠、臭虫（蟑螂）"。

躲过一劫的麻雀，以其顽强的适应能力，种群重新繁衍壮大。乡村屋檐的瓦片下、城市住宅的空调洞，都可以成为它们的安乐窝。在车来人往的路上，它们蹦蹦跳跳地觅食，一见人来，就马上机灵地避开，稍后又从树上飞下来,叨了食物就走。

重情义的小家伙

我在乡下长大,幼时常自制弹弓,游走在村里打麻雀,但准头很差,记得只打下过一只。也曾试图养过麻雀,但从未成功,鸟儿要么死掉要么逃走。父母说,别看麻雀小小的,性子烈得很,不会吃你喂的东西的。后来我再也没养过鸟。

2005 年 2 月,一次偶然的机会,我在海曙西郊的农田里拍到了成千上万的麻雀,从此竟逐渐痴迷于拍鸟,直至今日。所以,深有感触的我,曾写过一篇文章,题为"那群麻雀改变了我的人生"。

冬季集群的麻雀

女儿航航三岁时,有件与麻雀有关的事情深深感动了我和我的家人。一天早上,有只刚会飞的麻雀幼鸟,通过北边的窗户,稀里糊涂飞进了我家。那时,我妈在宁波照看孩子,见此情景马上抓住了这小冒失鬼,并在它脚上拴了根细绳子,给航航玩。

那时我正准备出门上班,马上劝女儿把麻雀放了,说:"宝宝,你想想,小鸟宝宝被人抓走了,鸟爸爸鸟妈妈该有多着急啊!"女儿一开始舍不得,后来说:"让我先玩一会儿好吗,待会儿放掉它。"

到单位后不久,手机响了,是家里的电话。航航激动地说:"爸爸,我刚才把小麻雀放了!我看到,它刚飞出去,就停在隔壁的窗台上,然后它妈妈就飞过来啦!然后呢,然后,麻雀妈妈就张开翅膀,一把抱住了它!"

我听得惊呆了,心想怎么会有这样的事情。电话那头传来妈妈的声音:"是真的!刚才我们把小麻雀拴在窗口,外面就一直有只老麻雀在焦急地边飞边叫。我们刚把小麻雀放飞,老麻雀就马上飞过来了!囡囡看得很激动!"这件事,我曾无数次对别人复述过,听者也常常睁大了眼睛,为之动容。

后来,我曾多次解救田野里粘在捕鸟网上的麻雀,以及被关在鸟笼里的麻雀。当时看到处于困境的它们,依然凝视着天空,那倔强的眼神,总让我感叹:这小不点,是多么爱自由啊!

山里有表亲

宁波境内,有四明山与天台山两大山系,群山连绵。活跃在低海拔地区的树麻雀,有其居住在高山上的表亲 —— 山麻雀。不过,据我在本地的观察,两种麻雀的亲戚情谊似乎比较生分,互相之间并不常走动、碰面。也

日落时分，麻雀群栖

就是说,两者的分布区域相互重叠的不多。

山麻雀,虽说是"山里人",比之于它的居住在平原乡村与城市的亲戚,倒似乎打扮得要俊俏一些。树麻雀的雄鸟与雌鸟同色,难以区分,而山麻雀则雌雄异色。或许是因为高山上的紫外线更为强烈吧,山麻雀雄鸟,这"山里汉子"的头顶、后颈及背部都被阳光"染"得红红的,以至于有人给它起了个绰号叫"红头麻雀";不过,"山里婆娘"的"肤色"则要素净得多,全身以灰褐色为主,同时,她还画了一道奶白色的眉纹,倒也颇有风姿。

比之树麻雀,山麻雀要少见得多。它们生活在海拔四五百米以上的山区。大家如果到四明山的高山村去玩,只要多加留意,一般都能见到它们。

这"山里人"的性子,似乎也比它们的平原亲戚要彪悍一些。有一年的暮春,我们去海拔500多米的四明山里的横街镇爱岭村拍鸟,在那里看到很多烟腹毛脚燕在屋檐下筑巢。忽然,我惊奇地发现,居然有一对山麻雀夫妇叼着枯草,在一个燕巢里钻进钻出,显然是在装修爱巢。这只有一种解释,就是这对山麻雀仗着地头蛇的声势,强行赶走了烟腹毛脚燕,霸占了它们一口泥一口泥好不容易筑起来的巢。

上述两种麻雀均为杂食性鸟类,植物种子、虫子,以及人类扔掉的食物,什么都吃。它们的圆锥形的嘴,最适合啄食禾本科植物的种子,故它们经常会去稻田里"偷粮"。不过,到了育雏期,则主要捕食各种昆虫,其中多为鳞翅目的害虫,以利于雏鸟快快长大。

山麻雀（雄）　　　　　　　　雀科

中等体形（14厘米）的艳丽麻雀。雄雌异色。雄鸟顶冠及上体为鲜艳的黄褐色或栗色,上背具纯黑色纵纹,喉黑,脸颊污白。雌鸟色较暗,具深色的宽眼纹及奶油色的长眉纹。结群栖于高地的开阔林、林地或近耕地的灌木丛。

霸占了燕巢的山麻雀夫妇（左雄右雌）

　　据观察，树麻雀更喜欢群栖。除了在找对象、养孩子的时候，各家各户分散行动外，生性活泼的它们常成群活动。特别是秋冬季节，树麻雀似乎是为了"抱团取暖"，有时集群多达数百只，甚至上千只，一起觅食，一起歇息。而山麻雀的数量远没有树麻雀多，因此我从未见过它们集大群的行为。

　　宁波的正宗"麻将"，就上面所说的两种。但还有很多种鸟，无论是体形大小还是羽色，都跟麻雀长得很像，特别是各种鹀（音同"吴"），乍一看，简直跟麻雀一模一样。

　　对于很多司空见惯的事情，我们自以为了解，实际上却知之甚少，关于"麻将"之识别，仅为一小例。

"白头翁"及其亲戚们

在宁波城区,最常见的鸟是什么鸟?

麻雀?错了!

答案应该是白头鹎(音同"卑"),即俗称的"白头翁"。就我多年的观鸟经验而言,在宁波,麻雀于乡村确实比白头鹎更为多见,但在市区,我简直怀疑麻雀的常见程度能否排进前三名。我觉得,第一名属于白头鹎是毋庸置疑的,而第二、三名恐怕得分别属于珠颈斑鸠与乌鸫。

凭借强大的适应能力,白头鹎无疑是鸟类中的成功者,它们不仅在喧闹的城市里生活得悠哉游哉,在乡村乃至山区也占据了广泛的地盘。在宁波,土生土长的鹎科鸟类共6种,除白头鹎以外,其余5种分别是:领雀嘴鹎、黑鹎、栗背短脚鹎、绿翅短脚鹎与黄臀鹎。这几位白头鹎的亲戚,基本都住在山里,极少到城里来。

壮年白头亦逍遥

白头鹎在穿着打扮方面并不讲究,常年披着一身灰绿色的外套,全身

【鹎科】

　　尾形长而嘴甚细,通常体羽松软,几个种类具直立冠羽。两性的体羽同色,多数鹎类色彩甚暗,至多具黄、橘黄及黑白色条纹。鹎主要为食果鸟,虽然也吃不少的昆虫。鹎类活泼自信,有些种能发出极富乐音的鸣声。一般为非迁徙鸟,仅黑鹎为部分性候鸟。

没有一点鲜艳的色彩。童年及青少年时,"头发"是灰色的,及至成年,头部羽色才慢慢变黑,而独留后脑勺的位置是一丛显眼的"白发"。

尽管年纪轻轻就得了"白头翁"的雅号,但这一点都不让它们沮丧,相反,这种鸟儿是天生的乐天派。它们喜欢三五成群,嘻嘻哈哈地闲逛,无论是公园绿地,还是住宅小区,甚至在马路边、广场上,都能见到它们玩耍的身影。它们不甚惧人,见人走过,最多轻巧地飞到附近树枝上,有的调皮鬼还会歪着脑袋瞅着你,一见人离开,就又立即飞下来,轻巧地叼走地面上的面包屑之类的食物残渣。

小小"白头翁",却是典型的"话痨"。每天,黎明来临时,窗外的"啾啾"鸟鸣,总少不了它们的合唱。白头鹎平时叫声比较单调,但在春天谈恋爱时节,也会发出婉转的鸣唱声 —— 很像"巧克力,巧克力",听声音就觉得好甜蜜。不过,我怀疑,这是一种相当"八卦"的鸟。因为一年四季,无论何时何地,几乎都能看到它们群居终日,议论纷纷。我想它们所谈论的,无非是家长里短、明星绯闻之类,否则哪有这么多话说!

它们的嘴,话虽多了点,但对食物倒并不挑剔。白头鹎什么都吃。早春,当柳芽新绽、玉兰花开之时,它们便成群结队,或随柳枝起伏,或占玉兰之冠,尽情啄食新叶与花瓣。我家露台上种了些蔬菜,也常见它们过来"偷菜"。平时它们以植物为主食,但对美味的虫子也从不拒绝。我所拍到的照片中,白头鹎嘴

白头鹎　　　　　　　　　鹎科

中等体形（19厘米）的橄榄色鹎。眼后一白色宽纹伸至颈背,黑色的头顶略具羽冠,髭纹黑色,臀白。幼鸟头橄榄色,胸具灰色横纹。性活泼,结群于果树上活动。有时从栖处飞行捕食。

啄食嫩叶的白头鹎

白头鹎的亚成鸟　　　　　　　　　　　　白头鹎吃蝴蝶

里叼着的，就包括了蝴蝶、飞蛾、螳螂等多种昆虫。我曾在月湖公园的草坪上见到一只白头鹎正啄食一只青凤蝶，只见它叼住蝴蝶的躯干，使劲甩头，直至蝶翅落尽，它才一口将躯体吞下。在育雏期，为了让雏鸟获得更多动物蛋白以尽快长大，白头鹎更会全力捕食各种虫子。

凶悍的一面

拍鸟十余年，鸟类之间的争斗场景可谓司空见惯，但真没想到，迄今所见最激烈、最残忍的面对面的杀戮，居然不是发生在猛禽身上，而是爆发于两只白头鹎之间。

2009 年 4 月的一天，我在四明山脚下的章水镇的溪畔拍鸟，结束后走到公路上，忽见两枚"树叶"像是被风突然从路边草丛中吹起，一下子卷到空中。突然，这两枚"树叶"又急剧下坠，落在路面上。这时我才看清，这哪是什么树叶，而是两只扭打在一起的白头鹎！我大吃一惊，赶紧举起镜头进行高速连拍。只见两只鸟的斯杀已经处于白热化状态，它们紧紧缠斗在一起，一会儿在地面一会儿又弹到空中，事实上我根本看不清楚打架的招式

两只白头鹎的厮杀

与细节，只看到两枚狂舞的"树叶"，因此我所能做的，就是紧张地对焦与按快门。

它们的战场，不是在田野，而是在车来车往的公路上啊！摩托车、小汽车、公交车、货车等各式车辆川流不息，好几次，当两只小鸟在路面上忘我地打斗的时候，大车就在它们上面呼啸而过。每次，我的心都提到了嗓子眼，怕车子驶过后，看到的就是被碾成肉泥的鸟尸。但让人感到不可思议的是，每一次车子过后，这两枚"树叶"还在剧烈地翻动，有时甚至头下脚上，两只鸟完全倒立着在撕咬……

惨烈的战斗持续半小时之久，终于见了分晓。胜利者的利爪插入了失败者的眼睛，将其摁倒在脚下。此时，羽毛蓬乱的胜者仰头向天，仿佛露出了狰狞的微笑。我在旁边看得目瞪口呆。事后回放照片，发觉其实在大部分时间里，这最终的胜者一直占据着绝对优势，它的手段极为凶狠，可谓招招致命：不是抓对方眼睛就是猛啄其头部。而且，在对方明显已无还手之力时照样不依不饶，直到对方不能动弹为止。

赢者飞到了路边的树枝上，雄踞高处，大声鸣叫，宣告自己的完胜。而那位失败者，依旧苦撑在路面上。它的一只眼睛已被啄瞎了，但依然倔强地抬起头来。我于心不忍，走过去将它拿起来，放到路边的草丛里，希望它能恢复过来。但仅仅几分钟之后，它的身体就僵硬了，而且，死不瞑目。

4月是鸟儿的繁殖季节。这两只白头鹎厮杀得如此惨烈，估计是因为争夺配偶或地盘吧。

山里多亲戚

其实，若说本地鸟类真正的"白头翁"，白头鹎是算不上的，它的亲戚黑鹎（或称"黑短脚鹎"）才是。我初拍鸟时，第一次见到黑鹎，竟被它吓了一跳：全身乌黑，唯有头部雪白，再配上红色的嘴，真有点诡异之感。这还不算什么，你若听到它的叫声，诡异之感当会更加强烈。常到四明山徒步的人，一定曾经听到过山路两旁的树林中传来"喵……喵……"轻柔似猫叫的声音，也像是婴儿啼哭，这就是黑鹎在鸣叫。

黑鹎的叫声很独特

黑鹎 鹎科

中等体形（20厘米）的黑色鹎。尾略分叉，嘴、脚及眼亮红色。部分亚种头部白色，西部亚种的前半部分偏灰。食果实及昆虫，有季节性迁移。冬季于中国南方可见到数百只的大群。

绿翅短脚鹎　　　　　　　　　鹎科

　　体大（24厘米）而喜喧闹的橄榄色鹎。羽冠短而尖，颈背及上胸棕色，喉偏白而具纵纹。头顶深褐具偏白色细纹。背、两翼及尾偏绿色。腹部及臀偏白。以小型果实及昆虫为食，有时结成大群。大胆围攻猛禽及杜鹃类。

栗背短脚鹎　　　　　　　　　鹎科

　　体形略大（21厘米）而外观漂亮的鹎。上体栗褐，头顶黑色而略具羽冠，喉白，腹部偏白；胸及两胁浅灰；两翼及尾灰褐，覆羽及尾羽边缘绿黄色。常结成活跃小群。藏身于甚茂密的植丛。

　　黑鹎有多个亚种，我们这里的亚种是白头的黑鹎，而我在台湾看到，那里的黑鹎是全黑的，包括头部在内。黑鹎通常住在山里，在宁波市区很少看得到。不过，2017年早春，在海曙区的白云公园，我曾连续两周看到三五成群的黑鹎。同时，在天一家园小区内，居然见到了好几只绿翅短脚鹎。估计是因为冬末春初食物缺乏，才导致部分原常住山里的鸟儿飞到城里来"讨生活"。绿翅短脚鹎与栗背短脚鹎，在四明山里比较容易看到，它们的名字很好地描述了它们的身体特征。

　　这些鹎在位于城区的杭州植物园内却很容易见，这跟植物园靠着山有关。每年早春，在杭州植物园，各种鹎都会和绣眼、柳莺等鸟儿一起，赴一场鲜花的盛宴，弄得满嘴都是花粉或花瓣。喜欢观鸟的朋友可以去一看。

　　宁波最常见的鹎，除了白头鹎，当属领雀嘴鹎，不过也是在山里常见，在市区我没见过。这种鸟儿，在台湾有个更好听的名字，叫作"白环鹦嘴鹎"。这个名字形象地描述了它的特征：它几乎

领雀嘴鹎，在台湾被称为"白环鹦嘴鹎"

全身都是较深的绿色，而脸颊上有一些放射状的白色细纹，同时前颈有一道明显的白色颈环——此即所谓"白环"；而"鹦嘴"两字，更好地突出了它与绝大多数鹎科鸟类的不同，通常鹎的嘴比较细而尖，而领雀嘴鹎的象牙色的嘴有点像鹦鹉的嘴，显得粗而厚。领雀嘴鹎是我见过的最善于"偷菜"的鸟，好几次看到它们在菜地里，满嘴咬着新鲜的菜叶，样子颇为滑稽。

而宁波最少见的鹎当属黄臀鹎。顾名思义，它是一种黄屁股的鹎（准确地

领雀嘴鹎　　　　　　　　　鹎科

　　体大（23厘米）的偏绿色鹎。厚重的嘴象牙色，具短羽冠。似凤头雀嘴鹎但冠羽较短，头及喉偏黑，颈背灰色。特征为喉白，嘴基周围近白，脸颊具白色细纹，尾绿而尾端黑。

黄臀鹎　　　　　　鹎科

　　中等体形（20厘米）的灰褐色鹎。顶冠及颈背黑色。与白头鹎的区别在耳羽褐色，翼上无黄色，尾下覆羽黄色较重。典型的群栖型鹎鸟，栖于丘陵次生荆棘丛及蕨类植丛。

橙腹叶鹎　　　　　和平鸟科

　　体形略大（20厘米）而色彩鲜艳的叶鹎。雄鸟上体绿色，下体浓橘黄色，两翼及尾蓝色，脸罩及胸兜黑色，髭纹蓝色。雌鸟不似雄鸟显眼，体多绿色，髭纹蓝色，腹中央具一道狭窄的赭石色条带。叫声：清亮的鸣声及哨声，常模仿其他鸟的叫声。为中国最常见、分布最广泛的叶鹎，见于中国南方包括海南岛的丘陵及山区森林。

说，是尾下覆羽为黄色）。黄臀鹎在江西婺源等地很容易见到，但在宁波境内，迄今我只在海曙区横街镇的海拔500米以上的山村周边拍到过。

　　在宁波市区，鸟友曾偶尔拍到过一种非常漂亮的鹎——红耳鹎。不过，这种鹎并非我们这里的土著居民，在中国，它们主要分布在云南、两广等地。出现在宁波的树上，通常是笼养鸟逃逸或人为放生的结果。

　　另外，在宁波还有一种名为橙腹叶鹎的鸟，它的名字中虽然也有一个"鹎"字，但不属于鹎科，而属于和平鸟科。它不是一种鹎，而是一种"叶鹎"。橙腹叶鹎主要分布在华南，在福建就很常见，而在宁波只是偶尔可见，我几次见到都是在宁海的森林温泉公园内。橙腹叶鹎的雌鸟几乎全身都是绿色，而其雄鸟可以说是宁波色彩最艳丽的鸟儿之一：鲜绿、橙黄、亮蓝、浓黑……把它打扮得极为抢眼。真希望橙腹叶鹎的分布能继续北扩，说不定有一天也能在市区看到它呢！

伯劳的领地

"我跟你们说啊,成语'劳燕分飞'可不是说'疲劳的燕子'纷纷飞走了,而是说伯劳和燕子分飞了,伯劳也是一种鸟!"

这番透着得意的话,是我同事的儿子翁禾说的。小翁同学读小学三年级时听过我的关于鸟类的讲座,因此现学现卖,跟其他小朋友这么说,十分有趣。

"劳燕分飞"出自南北朝时萧衍所作的情诗《东飞伯劳歌》:

> 东飞伯劳西飞燕,黄姑织女时相见。谁家女儿对门居,开颜发艳照里闾。南窗北牖挂明光,罗帷绮箔脂粉香。女儿年几十五六,窈窕无双颜如玉。三春已暮花从风,空留可怜与谁同。

这首诗对后世影响挺大,很多人拟作,以至于出现了好多首《东飞伯劳歌》。夏末初秋,正是"劳燕分飞"的时节:本地的燕子要飞回南方了,而北方的伯劳会迁徙经过宁波或来宁波越冬。

【伯劳科】
伯劳为分布于东半球与北美洲的较大一科肉食性鸟类。体形中等,强壮有力。头大,嘴强劲有力,嘴端具齿形弯钩。伯劳常栖于低矮灌丛、电线或电线杆上,猛扑大型昆虫及小型脊椎动物等猎物。一些种会把猎物钉于树棘上。

宁波可见5种伯劳

伯劳这种鸟，在《诗经》中即有咏唱："七月鸣鵙，八月载绩。"（《豳风·七月》）这里的"鵙"（音同"局"），就是指伯劳。但估计到了著名的《东飞伯劳歌》，伯劳这一鸟名才广为人知，并一直沿用到现代的鸟类命名体系。

在宁波，其实也是在整个浙江，可以见到的伯劳有5种，分别为：棕背伯劳、红尾伯劳、虎纹伯劳、牛头伯劳和楔尾伯劳。除棕背伯劳为留鸟（指在本地四季常在的鸟类）外，其余均为候鸟（指会迁徙的鸟类）。

伯劳虽说属于雀形目，却跟老鹰一样，上喙的尖端弯曲如钩，其性情凶猛，能捕食昆虫、蛙类甚至小鸟，故有"小猛禽"之称。在英语中，伯劳被称为butcherbird，即"屠夫鸟"。伯劳的领地意识很强，它们喜欢雄踞高处，威风凛凛地巡视自己的地盘。

宁波体形最大的伯劳是楔尾伯劳，全长达31厘米左右。这是一种黑白两色的伯劳，是我们这里的罕见冬候鸟

楔尾伯劳 　　　　　　　伯劳科

　　体形甚大（31厘米）的灰色伯劳。眼罩黑色，眉纹白，两翼黑色并具粗的白色横纹。停在空中振翼并捕食猎物如昆虫或小型鸟类。在开阔原野的突出树干、灌丛或电线上伺机捕食。

红尾伯劳 　　　　　　　伯劳科

　　中等体形（20厘米）的淡褐色伯劳。成鸟：前额灰，眉纹白，宽宽的眼罩黑色，头顶及上体褐色，下体皮黄。喜开阔耕地及次生林，包括庭院及人工林。单独栖于灌丛、电线及小树上，捕食飞行中的昆虫或猛扑地面上的昆虫和小动物。

（指来本地越冬的鸟类）。我几次见到这种伯劳，都是在杭州湾南岸的海边开阔地。它有时站在树枝上，有时在电线上，有时在田野中的土块上，伺机捕食。说来好笑，有一次在海边拍鸟，见两只鸟追逐着在我车头前面快速掠过，我还惊呼：怎么有这么大的白鹡鸰?! 及至看清，方知是楔尾伯劳。

　　而红尾伯劳、虎纹伯劳与牛头伯劳，体形都比较小，均在 20 厘米左右。红尾伯劳是浙江的夏候鸟（指春夏来本地繁殖的鸟类），而在宁波以迁徙过境的旅鸟更为常见，每到九十月份，在海边开阔草地或小树丛中很容易见到它们。红尾伯劳有多个亚种，途经宁波的通常可见两个亚种，一种头顶灰白，颜色明显比背部浅；另一种头顶颜色跟背部一样，均为褐色。

　　虎纹伯劳也是夏候鸟，在宁波少见，我在杭州植物园看到过正在繁殖的个体。其背部、两翼及尾羽均为栗红色，且有不少横斑，状似虎皮之纹，故名虎纹伯劳。

　　牛头伯劳则是宁波的罕见冬候鸟，

察看动静的红尾伯劳

虎纹伯劳　　　　　　　　　伯劳科

中等体形（19厘米）、背部棕色的伯劳。较红尾伯劳明显嘴厚、尾短而眼大。雄鸟：顶冠及颈背灰色；背、两翼及尾浓栗色而多具黑色横斑；过眼线宽且黑。喜在多林地带，通常在林缘突出树枝上捕食昆虫。

牛头伯劳　　　　　　　　　伯劳科

中等体形（19厘米）的褐色伯劳。头顶褐色，尾端白色。飞行时初级飞羽基部的白色块斑明显。雄鸟：过眼纹黑色，眉纹白，背灰褐。雌鸟：褐色较重，与雌红尾伯劳的区别为具棕褐色耳羽。

我曾在市区的绿岛公园、江北的苏湖水库等地见过。与其他伯劳比，它的头部与身体相比显得比较大，故名"牛头"。又因为头部棕红，故还有一个俗名为"红头伯劳"。

鸟中"小佐罗"

宁波最常见的伯劳，自然是棕背伯劳。

棕背伯劳体长约25厘米，在本地5种伯劳中仅小于楔尾伯劳。它那棕色的背部其实在中国十几种伯劳中算不上明显的特征，倒是长长的尾巴更有特色，其英文名Long-tailed Shrike，意思就是"长尾伯劳"。棕背伯劳的尾巴很有意思，有时竖立如棍，一柱擎天；有时伴随着响亮的叫声，尾羽呈扇形张开，并不停转动，大有威胁之意。它的叫声通常是粗哑刺耳的"桀桀"之声，但有时竟也能模仿其他鸟儿的叫声，作婉转之鸣。

顺便说一下，在宁波，偶尔还可以见到暗色型的棕背伯劳。这个色型的伯劳看上去几乎完全是灰黑色的，而不见棕色的背。它们在浙江分布很少，在广东一带相对多见。

当然，棕背伯劳长相最"酷"的地方，还是在于它常年蒙着一副浓黑的眼

棕背伯劳　　　　　　　　伯劳科

　　体形略大（25厘米）而尾长的棕、黑及白色伯劳。成鸟：额、眼纹、两翼及尾黑色；头顶及颈背灰色或灰黑色；背、腰及体侧红褐。立于低树枝，猛然飞出捕食飞行中的昆虫，常猛扑地面的蝗虫及甲壳虫。

暗色型棕背伯劳

罩，很有蒙面大侠之风，因此有"佐罗鸟"的美称。而且，这家伙有个脾气，就是非常喜欢站在高处，如挑空的树枝、路灯顶部等位置，一副睥睨下方、唯我独尊的样子。一旦发现地面上的昆虫、蛙类等猎物，则迅速俯冲而下，扑击之。

作为肉食性鸟类，伯劳几乎什么都吃。而且，在进食不能一口吞下去的猎物时，棕背伯劳会表现出一种独特的习性，即会将猎物挂在尖刺上或卡在树枝的缝里，然后使劲撕扯，将猎物撕碎后再逐一吞食。

我所工作的单位，曾有十几年就位于宁波市中心的琴桥旁。而就在单位附近的江畔绿地中，每到春天，就有至少两到三个棕背伯劳的家庭，它们有着各自的领地。由于位置便利，我经常去观察这些伯劳家庭，甚至还发现了两个它们经常使用的"屠宰场"。其中一个最为典型，我曾看到，在一

棕背伯劳喜欢将猎物挂在尖刺上撕扯

根横斜的树枝上，一只棕背伯劳的幼鸟在舒展翅膀，一副刚吃饱饭活动一下身体的样子，它旁边有两个约两厘米长的向上耸立的尖刺，刺上有明显的使用痕迹。显然，这是伯劳成鸟经常借以挂住并撕咬猎物的尖刺。

但最离奇的是其中一根尖刺上居然还挂着一条小鱼！棕背伯劳又不是翠鸟，它怎么会抓鱼？当时我猜这条鱼是鸟儿从附近的菜市场一带捡来的。

生存高手

不过，凡事皆有例外，所谓"靠山吃山，靠水吃水"，有一次我和鸟友"古道西风"（网名）在慈溪海边拍鸟，居然真的见到了棕背伯劳逮鱼！那天，我们在海堤上找鸟，看到一只棕背伯劳一直停在滩涂上一根竹竿的顶部。忽然，它俯冲了下去，扑向下面的水洼，转眼间，就叼住一条小鱼飞走了！当时我真的看得惊呆了，心想这家伙简直是逆天了，把翠鸟的活都给干了！

海边的伯劳学会了抓鱼，市区的伯劳自然也不甘示弱。哪怕天一广场这样人流如潮的市中心地段，也是它展示威风的场所。有一次，我刚走到天一广场的一家面馆附近，就见到一只棕背伯劳刚刚把一只麻雀扑翻在地，只见伯劳的利爪直接刺入了可怜的麻雀的眼睛，后者当场毙命。正当伯劳准备享用美餐时，忽见我走来，它犹豫了一下，估计在思考应该继续吃呢，还是放弃猎物躲避我。

但它显然舍不得放弃好不容易到手的大餐，叼着麻雀挪了几步，又抬头看看我。我停下了脚步，蹲下身来开始拍摄。它似乎有点安心了。可这时对面走来一个女孩，我赶紧示意对方不要再继续走近。伯劳终于下定了决心，叼起麻雀耸身起飞，居然有力气飞到了面馆的屋檐上。

棕背伯劳的幼鸟虽没有这么凶猛，但也很善于在草地中觅食。它们喜

棕背伯劳幼鸟在抢虫子吃

欢站在离地较近的树枝上,注视下方,一有发现就立即扑下去,不过它们叼住的通常是小青虫之类。有一次,我还看到两只伯劳幼鸟为一条小虫争执了起来,它们各咬住虫子的一端,谁也不愿松口。

由于长期生吞活剥吃荤食,棕背伯劳跟猫头鹰等猛禽一样,每隔一段时间就会作干呕状,从嘴里吐出一颗黑乎乎的"食丸"——其实是一小团没法消化的骨头、羽毛之类的混合物。

每一只伯劳都是勇猛的生存高手。每次我踏入它的领地,仰头看着它,心中都带着一丝敬意。

杂色山雀的旅行

第一次见到"杂色山雀"这鸟名，是在日本人铃木守的绘本《山居鸟日记》中。这书是我买给女儿航航看的，那时她还在读小学。铃木守一家居住在山中，随时观察身边的各种鸟儿，然后画出它们的一年四季的故事，这样的生活让我羡慕不已。

后来，喜欢画画的航航开始照着《山居鸟日记》画鸟，其中包括衔细丝准备筑巢的杂色山雀。我把航航充满稚气的画发到微博上，没想到还听到了不少赞扬声。那是2012年6月的事。那时，我以为，杂色山雀与我的交情就到此为止了。因为它们在日本常见，在中国大陆则主要分布在辽宁的局部地方，此外在广东南岭也有零星留鸟记录。因此，有人称它们是我国大陆分布区域最小的鸟。

不过，机会来临之快，真是大大出乎意料。

【山雀科】
　　山雀为小型的攀援鸟。性敏捷活跃,嘴小而尖,常奋力凿击缝隙以寻食昆虫或种子。对其他鸟类颇有攻击性。山雀营巢于树洞,仅攀雀的巢悬于树梢。

【长尾山雀科】
　　长尾山雀为小巧灵活的攀援鸟,嘴小而尖似圆锥,尾形长。性活泼,以昆虫及种子为食,通常结小群生活。

"组团旅行"声势不小

仅仅 3 个月后的 9 月 15 日，就有鸟友在舟山嵊泗列岛的小洋山发现了杂色山雀。它成为那年的浙江鸟类新记录之一。鸟人们欣喜地说，今年又出"妖怪"啦，这鸟儿怎么会出现在这里？

有人首先按照惯例猜想：它们原来可能是笼养的宠物，属于逃逸鸟。但接下来的观察记录马上粉碎了这种假设。因为，很快，香港、青岛、南通、无锡、上海市区等地都发现了它们的踪影。显然，不可能在这些相距甚远的地方，杂色山雀们会不约而同地大批"越狱"。

逃逸说被排除了，毫无疑问，它们是迁徙来的。2012 年的国庆长假，杂色山雀成了鸟人们观察、拍摄、讨论的大明星。10 月 4 日清晨，通过连接上海浦东与小洋山的长达 32 公里的东海大桥，我来到这个面积只有一平方公里多的小岛。这个岛以光秃秃的岩石为主，而在其北侧靠海的山坡上有一片树林，还有小水塘，以及两三户人家。这对于刚刚飞过茫茫大海的迁徙的鸟儿来说，无疑是一块令人欣喜的海中绿洲。

半山坡一小片长着小红果的杂木丛，是杂色山雀经常光顾的地方。上岛的鸟人们就在一旁架好"大炮"守候。杂色山雀三三两两，跳到枝头寻觅果子，有的当场就用爪子按住啄食了，也有的将果实藏到了树洞等隐蔽处，作为将来的食物，这习性跟黄腹山雀一样。

杂色山雀　　　　　　　山雀科

体小（12 厘米）而具特色的山雀。额、眼先及颊斑浅皮黄至棕色；胸兜及头顶暗黑，头后具浅色的顶纹；上体灰色，下体栗褐色。隐蔽而惧生。在林冠层取食且藏匿坚果。

漂亮的杂色山雀

山坡上，一排民房前的水龙头总是在滴水，它们时常跳到那里去喝水。我老婆在房前晒太阳看书，它们依旧大大方方地跳上仅隔三四米远的水龙头。近距离看这鸟儿，蓝灰、栗红、乳黄、黑白……真觉得"杂色"两字名不虚传，非常漂亮。

10月6日，复旦大学的一位喜欢观鸟的老师在校园里发现了杂色山雀。当时，他发了条微博："我不得不震惊了，难道这就是传说中的2012'世界末日'？是什么原因造成它们种群分布地的变化？希望真实的原因不会令人担忧。"

这话道出了所有鸟人的疑惑。

看到杂色山雀在几乎整个中国的东部沿海突然出现，宁波鸟人"黄泥弄"（网名）想到了镇海的招宝山。10月7日，他在那里如愿拍到了杂色山雀。自然，也为宁波鸟类添了一个新的分布记录。

爆发之谜至今难解

2012年是杂色山雀的大年？它们究竟是如何爆发与扩散的？

国内著名观鸟人士、上海的"观星者"（网名）猜测，很可能，它们是搭乘货轮，从日本、朝鲜半岛等地，漂洋过海来到中国东部沿海的。

"观星者"说，从8月底开始，韩国、日本的观鸟者就发现海岸边有成群的杂色山雀西飞，"相信以杂色山雀的能力，想直接飞越黄海还是很难的，这时候海上唯一能停歇的地方只有货轮，上面可能还会有残留的昆虫和雨水可以提供。几年前在长江口坐船调查的时候，北迁的雀鸟会找船只停歇，而且赶都赶不走"。

进一步的证据是，今年杂色山雀在中国的扩散地点有一个共同点，如青岛、上海、宁波和香港等,都是东亚几个大港口。在上海附近,最早的记录是在小洋山和外高桥一带,就是上海两大集装箱港口所在地。

不过,另一位资深观鸟人士董文晓问道:"为什么非要坐船?没有船的时候难道鸟就不迁徙了?我认为,很可能杂色山雀是从辽东半岛顺海岸南下,这也包括跳岛飞行。很多鸟掌握着循海岸迁徙的能力,哪怕路程更远。"

不管是坐船旅游还是沿海岸线一路观光旅行,今年杂色山雀大举南迁的原因确实让人好奇。这些小鸟为什么不惜离开故园,远渡重洋呢?

杭州一位鸟友推测,或许跟台风有关。2012 年 8 月底,两个大台风,"布拉万"和"天秤",相继登陆并严重影响朝鲜半岛。据报道,这是近 10 年来影响韩国的最强台风。台风过后的 9 月,韩国的杂色山雀的西迁就持续了近一个月,难道是台风对其栖息地造成影响,然后迫使其向外扩散?

也有人说,可能是因为 2012 年杂色山雀繁殖特别成功,导致种群爆发,原栖息地提供不了足够的食物,于是有很多鸟只好背井离乡,远走高飞去讨生活;还有人猜,说不定是因为果实欠收,食物匮乏;甚至,有人说,是杂色山雀们在初秋的时候预感到 2012 年可能出现超级寒冬,于是趁早溜之大吉……

不管怎么说,这些可爱的小山雀的旅行目的,绝不是为了欣赏风景,而是为了更好地生存。

以后几年,我只看到少量的有关杂色山雀在我国东部沿海出现的记录,而再也没有出现过像 2012 年秋季那样的爆发式亮相。或许,我们还需要更长时间的观察与研究,才会真正对它们的大搬家有所了解,也可能始终无解。

骄傲的大自然,永远都想保留一份神秘。

故事多一点

好奇又好动的山雀

如果有谁问：宁波哪一类鸟最好奇最好动？我会毫不犹豫地说：当然是山雀啦！宁波有分布的山雀分为山雀科与长尾山雀科，共 5 种，分别为：大山雀（现名"远东山雀"）、黄腹山雀、杂色山雀、红头长尾山雀、银喉长尾山雀。另外得说明的是，在《中国鸟类野外手册》中，中华攀雀被列入山雀科，但《中国鸟类分类与分布名录》已将其归入单列的攀雀科。其中好奇心最强的，当属大山雀，只要稍有点风吹草动，第一个跳出来查看情况的，基本上就是它。

远东山雀（原名"大山雀"）　　山雀科

体大（14 厘米）而结实的黑、灰及白色山雀。头及喉灰黑，与脸侧白斑及颈背块斑成强对比；翼上具一道醒目的白色条纹，一道黑色带沿胸中央而下。性活跃，多技能，时在树顶时在地面。成对或成小群。

"我"被改名为远东山雀了

大家都知道，我的网名就是"大山雀"。很多人曾问我，你为什么取这样一个网名呀？我说，你们见过大山雀这种鸟吗？如果你第一次见到它，你肯定会像十几年前的我一样，发出一声惊呼：什么？这就是"大"山雀啊？就这么小的一个鸟？——于是，当年我就取了这个网名，略带自嘲、玩笑与隐喻的意味，即我们很多人，貌似很强大（或自以为很强大），实际上却是那么渺小，甚至可笑。

悬在柳叶下觅食的远东山雀

不过，就鸟儿本身而言，其实没错，论体形，大山雀已经是山雀中的大个子啦。它全长达 14 厘米，跟麻雀一样大，而黄腹山雀、杂色山雀、红头长尾山雀、中华攀雀等，体长才 10 厘米到 12 厘米。别看大山雀这么小，它可是著名的食虫鸟，特别善于捕捉毛毛虫等虫子，对保持森林的生态平衡十分有益。

我曾见到，一只大山雀如啄木鸟一般，攀住枫杨古树的斑驳的树皮，仔细寻找树皮裂缝之间的食物。还有一次，一只大山雀攀住了柳枝，拼命啄着，很快就叼出一个蛾子的蛹来。这鸟儿得了这丰盛的大餐很是高兴，就在一旁大快朵颐起来，根本不管树底下有人正举着"大炮"对着它。大概是吃得太快活了，这肥肥的虫蛹竟突然从它脚下滑落到了地上，就掉在我身边。这大山雀低头一看，一脸无可奈何的样子。唉，别说它自己了，连我都为它惋惜了半天。

大山雀适应能力很强，无论是山区还是城市中心，只要有一丛树木，几乎都可以看到它们活跃的身影。大山雀的叫声也非常具有标志性，"吱吱嘿，吱吱嘿"，马上就可以辨认出是它在歌唱。大山雀的长相也很好认，它的胸前直到下腹，有一条明显的黑带。我的朋友"橙奇多"为我画的卡通头像，就是一只扛着"大炮"的大山雀，那条胸前的黑带则被设计成了拉链，可谓绝妙。

每次带孩子们出去观鸟，一看到大山雀，我都会笑着说：大家看，在树上跳来跳去的就是我呀！不过，现在我有点小小的"难过"，因为前两年"我"被改名了。也就是说，中国东部的大山雀，目前的正式名字应是"远东山雀"，只有新疆等地的大山雀仍然叫原名。

每只山雀都是顽皮的小精灵

比起大山雀，黄腹山雀与红头长尾山雀真的是小太多了。书上说它们有10厘米长，但实际看起来真的还要小，简直就像是一枚小小的树叶。跟其他山雀一样，它们异常好动，总是快捷无伦地在枝叶间飘飞，喜欢一起乱哄哄地从这棵树飞到那棵树。因此，拍摄的难度也可想而知，经常刚举起镜头，还没来得及对焦，目标就已不知道跑哪儿去了。

这两种山雀都常见，不过在城市的数量没有大山雀那么多。尤其是黄腹山雀，主要生活在山里，在秋冬、早春这样

黄腹山雀　　　　　山雀科

体小（10厘米）而尾短的山雀。下体黄色，翼上具两排白色点斑，嘴甚短。雄鸟头及胸兜黑色，颊斑及颈后点斑白色，上体蓝灰，腰银白。雌鸟头部灰色较重，喉白。

比较寒凉的时节，它们会垂直迁徙，从山中到城里觅食，在月湖公园、绿岛公园等地都能见到。有一次去姚江公园，密林中有一群小鸟在"吱吱"飞鸣，一开始我以为是大山雀，但又觉得这叫声不像，因为明显要细弱很多。举镜一望，这鸟的腹部是黄色的，黄腹山雀！

时值秋日，树上结满了果实。有只黄腹山雀将一颗滚圆的果实夹在脚趾间，然后狠命啄食。可惜果壳太坚硬了，尽管它把头甩得像敲榔头一般，啄得"笃笃"响，可就是吃不到果肉。小家伙急了，转身换个姿势再啄，还是没用。我在树下一边拍一边忍不住笑了起来。

最后，小家伙甩头过猛，竟不小心将果实一下子甩飞了！哎呀，这真是太可惜了！也不知道是凑巧还是真的很懊恼，这黄腹山雀随后竟抬起右爪使劲抓耳挠腮！哈哈，明知幸灾乐祸不厚道，但我已经笑不可抑。

红头长尾山雀是山雀中长得最萌的，我们鸟人都说它长着一副"京剧

红头长尾山雀 长尾山雀科

体小（10厘米）而活泼优雅的山雀。头顶及颈背棕色，过眼纹宽而黑，颏及喉白且具黑色圆形胸兜，下体白而具不同程度的栗色。

银喉长尾山雀 长尾山雀科

美丽而小巧蓬松的山雀（16厘米）。细小的嘴黑色，尾甚长，黑色而带白边。长江流域的亚种具宽的黑眉纹，翼上图纹褐色及黑色，下体沾粉色。性活泼，夜宿时挤成一排。

脸谱"：头部是红、黑、白等经典搭配，均为大色块，浓墨重彩。最有趣的，是它那小小的眼睛，黑眼珠外面有一圈白框，因此从正面看它，总觉得它的小眼神很迷茫。

邀请亲朋来帮助育儿

红头长尾山雀平时大大咧咧，不甚惧人，但在育雏期则警觉性很高。有一年春天，在江北苏湖的山脚，我们发现有红头长尾山雀在捕虫喂养宝宝。只见它每次都不直接入巢，而是叼着食物在外围观望好一会儿，确认安全后才去喂食。

《动物学杂志》上曾刊登过关于红头长尾山雀繁殖行为的论文，作者通过实际观察发现，跟银喉长尾山雀一样，红头长尾山雀在繁殖过程中也存在帮手行为，即一对亲鸟的亲朋好友可能会过来帮一把，包括轮流孵卵与喂食。文中说："帮手行为的存在，保证了整个孵卵与育雏期巢内至少有一只亲鸟，这保障孵化与雏鸟发育过程中所需能量，为

长着"京剧脸谱"的红头长尾山雀

银喉长尾山雀

其繁殖提供了充足的食物和安全保障。"看来，小小山雀，真是既聪明又有爱啊！

　　银喉长尾山雀是宁波最少见的山雀（如果不算杂色山雀这种偶尔出现的迷鸟的话）。它们是留鸟，但在本地数量很少，迄今我们只在江北苏湖、海曙洞桥等个别地方发现过。2009年3月，在苏湖拍鸳鸯的时候，我偶然看到两只银喉长尾山雀在筑巢。它们到处寻找柔软的枯草、掉落的羽毛与丝絮，逐日垒成一个精致的杯状小巢。巢修到一半，主人可能有点累了，有时也会入巢休息一会儿，此时它就把长长的尾巴笔直地竖起来，否则没法坐在新房子里。次年元月，在苏湖边的一棵结满果子的树上，我又看到一小群银喉长尾山雀在啄食果子。

　　最后再说一下中华攀雀。中华攀雀是我们这里的冬候鸟，芦苇地是它们的最爱。这些小家伙戴着深色的"眼罩"，雄鸟尤为明显，因此跟棕背伯劳一样，也有鸟中"小佐罗"的美称。它们善于紧紧抓住芦苇的茎秆，在风中飘荡也无妨，确实不负攀雀之名。它们拼命啄食隐藏在苇秆或枯卷的叶子里的虫卵、虫蛹或幼虫，有时不见其影就能听到"哔哔啵啵"的啄食声，跟短尾鸦雀在竹林中觅食时发出的声音相似。

中华攀雀　　　　　　　　　　攀雀科

　　体形纤小（11厘米）的山雀。雄鸟顶冠灰，脸罩黑，背棕色，尾凹形。雌鸟及幼鸟似雄鸟但色暗，脸罩略呈深色。冬季成群，特喜芦苇地栖息环境。

中华攀雀爱在芦苇丛中活动

月湖的好鸫鹟

2017 年 2 月 12 日，正月十六，一个很平常的周日。上午 8 点半，我还赖在床上，正犹豫着上午去哪里转转，但实在想不起来这个时节有什么新鲜的东西可以拍：鸟儿？都是老面孔；野花？已开放的真没几种，早拍过了；昆虫？天还冷，几乎都没出来呢！

忽然手机铃声急促地响了起来。

仿佛心有感应，我直觉可能有戏了！

"海华！在哪里啊？没事的话，赶紧到月湖芳草洲来，宝兴歌鸫！"电话的另一端，传来了鸟友"古道西风"难掩激动的急切声音。

哦，我的天！一瞬间，我几乎从床上一跃而起。

闹市区来了"小妖怪"

去年 8 月，我曾写过一篇《你好，妖怪！》的文章发表在晚报副刊上，文中对近几年来在宁波出现过的"妖怪"级别的罕见鸟类进行了盘点。在鸟人眼里，所谓"妖怪"，是指在某地原本几乎不可能出现而竟然出现了的鸟。相对于本地易见的"菜鸟"而言，这种鸟自然属于非常罕见的"超级好鸟"。

时隔半年，新"妖怪"终于又来了，而且是在闹市区的公园里。

芳草洲，是月湖北端一个巴掌大的小岛，里面大树繁茂，有亭台楼阁、池塘假山之属。当我扛着"大炮"（拍鸟的超长焦镜头）一溜小跑从西门进入时，一阵喧闹的音乐声首先传了过来，只见不少大妈正在那里跳佳木斯舞。

我不禁皱了皱眉，心想，这地方会有宝兴歌鸫?!

绕过跳舞的大妈，果见几个鸟友架着"大炮"守在一边谈笑风生，而"炮口"正对着池塘边的假山石及灌木丛。

"大山雀，你来晚啦！"他们喊着我的网名说，"半小时前，宝兴歌鸫刚跳到石头上呢！后来没再出现过。"

我瞅了一眼他们相机屏幕上的鸟片，心里好生羡慕。

池塘边有棵大树，没有树叶，倒是挂满了暗红的果实，如一串串干瘪的小葡萄。树上有白头鹎、灰背鸫、乌鸫等不少鸟儿在跳来跳去，啄食果子。鸟友们说，鸟儿吃饱果子后，可能会下来到池塘边喝水。

"再等等，宝兴歌鸫应该还会来的！"他们说。

话音刚落，有人就喊道："来了来了，在树上！"我顺着他手指的方向，好不容易才在树冠的密密麻麻的果实堆里发现了它。这鸟儿比宁波的留鸟乌鸫小不少，白色的胸腹部密布黑黑的小圆斑，保护色不错，没经验的话还真不容易发现。

我赶紧举起镜头连拍了几张，心想先把这从未见过的鸟儿记录下来再说。

宝兴歌鸫　　　　　鸫科

　中等体形（23厘米）的鸫。上体褐色，下体皮黄而具明显的黑点。与欧歌鸫的区别在耳羽后侧具黑色斑块，白色的翼斑醒目。

可惜,它吃完就飞走了。直到中午,再不见踪影。

此"怪"老家在四川

闲聊中方知,宝兴歌鸫的发现者居然还是本地一位刚开始拍鸟的鸟友"大菠萝"。就在 2 月 11 日,也就是元宵节当天,"大菠萝"拿着"大炮"在芳草洲转悠,偶然发现了跳到池塘边的宝兴歌鸫。不过,他当时把这只肚皮上密布黑斑的鸫当成了灰背鸫之类,后来请教了别人方知自己竟拍到宝贝了 —— 那可是宁波鸟类的新记录啊!

消息传开,宁波的鸟人们都兴奋了,好几个久已不拍鸟的哥们也急吼吼地扛着"都快生锈了的'大炮'"(鸟人之间的戏谑之语,意思是说对方已经把拍鸟的超长焦镜头搁置很久了)跑到了月湖公园。于是,芳草洲的碰面成了难得的聚会机会。大家很快发现,在芳草洲其实有两只宝兴歌鸫。

自然,这鸟儿的来源成了讨论的热门话题。宝兴歌鸫是中国特有鸟种,因其模式标本的产地在四川省宝兴县而得名,其最主要的分布地为中国西南至西北地区。有资料介绍说,在西南一带,宝兴歌鸫主要为留鸟,并不迁徙,但在北方繁殖的种群通常要迁徙到南方越冬。这么说来,到宁波来越冬的这两只宝兴歌鸫很可能来自西北或华北地区。

其实,宝兴歌鸫近几年在华东的扩散趋势还是有迹可循的。我查到了一篇发表于 2014 年的论文。该文称,根据 2009 年至 2013 年在安徽境内的观测、摄影及救助记录,可以确认宝兴歌鸫为安徽省鸟类分布新记录,并认为"安徽发现宝兴歌鸫,对研究其地理分布和扩散趋势具有重要的学术意义"。

也正是在最近几年,在杭州植物园、绍兴市区的府山公园等地,浙江的

宝兴歌鸫吃果子

鸟友们也陆续拍摄到了宝兴歌鸫，虽然都只是零星的记录。而今年，终于在宁波也有了发现。顺便说一句，3月上旬，在象山，一位挖笋的市民居然在竹林里也拍到了一只宝兴歌鸫。

其实，类似的鸟类分布扩散现象并不罕见。远的不说，就在2014年2月中旬，在余姚大隐镇芝林村的四明山溪流里，鸟友拍到了白顶溪鸲（音同"渠"）。白顶溪鸲在我国中西部山区溪流中可谓广布，但在浙江确实很少见，近年来只在浙西的部分地区有零星记录，而在宁波，是第一次发现。

"好鸫鸫"还真不少

一天清晨，趁人少，我先来到芳草洲。老远就看到鸟友"大菠萝"举着镜头，正"鬼鬼祟祟"俯身前行。一看到我，他就笑道："来得早真是不如来得巧,宝兴歌鸫就在前面!"

柔和的阳光穿过树梢,洒落在池塘边。一只宝兴歌鸫刚从灌木丛里钻出来,站在石头上,沐浴在温暖的光线里。它似乎在犹豫是否要下去喝水。我终于有机会好好端详它了。说实在的,它不是那种让人惊艳的小鸟,可以说,它的打扮相当朴素,全身没有一点鲜艳的羽色:上体以褐色为主色调,胸腹部白色打底,印着朵朵如毛笔点染的墨色云彩。而最明显的特征,当属位于它的"耳区"的那块浓重的黑斑,让人看过一眼就难忘。既然名为"歌鸫",自然应该是歌声很好听的鸟儿。可惜2月尚属冬季,我们没有耳福听到它通常在春夏繁殖季才会发出的鸣唱,据说,那是"一连串有节奏的悦耳之声"。

宝兴歌鸫的腹部密布黑斑

几天之后，不仅余姚、慈溪等宁波本地鸟人，就连杭州、上海等地的鸟人们也闻风而动，纷纷赶来，欲一睹宝兴歌鸫的芳容，留下其倩影。特别是在周末，按照"古道西风"的说法，一边是"一帮票友引吭高歌'穿林海，跨雪原，气冲霄汉'"，一边是众多鸟人架好两排"大炮"（一排在芳草洲入口处的平地上，一排在斜对面的亭子里）严阵以待，把池塘旁凡是可以拍照的地方全部占满。鸟人们有站着的、坐着的、蹲着的，甚至为了低角度摄影而趴着的……总之，各种"高精尖"摄影器材、各种拍摄情态，不一而足，让来来往往的市民与游客非常好奇，不知这么大排场到底是在干什么。

而这里的鸟儿们，也显然是"见过世面"的，早已适应了这喧闹的环境。在芳草洲的鸫，除了大明星宝兴歌鸫，至少还有 5 种。除了全身乌黑的乌鸫是本地"土著居民"外，其他的鸫均为冬候鸟，它们在这里有吃有喝，日子过得不错。

灰背鸫数量最多，有时甚至会有三四只同时出现，到池边喝水。白腹鸫胆子比较小，下来前常会在树上观望好一会儿，然后突然冲下来，啜一两口水后立即飞走。灰背鸫与白腹鸫均是宁波常见冬候鸟，它们平时行踪比较隐秘，常喜欢在阴暗的灌木丛的落叶堆里翻拣食物，发出"巴拉巴拉"的声音。

而罕见的白眉鸫则更加"鬼"，它总是趁人不注意悄悄地来，几乎还没等人反应过来，它便已经迅捷地掠入香樟的浓密树冠，不见踪影。

还有一种鸫，即怀氏虎鸫，胆子最小，从不见它飞下来。除了"大菠萝"眼明手快抓拍到一张它躲在树冠里的照片外，其他人连看都没有看到它。

而作为留鸟的乌鸫，显然不那么懂得"待客之道"，经常仗着自己块头最大，突然间直冲过来，把其他鸟儿吓得惊慌失措，避之唯恐不及。

3 月下旬，我又去芳草洲转了转，一个月前那拍鸟的热闹场景已然不见,"鸫鸫"的数量也少了很多,估计多数冬候鸟已经启程北迁了吧。但愿,到秋天的时候,它们能重回月湖越冬。

故事多一点

好鸫鸫,说不完

专业人士都说:分类分类,越分越累。连像我这样的业余鸟类爱好者,如今也感到了无所适从。在继续讲宁波的"好鸫鸫"之前,我忍不住得先吐槽一下。

不同分类体系对鸫科鸟类的划分不同,主要跟鹟(音同"翁")科有所交叉。按《中国鸟类分类与分布名录》,鸫科鸟类包括了鸫、歌鸲、燕尾等多个类别,且与鹟科独立平行。而按照《中国鸟类野外手册》,鸫只是鹟科下面的一个亚科;各种鸲与燕尾不属于鸫亚科,但也隶属于鹟科。若按照《台湾野鸟手绘图鉴》,则鸫科与鹟科也均是独立的科,而鸲与燕尾属于鹟科。怎么样?脑子里是否也和我一样,快成一团糨糊了?

按《台湾野鸟手绘图鉴》描述,鸫为体形中等的鸣禽,羽色大多为黑、灰或褐色,腹面有较多斑纹。少数也有鲜艳的红橙色。雌雄略异。头部圆形,嘴喙长,翅形一般尖而长,尾为方形。许多种类能发出悦耳的鸣唱声。在树上或地面觅食,以果实、昆虫、无脊椎动物等为食。

《中国鸟类野外手册》把歌鸲、燕尾等归为鹟科的鸲(音同"及")族,并如此描述:这些鸟的色彩各异,但多数体形小至中等,头圆,腿稍长,嘴细长尖利,两翼宽,所有种类都具有尾部间歇性上翘的习性。

好吧,为了统一起见,我还是按照《中国鸟类分类与分布名录》的分类,大而化之，则在宁波有分布的鸫科鸟类至少有以下 26 种：乌鸫、白腹鸫、红尾鸫、斑鸫、怀氏虎鸫（原虎斑地鸫一个亚种，现升格为独立种）、灰背鸫、白眉鸫、乌灰鸫、赤胸鸫、白喉矶鸫、蓝矶鸫、紫啸鸫、宝兴歌鸫、日本歌鸫、红尾歌鸲、红喉歌鸲、蓝喉歌鸲、蓝歌鸲、红胁蓝尾鸲、鹊鸲、北红尾鸲、红尾水鸲、白顶溪鸲、小燕尾、白额燕尾（又名白冠燕尾）、东亚石䳭（原黑喉石䳭）。

或许没几个人能耐心地逐一看完上述长长的名单，但没关系，下面我来简单地做一下分组介绍，大家心里大致有个底即可。

宁波最常见的鸫，是乌鸫——一种全身乌黑的鸟。有不少人看到它还以为是乌鸦，其实乌鸦的体形比乌鸫大太多了。还有很多人分不清乌鸫与八哥的区别，因为两者都是黑黑的，大小也差不多，但八哥的额前有一撮明显的白毛，而且八哥的翅膀上有白斑——这在飞行时尤为明显。乌鸫在宁波市区随处可见，既爱吃树上的果实，也常在地面觅食，抓蚯蚓吃是它

乌鸫　　　　　　　　　鸫科

　　体形略大（29 厘米）的全深色鸫。雄鸟全黑色，嘴橘黄，眼圈略浅，脚黑。雌鸟上体黑褐，下体深褐，嘴暗绿黄色至黑色。鸣声甜美。

乌鸫是宁波最常见的鸟之一

白腹鸫 鸫科

　　中等体形（24厘米）的褐色鸫。腹部及臀白色。雄鸟头及喉灰褐，雌鸟头褐色，喉偏白而略具细纹。

红尾鸫 鸫科

　　（原为斑鸫的一个亚种）尾偏红，下体及眉线橘黄。

斑鸫 鸫科

　　中等体形（25厘米）而具明显黑白色图纹的鸫。雄鸟：耳羽及胸上横纹黑色而与白色的喉、眉纹及臀成对比，下腹部黑色而具白色鳞状斑纹。雌鸟褐色及皮黄色较暗淡，斑纹同雄鸟，下胸黑色点斑较小。

怀氏虎鸫 鸫科

　　体大（28厘米）并具粗大的褐色鳞状斑纹的地鸫。上体褐色，下体白，黑色及金皮黄色的羽缘使其通体满布鳞状斑纹。

灰背鸫（雌）　　　　　　鸫科

　　体形略小（24厘米）的灰色鸫。两胁棕色。雄鸟：上体全灰，喉灰或偏白，胸灰。雌鸟：上体褐色较重，喉及胸白，胸侧及两胁具黑色点斑。

白眉鸫　　　　　　　　鸫科

　　中等体形（23厘米）的褐色鸫。白色过眼纹明显，上体橄榄褐，头深灰色，眉纹白，胸带褐色，腹白而两侧沾赤褐。

白喉矶鸫（雄）　　　　　鸫科

　　体形小（19厘米）的矶鸫。两性异色。雄鸟：蓝色限于头顶、颈背及肩部的闪斑；头侧黑，下体多橙栗色。雌鸟：与其他雌性矶鸫的区别在上体具黑色粗鳞状斑。

蓝矶鸫（雄）　　　　　　鸫科

　　中等体形（23厘米）的青石灰色矶鸫。雄鸟暗蓝灰色，具淡黑及近白色的鳞状斑纹。雌鸟上体灰色沾蓝，下体皮黄而密布黑色鳞状斑纹。不同亚种羽色不同。

紫啸鸫　　　　　　鸫科

　　体大（32厘米）的近黑色啸鸫。通体蓝黑色，仅翼覆羽具少量的浅色点斑。翼及尾沾紫色闪辉，头及颈部的羽尖具闪光小羽片。

日本歌鸲　　　　　　鸫科

　　体形小巧（15厘米）的歌鸲。上体褐色，脸及胸橘黄，两胁近灰。雄鸟具狭窄的黑色项纹环绕橘黄色胸围形斑。雌鸟似雄鸟但色较暗淡。

红尾歌鸲　　　　　　鸫科

　　体小（13厘米）、尾部棕色的歌鸲。优雅但不易描述。上体橄榄褐，尾棕色，下体近白，胸部具橄榄色扇贝形纹。与其他雌歌鸲及鸲类的区别在尾棕色。

红喉歌鸲　　　　　　鸫科

　　中等体形（16厘米）而丰满的褐色歌鸲。具醒目的白色眉纹和颊纹，尾褐色，两胁皮黄，腹部皮黄白。成年雄鸟的特征为喉红色。

蓝喉歌鸲　　　　　　　　鸫科

　　中等体形（14厘米）的色彩艳丽的歌鸲。特征为喉部具栗色、蓝色及黑白色图纹。雌鸟喉白而无橘黄色及蓝色。惧生，常留于近水的覆盖茂密处。

红胁蓝尾鸲（雄）　　　　　鸫科

　　体形略小（15厘米）而喉白的鸲。特征为橘黄色两胁与白色腹部及臀成对比。雄鸟上体蓝色，眉纹白；亚成鸟及雌鸟褐色，尾蓝。

鹊鸲（雄）　　　　　　　　鸫科

　　中等体形（20厘米）的黑白色鸲。雄鸟：头、胸及背闪辉蓝黑色，两翼及中央尾羽黑，外侧尾羽及覆羽上的条纹白色，腹及臀亦白。雌鸟似雄鸟，但暗灰取代黑色。

北红尾鸲（雄）　　　　　　鸫科

　　中等体形（15厘米）而色彩艳丽的红尾鸲。具明显而宽大的白色翼斑。雄鸟：眼先、头侧、喉、上背及两翼褐黑，仅翼斑白色。雌鸟褐色，白色翼斑显著。

的拿手好戏。

白腹鸫、灰背鸫、红尾鸫、斑鸫、怀氏虎鸫、白眉鸫、乌灰鸫与宝兴歌鸫，均为浙江的冬候鸟，前面几种均不难见，而白眉鸫、乌灰鸫与宝兴歌鸫都很少见。

蓝矶鸫为宁波的留鸟，喜在岩壁石缝中筑巢，生性凶猛，尤其在育雏期。鸟友们曾拍到过蓝矶鸫叼着竹叶青蛇、蜥蜴、蛙类等两栖、爬行动物的照片。全身蓝紫色的紫啸鸫长得相当帅气，它也是留鸟，生活在山区溪流边。赤胸鸫与白喉矶鸫均为宁波罕见的旅鸟。

日本歌鸲、红尾歌鸲、红喉歌鸲、蓝喉歌鸲与蓝歌鸲，这几种歌鸲都比较罕见，而且它们生性胆小、行踪隐秘，要一睹它们的芳容着实不易。它们中以旅鸟为主，也有个别是冬候鸟。名为歌鸲，它们自然是鸟儿中的歌唱家。我曾有幸于4月见到一只蓝喉歌鸲，在艳阳下，小巧靓丽的它站在芦苇上放声歌唱，色彩斑斓的喉部一鼓一鼓的，让人觉得春光一下子变得更明媚了……

鹊鸲，跟乌鸫一样，是本地常见留鸟，公园、小区里均容易见到。红胁蓝尾鸲与北红尾鸲，则是常见冬候鸟。东亚石䳭是旅鸟，似乎春季迁徙期比在秋天更容易看到。这鸟儿很喜欢"显摆"，常站在芦苇、油菜花、枯枝等物的顶上，但又非常警觉，很难接近。

关于红尾水鸲、白顶溪鸲、小燕尾与白额燕尾的介绍，请参看《当飞鸟爱上溪流》一文。

东亚石䳭　　　　　鹟科

中等体形（14厘米）的黑、白及赤褐色䳭。雄鸟头部及飞羽黑色，背深褐，颈及翼上具粗大的白斑，腰白，胸棕色。雌鸟色较暗而无黑色，下体皮黄，仅翼上具白斑。

东亚石䳭（雄）

喜鹊东南飞

20 多年前,我坐火车从老家海宁到广州上大学,几次长途车坐下来,通过观察窗外景色,两件事情让我颇觉奇怪:一是火车过了钱塘江,就经常可以看到水牛耕田,而在家乡,我从小看到的都是"铁牛",从未见过真正的牛干活;二是在钱塘江北岸,到处都可以见到成群的喜鹊,可是一到南岸,见到它们的概率就锐减。

1999 年,我到宁波工作,后来又慢慢喜欢上拍鸟,也就更加留意喜鹊。起初的 10 年,在宁波境内,我竟没见过一只喜鹊 —— 顺便说一句,迄今为止,我在宁波也没见过一只乌鸦。

大概是 2010 年吧,正值鸟类迁徙时节的秋天,某日我到市区的绿岛公园观鸟,忽然听到一阵"喀!喀!"的喧闹声 —— 这分明是喜鹊的叫声啊!顿时大吃一惊,急忙仰头寻找,果然在姚江畔的柳树顶上见到了一只喜鹊,这是我第一次在宁波发现喜鹊这种"大菜鸟"!

家乡的"霸王鸟"

那年回海宁,跟父母说起宁波发现喜鹊这件"新闻",爸妈都笑了。我妈更是大惊小怪地说:啊?宁波原先居然一直没见喜鹊?!呵呵,我们这里多得简直要造反了！你随便走到村外哪条小路上，站在原地转一圈，保证可以看到四五个喜鹊巢啊！

而我爹则开始叹气：喜鹊啊，这鸟儿太可恨！我刚种下的蚕豆，几乎全部被它们翻出来吃掉了。而且它们很聪明，报复心又很强。前段时间，村里有人为了安全，拿竿子把喜鹊筑在高压铁塔上的巢给顶掉了，这下可就不得了啦！接下来几天，铁塔附近的农作物几乎都遭了殃：刚种下去的菜苗，它们将其逐

喜鹊　　　　　　　　　　　鸦科

　　体形略小（45厘米）的鹊。具黑色的长尾，两翼及尾黑色并具蓝色辉光。叫声为响亮粗哑的"嘎嘎"声。多从地面取食，几乎什么都吃。结小群活动。巢为胡乱堆搭的拱圆形树棍，经年不变。

喜鹊爱群居

棵拔出来，也不吃，就扔一边，菜苗很快就干死了。

确实，在我家乡，喜鹊绝对可以说是"空中一霸"。它们数量多，势力大，叫声也响亮。每次回海宁，早晨经常被它们吵醒。起床到阳台一看，好几户人家的屋顶都站着一两只。我有时总感觉它们像是在对骂——因为这声音实在太吵太粗哑。

它们喜欢群居，而且领地意识非常强，经常会合力驱赶入侵者。有时，它们敢于和猛禽打群架，把老鹰打得落荒而逃，甚至将其打伤。这都不算什么。有一次，在海宁乡下，我老远看到，一大群喜鹊在田埂上奋力追打一只狗。只见有的贴地飞行紧追不放，有的从空中俯冲又抓又咬，形成了强大的立体攻势与交叉火力，那只可怜的狗根本吃不消，一路惨叫着狂奔而去。

喜鹊与乌鸦同属于鸦科鸟类，具有非常近的亲缘关系。大家都知道"乌鸦喝水"的故事，由此可见鸦科鸟类的智商相当高。确实，喜鹊绝对不是什么"傻鸟"。所以，尽管它们"欺负"了农民，当地人也拿它们无可奈何，因为怕招来它们更大的报复啊！

为何东南飞

按照资料，喜鹊应该是国内广布的留鸟，但确实，在不同的地方，它们的种群数量可能会有很大的差别。我感觉，最近几年，喜鹊族群从杭州湾北岸加速扩散到南岸的趋势非常明显。

自从2010年左右第一次在宁波市区见到喜鹊之后，在宁波各地见到它们的频率逐渐增加。我在月湖西区、奉化大堰镇等不少地方都见到了喜鹊的巢，说明它们已经正式在本地安家。近两年，在市区的月湖公园、白

云公园等地，见到喜鹊的概率越来越高，而且它们通常不大怕人，可以接近观察。

有一次元旦假期回老家，在邻居家旁边的大树上，我发现一对喜鹊夫妇叼着树枝，正忙着修补去年的鸟巢。父亲说，喜鹊一般在春季繁殖，春末夏初的时候雏鸟离巢，此后这户喜鹊家庭就暂时不归巢了。要到次年年初，它们才会重修爱巢，准备新一轮的繁殖。

那天到田野中走了一圈，看到喜鹊成群结队，或停栖在树冠上，或在菜地里觅食。有一对来自台州的夫妇，在附近承包了几十亩地种菜，他们一说起喜鹊就一脸无奈：这鸟儿越来越多，好多蔬菜瓜果都被它们吃了。最可气的是它们会在西瓜、甜瓜之类的瓜果上啄一两个洞，这样一来整个瓜就毁了。当然，这对夫妇不知道，喜鹊固然有时会"偷菜"，但吃得更多的，还是各种虫子，对农业还是很有益的。

晚上，又跟父母聊起关于喜鹊的话题。我说，是不是因为最近几年喜

鹊繁殖很成功,导致它们的数量上升很快?爸妈对此都表示认同。我妈说,在她小时候,喜鹊虽说也是常见鸟,但绝不至于像现在这么多。

看来,随着种群数量的明显扩大,在杭州湾北岸的嘉兴一带,喜鹊的地盘已经不够用了,于是它们开始了南扩的旅程。几年前,喜鹊还只是先来了几个"侦察兵"到宁波,如今则明显有了安营扎寨的势头。

按照现在流行的说法,喜鹊也算是"人生赢家"了,不仅在传统文化里是一个吉祥符号,在现实生活中也善于依靠出众的智商,以及出色的实干能力与团队精神,在竞争激烈的鸟类江湖中站稳了脚跟,并且学会了与人类巧妙周旋。

鸦鹊有声

不知从何时起，我们讨厌乌鸦，说什么"乌鸦嘴，不吉利"，而对喜鹊青眼有加，早晨若听到喜鹊在叫，就喜上眉梢，说"开门见喜，大吉大利"。但一般人不会细究，喜鹊跟乌鸦其实是"一路货色"，即同属于鸦科鸟类。

而且，鸦也好，鹊也好，都属于生性吵闹的鸟类，叫声均为"粗哑"风格，而且其他方面的习性也颇为相似。所以我又搞不明白，为什么喜鹊的叫声就比乌鸦的受欢迎？恐怕"以貌取鸟"是唯一的解释了。

理论上来说，在宁波境内有分布的鸦科鸟类有以下9种：大嘴乌鸦、小嘴乌鸦、秃鼻乌鸦、白颈鸦、达乌里寒鸦、松鸦、喜鹊、红嘴蓝鹊、灰树鹊。但实际上比较容易看到的，不到其中的一半，即只有后4种易见，前5种很难见。

宁波难觅乌鸦影

最近几年，喜鹊在宁波越来越多见，但奇怪得很，我关注本地鸟类十余

【鸦科】

鸦科鸟类多数种体羽多黑色，但有些鸦和鹊的色彩浓郁，包括亮丽蓝色、绿色及棕色。叫声粗哑。巢大，不整洁，材料为木棍、树枝。以果实和动物为食，一些种食腐肉。

大嘴乌鸦　　　　　　　　　　　鸦科

　　体大（50厘米）的闪光黑色鸦。嘴甚粗厚。与小嘴乌鸦的区别在其嘴粗厚而尾圆，头顶更显拱圆形。

小嘴乌鸦　　　　　　　　　　　鸦科

　　体大（50厘米）的黑色鸦。取食于矮草地及农耕地，以无脊椎动物为主要食物，喜吃尸体。

白颈鸦　　　　　　　　　　　　鸦科

　　体大（54厘米）的亮黑及白色鸦。嘴粗厚，颈背及胸带强反差的白色使其有别于同地区的其他鸦类。

达乌里寒鸦　　　　　　　　　　鸦科

　　体形略小（32厘米）的鹊色鸦。白色斑纹延至胸下。与白颈鸦的区别在其体形较小且嘴细，胸部白色部分较大。（钱晓／摄）

年，竟未在宁波境内目睹过乌鸦——无论是上述的大嘴、小嘴还是秃鼻，均未见过。据同事说，他小时候在老家宁海，乌鸦还是挺常见的，但长大以后就不见其踪影了。

在宁波隔壁的绍兴境内，乌鸦似乎并不难见。当地鸟友曾拍到过大群乌鸦飞过的照片。有趣的是，我有一次跟奉化的邬老师从溪口到新昌拍野花，刚到新昌境内的四明山，一抬头，就看到两只乌鸦在天空飞过。所以我相信，宁波境内肯定有乌鸦分布，只不过数量很少罢了。

俗话说"天下乌鸦一般黑"，严格说来还真不对。仅在宁波而言，山区偶尔可见白颈鸦。顾名思义，这种"乌鸦"的脖颈是白色的，其他方面几乎与乌鸦没啥区别。白颈鸦似乎比较喜欢在宽阔溪流的岸边觅食。我第一次见到这种鸟，是在奉化大堰镇的溪边。后来，鸟友在余姚鹿亭乡的溪边也拍到过。

宁波还有一种罕见的"更白的乌鸦"，即达乌里寒鸦，目前在宁波仅有一笔影像记录。2011年深秋，鸟友老钱在慈溪的杭州湾海边，偶然拍到这种黑白分明的"乌鸦"。它不像普通的乌鸦那样全身黑色，也不像白颈鸦那般套了一个白色颈圈，而是后颈、胸腹部均有大片的白色。这是难以错认的达乌里寒鸦。达乌里寒鸦在我国北方为比较常见的留鸟，虽说资料表明它们会在华东越冬，但近年来在浙江非常少见，在宁波则是第一次被记录。

在古老的《诗经》中，普通的乌鸦与达乌里寒鸦都曾被提到过。《诗经·小雅·正月》中有这样的诗句："哀我人斯，于何从禄？瞻乌爰止，于谁之屋？"乌，即乌鸦，古人认为乌鸦喜欢群集于富人之屋。乌鸦最初并不被人视为不吉之鸟。故上述诗句大意是："可怜我们这些人啊，何处去求福与禄？看那些乌鸦，究竟停栖在谁家？"言下之意是，天下已乱，不知归于何处，大家也不知何处依止，心中十分迷茫痛苦。有的人把"瞻乌爰止，于谁之屋"解释为"看乌鸦停在谁家,灾祸就会降临到谁家",是不对的。

《诗经·小雅·小弁》开头两句:"弁彼鸒斯,归飞提提。"这里的鸒(音同"玉"),是一种"形似乌鸦,腹白,喜群栖"的鸟,毫无疑问就是达乌里寒鸦。这两句诗的大意是:快乐的寒鸦呀,成群翻飞着回家了。

山中数你最多嘴

每次到四明山中,总会见到成群结队的红嘴蓝鹊拖着长长的尾巴,"咔,咔,咔"高声喧哗着越过盘山公路,停在路边树上,依旧跳来跳去,情绪激动地喊着:"咔咔! 咔咔!"这时,我心里常会嘀咕一句:"就你最多嘴!"

常有人问我:"这里常看到一种鸟,很漂亮,尾巴很长……""哦,哦,那是红嘴蓝鹊! 身上蓝蓝的,嘴巴红红的,是不是?"关于这种鸟,我实在被问得太多了,因此常会不太礼貌地打断人家。红嘴蓝鹊特征鲜明,很容易被描述,因此是不会被认错的鸟。记得十几年前我第一次在树林中见到它那飘逸的身影,竟惊为"仙鸟",现在想来也觉得十分好笑。

红嘴蓝鹊是宁波数量最多、分布最广,同时也是颜值最高的鸦科鸟类。但千万不要被它那飘飘若仙的身姿所迷惑。既然是鸦科的血统,它就注定具有不平常的一面:爱群居,喜喧哗,都不算什么,关键是它真的是一种很凶猛的、

红嘴蓝鹊　　　　　　　　鸦科

　　体长(68厘米)且具长尾的亮丽蓝鹊。头黑而顶冠白。发出粗哑刺耳的联络叫声和一系列其他叫声及哨音。性喧闹,结小群活动。主动围攻猛禽。

叼着小鸟尸体的红嘴蓝鹊

重口味的鸟。它跟乌鸦一样喜食动物尸体，我曾在东钱湖畔的山中亲眼见到它衔着一只死去的小鸟。红嘴蓝鹊还是捕蛇能手，我的朋友曾拍到过它嘴里叼着一条还在拼命挣扎的赤链蛇。

如果说红嘴蓝鹊长得像翩翩仙子，那么灰树鹊就是衣着朴素的农人。它常年披着灰褐色的蓑衣，有时在树上跳跃，有时在地面落叶间觅食。相对而言，灰树鹊虽然也比较吵，但数量明显没有红嘴蓝鹊多，故在宁波鸟类中的知名度也不甚高。

宁波山中，还有一种多嘴多舌的鸦，即松鸦。它的外貌乍一看跟其他鸦科鸟类很不一样，它是宁波鸦科中体形最小的鸟，棕色的上体远看倒有点像大一号的棕背伯劳 —— 可惜尾巴没有伯劳那么长。倒是翅膀上那蓝色的图案，为它的容貌加分不少。别看松鸦个子不大，鸦科的基因依然很强大，照样敢于在空中围攻猛禽。

灰树鹊　　鸦科

　　体形略大（38厘米）的褐灰色树鹊。颈背灰色，具甚长的楔形尾。性怯懦而吵嚷。

松鸦　　鸦科

　　体小（35厘米）的偏粉色鸦。特征为翼上具黑色及蓝色镶嵌图案，腰白。髭纹黑色，两翼黑色具白色块斑。飞行时两翼显得宽圆。

总而言之，鸦鹊有声，虽然吵了一点，但它们敢说敢做，绝大多数鸦科鸟类都能团结一致，合力挑战并驱逐强有力者（如猛禽、狗之类），光这一点就让人佩服。

卷尾、黄鹂与山椒鸟

在《中国鸟类野外手册》中，卷尾、黄鹂、山椒鸟均属于广义的鸦科鸟类，但现在已分别归为卷尾科、黄鹂科、山椒鸟科。

卷尾科这类鸟长相奇特，令人过目不忘，主要是因为它们的尾呈深叉状，最外侧尾羽向外或向上弯曲，好似机翼。它们善于从树上出击，捕食空中的飞虫，性情凶猛好斗，也敢于围攻猛禽。

宁波有 3 种卷尾分布，分别是发冠卷尾、黑卷尾与灰卷尾。按照有关书上的鸟类分布示意图，这 3 种卷尾应该都是宁波的夏候鸟，但据我多年的实际观察，除了发冠卷尾是稳定的夏候鸟之外，其余两种似乎都以旅鸟为主。最漂亮的当属发冠卷尾，它那蓝黑色的羽毛在阳光下闪烁着明显的金属光泽，而头顶几丝长长的冠羽让它显得颇有个性。

宁波有分布的黄鹂，即黑枕黄鹂，是本地少见的夏候鸟。这种鸟以色彩

发冠卷尾　　　　　　　卷尾科

体形略大（32 厘米）的黑天鹅绒色卷尾。头具细长羽冠，体羽斑点闪烁。尾长而分叉，外侧羽端钝而上翘形似竖琴。喜森林开阔处，有时（尤其晨昏）聚集一起鸣唱并在空中捕捉昆虫。

黑卷尾　　　　　　　　卷尾科

中等体形（30 厘米）的蓝黑色而具辉光的卷尾。嘴小，尾长而叉深，在风中常上举成一奇特角度。

灰卷尾　　　　　　　　卷尾科

　　中等体形（28厘米）的灰色卷尾。脸偏白，尾长而深开叉。立于林间空地的裸露树枝或藤条，捕食过往昆虫。

黑枕黄鹂　　　　　　　黄鹂科

　　中等体形（26厘米）的黄色及黑色鹂。过眼纹及颈背黑色，飞羽多为黑色。雄鸟体羽余部艳黄色。雌鸟色较暗淡，背橄榄黄色。常留在树上，但有时下至低处捕食昆虫。飞行呈波状，振翼幅度大，缓慢而有力。

暗灰鹃鵙　　　　　　　山椒鸟科

　　中等体形（23厘米）的灰色及黑色的鹃鵙。雄鸟青灰色，两翼亮黑，尾下覆羽白色。雌鸟似雄鸟，但色浅，下体及耳羽具白色横斑。

小灰山椒鸟　　　　　　山椒鸟科

　　体小（18厘米）的黑、灰及白色山椒鸟。前额明显白色，与灰山椒鸟的区别在腰及尾上覆羽浅皮黄色，颈背灰色较浓，通常具醒目的白色翼斑。

鲜艳、鸣声动听著称。黄鹂是古诗词中的"明星鸟"，歌咏它的诗句可谓比比皆是，不胜枚举，如"独怜幽草涧边生，上有黄鹂深树鸣。""映阶碧草自春色，隔叶黄鹂空好音。""漠漠水田飞白鹭，阴阴夏木啭黄鹂。""池上碧苔三四点，叶底黄鹂一两声，日长飞絮轻。"……

宁波的山椒鸟有3种，分别是暗灰鹃鵙、小灰山椒鸟与灰喉山椒鸟。前两种在迁徙期见到的可能性较大（小灰山椒鸟也可能是本地的夏候鸟，我在杭州见到过繁殖的个体），羽色比较灰暗；而灰喉山椒鸟为本地山中的留鸟，羽色鲜艳，让人过目不忘。

灰喉山椒鸟（雄） 　　　山椒鸟科

体小（17厘米）的红或黄色山椒鸟。红色雄鸟与其他山椒鸟的区别在喉及耳羽暗深灰色。黄色雌鸟与其他山椒鸟的区别在额、耳羽及喉少黄色。

灰喉山椒鸟（雌）

蓬发戴胜

戴胜   戴胜科

中等体形（30厘米）、色彩鲜明的鸟类。具有长而尖黑的耸立型粉棕色丝状冠羽。其叫声为低柔的单音调如 hoop、hoop，鸣叫时常作上下点头状。性活泼，喜开阔潮湿地面，以长长的嘴在地面翻动寻找食物。戴胜为以色列的国鸟，其当选的原因，是因为它美丽、尽职尽责，能照顾好自己的后代。

女儿航航还在读幼儿园时，有一次她外婆把她抱在怀里，坐在书桌前。小家伙忽然指着电脑里我拍的戴胜照片，故意问："外婆，这是什么鸟呀？"外婆自然不认识，便随口说："这是长嘴巴鸟！"航航笑了："哈哈，这是戴胜呀！"外婆还是一头雾水：什么，戴胜？戴胜也是鸟名？

是的，这还真是一种鸟的名字，而且是一个非常古老的名字。古籍《山海经》中关于"戴胜"的记载有三条，都是用来形容西王母的，其中有一条说："西王母其状如人，豹尾虎齿而善啸，蓬发戴胜。"郭璞注："胜，玉胜也。"也就是说，西王母乱蓬蓬的头发上戴着用于装饰的玉胜。后来，"戴胜"之所以演变为鸟名，正因为这种鸟的特性与"蓬发戴胜"有关。

戴胜谁与尔为名

戴胜属于戴胜目戴胜科，此为鸟类的一个小科，仅戴胜一种，但遍布欧亚大陆及非洲。这是一种长相奇特、不易被错认的鸟儿。唐代诗人贾岛有一首《题戴胜》诗："星点花冠道士衣，紫阳宫女化身飞。能传上界春消息，若到蓬山莫放归。"第一句"星点花冠道士衣"，很好地描述了这种鸟儿的羽色：其双翅及尾巴具有明显的黑白相间的斑纹，很像道袍；而身体其余部分的羽色以棕色、褐色为主，棕红色冠羽的尖端具有明显的黑斑 —— 此即"星点花冠"。不过，这美丽的冠羽通常是不打开的，它总是向后贴伏在脑袋上。只有当戴胜的情绪突然起了波动 —— 或许是因为受到惊扰，或许

是出于愤怒，当然也可能是表示爱恋 —— 冠羽才会像折扇一般突然打开，于是这鸟儿最令人惊艳的一面立即显现了出来。此即"戴胜"一名的来源，即赞扬这种鸟的头上仿佛戴着精美的玉胜。

当警情解除、心情恢复平静或起飞时，这竖立的冠羽就会立即松懈下来。戴胜体态轻盈，飞行时，它那宽圆的翅膀不慌不忙地扇动，呈波浪状前进，很像一只大蝴蝶在扑扇。故它还有一个美称，叫作"花蒲扇"。

对于戴胜特点及习性的描述，最精彩的当属这首唐诗，即王建的《戴胜词》：

戴胜谁与尔为名，木中作窠墙上鸣。

声声催我急种谷，人家向田不归宿。

紫冠采采褐羽斑，衔得蜻蜓飞过屋。

可怜白鹭满绿池，不如戴胜知天时。

诗的第一句，似也是对鸟名表示好奇。第二句"木中作窠墙上鸣"，说的是戴胜的繁殖习性。这种鸟通常选择在天然树洞或被啄木鸟凿空的蛀树孔里产卵，有时也会在岩石缝隙或断壁残垣的窟窿中营巢。"声声催我急种谷"，又是什么意思呢？原来，戴胜的叫声近似"咕咕"，谐音"谷谷"，所以古人说好像它在催人下田——这跟布谷鸟（大杜鹃）的叫声给人的感觉是一样的。"紫冠采采褐羽斑"，跟"星点花冠道士衣"是一个意思。"衔得蜻蜓飞过屋"，则说戴胜善于捕食昆虫，而从"飞过屋"的行为来看，诗人所见的这只戴胜十之八九是在育雏，它在叼虫回去给巢里的宝宝吃呢。

与戴胜的惊喜邂逅

"高兴啊！今天我第一次拍到了戴胜！以前，我一直认为这美丽的鸟儿非常罕见，做梦也不敢想能在宁波城区见到它！"2006年6月16日，刚拍鸟不久的我，在偶遇戴胜后，回家兴奋地写下了日记。

那天，我独自来到姚江公园。园内几乎没什么人，一群珠颈斑鸠在大树底下觅食，见我过来，"哗"的一下都飞走了。这时，我忽然注意到，在10多米外的树下，有只棕色的鸟儿仍然留在草地上。它长着奇特的头冠和细长的嘴巴，我从来没有见过，难道是戴胜？

才拍了两张，它就飞走了。我不甘心，干脆在一棵樟树底下坐了下来，准备"守株待鸟"。不久，珠颈斑鸠们又回来了，而我也马上在斑鸠群里发现了刚才那奇特的头冠！时近傍晚，林下的光线越来越阴暗了。我抑制住心头的狂喜，开始拍摄。为了提高快门速度，只好将相机的 ISO（感光度）提高到了 1600——没办法，拍清楚才是第一重要的。

我借着树木的掩护，鹤行鹭伏，悄悄接近。警觉的斑鸠们马上又飞走了，还好，那鸟依旧忙着啄食，毫无离开之意。刚拍了一两张，手机响了。真要命，我又急又气，一看是老婆的电话，赶紧轻声回答了两句就把电话挂了。谢天谢地！它还没走。

周围很静，我边拍边靠近。它在听到清脆的快门声的一瞬间，头上的冠羽像扇子一样打开了！这下确认无疑了，果然是戴胜！

近一个月后，再次在姚江公园的老地方遇到了它。当时，我眼见它飞到了围墙边，然后在小沙坑里像只小母鸡一样蹲了下来，开始尽情地沙浴（即在干燥的泥沙中"洗澡"，以去除脏物乃至寄生虫，很多鸟儿都有这种习性）！只见它略微张开翅膀，头快速旋转，就像个拨浪鼓似的。我不顾花蚊子的叮咬，边拍边慢慢靠近。这戴胜浑然不觉，约 20 分钟的沙浴完毕，从容站起来，走到一旁觅食了。我静静地坐在一旁，离戴胜只有三四米远，只见它把长长的嘴伸到草地下的泥土中，很快就叼了一条肥肥的小虫出来，好像是什么昆虫的幼虫。

吃饱了之后，它站在草地上，半眯着眼睛，似乎打起了瞌睡。我索性趴在地上，近距离慢慢拍它、欣赏它。稍后，它飞了，先在树枝上停了一下，梳理羽毛，然后又飞到老地方去沙浴了。

此后，无论在城区还是在郊外，乃至海边，我曾多次见过戴胜，基本上都是看到它在开阔的草地上觅食。一百多年前，瑞士作家欧仁·朗贝尔在其名著《飞鸟记》中也专门为戴胜写了一篇，其中有段文字专门描述戴胜的

正在沙浴的戴胜

喙与其觅食习性的关系："它的喙很长,长度几乎等同于冠羽的高度。这喙细长而脆弱,微微弯曲,比起击伤敌人来说,更多是为了从泥浆或灰尘中叼出一只猎物。"

是绅士,也是懒汉

有趣的是,自古以来,戴胜都是绅士与懒汉、美丽与脏臭的奇妙综合体。

在草地上漫步觅食时,戴胜常随着步伐有节奏地点头,颇有风度,就像一个戴着礼帽的文雅绅士。我还看到有资料说"戴胜走路,一步一啄,有若耕地,故有劝人农耕之意"。确实,诚如上文提到的唐诗《戴胜词》最后两句:"可怜白鹭满绿池,不如戴胜知天时。"在中国古代,戴胜就是一种"知天时"的劝人农耕之鸟。《礼记·月令》中提到"季春之月"的物候时说:"鸣鸠拂其羽,戴胜降于桑。"当戴胜停栖在桑树上时,农忙就要开始了。

身披华丽衣裳,又会"劝课农桑"的戴胜,却也有十分"懒惰"的一面。

戴胜的长嘴适合插入草地觅食

《飞鸟记》中如此描述：

> 戴胜是个糟糕的工匠，要么是懒惰，要么是缺乏技艺，它既不会筑巢，也不会挖洞。它得要现成的窝。因此，它会选择树上的洞穴……直接在上面产卵了……当四个、五个或六个小家伙破壳而出后，这样深的、它们攀不上内壁的藏身之处，很快就沦为了一个垃圾堆……可怜的公主呦，它身边缺少仆人呀！

欧仁·朗贝尔还是喜欢戴胜的，因此用同情的口吻说戴胜是"缺少仆人的公主"。说实在的，不会筑巢也算了，可是戴胜居然还从不清理巢穴，这可真有点说不过去。我曾多次目睹别的鸟儿育雏，雏鸟排出的粪便都是由亲鸟用嘴衔出并丢弃到远处，以确保巢的洁净，而戴胜却任由粪便等垃圾堆积在巢内，以至于臭气熏天。为此，它还得了一个"臭姑姑"的外号。

其实，绅士也好，公主也好，懒汉也好，臭姑姑也好，都是我们人类基于自身价值观、审美观而得出的判断。集美丽与污秽于一体，这或许正是戴胜的生存智慧。且看它的另一个绝招，即在遇到敌害的紧急时刻，戴胜身上会分泌出一种恶臭无比的气味，定使来犯者难以忍受，逃之夭夭。

梦中鸦雀

十余年来，我所拍到过的野生鸟类已超过 400 种（以宁波本地鸟类为主），但能让我心跳加速的鸟儿并不多。唯有一种鸟，尽管我已见过好多次，但每次与之相遇我依旧会激动不已。

这不仅是因为它可爱，更因为它神秘。它总是显得若即若离，使人心痒难搔，欲罢不能。

它，就是大名鼎鼎的"短尾鸦雀"。很荣幸，我在浙江省内第一个拍到了这种鸟。根据我的照片，专家确认它是浙江鸟类新分布记录。

初邂逅

2008 年 3 月 1 日，我和鸟友李超来到鄞州区鄞江镇西南数公里处的四明山的一处山脚找鸟。因为李超说，那个小山沟里有个养鸡场，以前常听说有猛禽来逮鸡吃。因此，无处拍鸟的我们想去那里找找猛禽。

那天上午，猛禽始终没见影。不过既然来了，就不妨再看看别的。于是我们就沿着山路一路慢慢晃了上去。忽然，从路边灌木丛里传来一阵轻微、细碎而热闹的"啾啾"声，仔细一看，是一群体色偏棕红的小鸟，其体形比麻雀还小很多。"这是什么鸟？"李超说。棕头鸦雀？红头长尾山雀？好像都不是！这些小家伙太活跃了，尽管当时它们在我们眼前逗留了好几分钟，但总是在阴暗的竹丛中跳来跳去，看都看不清楚，更别说拍了。

后来，一只鸟儿给了我一两秒钟的时间，我抓住机会拍到五六张照片，但其中只有两张比较清晰。李超的镜头居然一时对不上焦，因此没拍到。

当晚，通过翻看专业鸟类图鉴《中国鸟类野外手册》，觉得这鸟很像短尾鸦雀，但书上并没说在浙江有这种鸟的分布。随后，我把疑似短尾鸦雀的照片上

短尾鸦雀　　　　鸦雀科

　　体形微小（10厘米）的褐色鸦雀。形短的尾羽缘棕色，头栗色。亚种 thompsoni 的色彩较深，上背及背部灰色，颏及喉黑而无白色杂点。栖于竹林密丛，常结小群活动。

传到了浙江野鸟会网站上，向高手求教。很快，时任野鸟会会长的陈水华博士回复说："祝贺祝贺，非常重要的记录！"他还说，在浙江，短尾鸦雀以前只在天目山有过观鸟记录，但没有照片验证，因此还不能真正算浙江鸟类新记录，这次在宁波拍到了，就可以说是确证无疑了。

再相逢

我好像被注射了一剂强有力的兴奋剂，接下来一段时间，一有空就去那儿找，但奇怪的是，找了整整一个月，再没见这些短尾鸦雀的任何踪影。

直到4月2日，神奇的时刻终于来临。

那天早晨，我又出发去老地方。一路上，边开车边念念有词：老天保佑，今天一定会拍到的！一定一定！

然而，找了两个多小时，还是没见鸟影。上午 10 点半，按照往常规律，这个时间段已很少找得到鸟了，于是我垂头丧气下了山。在打开车门，准备打道回府的那一瞬间，我像是得了什么感应，突然决定再上山找一次！

于是，我又背着器材爬到了半山腰，走进了一片矮小的竹丛，啊，我的天！那一瞬间，我像被电流击中一般完全呆住了：短尾鸦雀！很多短尾鸦雀！起码有 20 只，都在竹丛中欢叫乱跳呢！

心在狂跳，手也抖了，举起镜头先狂按了几张。忽然又想到这么重要的鸟种，不应该只用通常的 JPG 格式记录，也应该用 RAW 无损格式拍一些。于是手忙脚乱地在相机菜单上设置 RAW，可没拍一会儿，我的 2G 的 CF 卡就开始容量告警！于是又心慌意乱地想改回 JPG 格式，自以为改好了，谁知实际上并没有改回来，因此接下来就几乎无法拍摄，只好删掉几张片子再拍。

但一会儿工夫，活泼的短尾鸦雀就飞到其他地方觅食了。在下山路上，我有幸再次遇见了它们。

我曾跟很多人说起上述拍摄过程，有位女士掩口笑道：

"就算当年骤见暗恋的梦中女孩，那心情也不过如此吧！"

哈哈，诚然！

长相守

但是，自那以后，3 年内我和鸟友们去过那里 N 次，竟再也没有见到过这神秘的小鸟……

直到 2011 年 2 月，短尾鸦雀才重现四明山，但地点换了。那年春节期间，鸟友"余余小站"（网名）在横街镇的一个小山村发现了成群的短尾鸦

雀。更让人开心的是,在这个地方,它们出现的概率比较高,宁波的鸟人们去了几次,基本上都拍到了。

一年后的早春,在余姚大隐镇的山中,鸟友竹子山也发现了短尾鸦雀种群。通过众多观鸟爱好者的努力,从2011年迄今,宁波已有近10处地方发现过这种珍稀鸟类的踪影,不过大多数地方都只是偶尔能观测到,相对稳定的点只有一两个。

刚开始拍短尾鸦雀的时候,我总是心情过于激动,加上鸟儿也非常好动,因此没有拍到让自己很满意的照片。后来,随着对其觅食习性的熟悉,我不再跟在鸟后面追拍,而是提前安静地守候在它们觅食的行进路线的前方。有一次,一只短尾鸦雀冲到了离我只有三四米的地方,它原本攀住竹枝做"引体向上"状开始啄食,忽转头,骤然见到我,那模样竟像是在向我俏皮地吐舌头,实在太可爱了。

《中国鸟类野外手册》这样描述这种属于"全球性易危"物种的鸟儿:"对其分布范围知之甚少 …… 不常见于福建西北部武夷山,在湖南南部

觅食时做"引体向上"动作的短尾鸦雀

（莽山）有记录，因而在中国南部的其他丘陵地区也应该有分布。"近几年，在浙江临安、江西婺源及安徽等地的局部地方也发现了它们。

据我所知，就其分布地而言，宁波应该是国内已知发现短尾鸦雀最多的地方了。因此，宁波鸟人是很幸福的，国内很多观鸟、拍鸟爱好者都表示很眼红呢！

半遮面

不过，到目前为止，大家对于短尾鸦雀的了解还非常少。

2012 年 9 月 2 日清晨，我独自走进余姚鹿亭乡的四明山深处拍昆虫，忽然发现自己被大群短尾鸦雀包围，顿时惊喜莫名。可惜我没携带长焦镜头，因此难以拍摄，但近半小时的近距离观赏也是一件乐事。值得一提的是，这是我迄今唯一一次在夏季见到它们。此前，我和本地鸟友们几乎都是在隆冬或早春看到它们，都是在山脚的小竹林中；最晚的一次是 4 月底，但发现地的海拔已有 400 多米。

因此，我们推测，它们是垂直迁徙的，即在冬季高山上缺乏食物时结群下山觅食，然后在天气回暖时再返回山上去繁殖。它们似乎偏爱低矮的小竹林，小家伙们总是成群结队，用又短又厚的嘴啃咬细竹枝，发出"哔哔啵啵"的声音，以找出里面的虫子、虫卵之类的东西。它们圆头圆脑，脖子下仿佛有着黑黑的胡须，吃东西时显得特别萌，经常会做出各种体操动作，最常见的姿态则是"引体向上"。

但令人好奇的是：春夏之际它们到底去哪儿了？在什么样的环境中繁殖？在繁殖期会表现出什么样的特性？

亲爱的，你们的神秘面纱何时才能揭开呢？

黄鸟于飞，其鸣喈喈

在《中国鸟类野外手册》中，鸦雀被列入莺科下面的鹛（音同"眉"）族的 5 个类群之一，即鸦雀类，指的是"特异化的嘴厚似鹦鹉的鹛类"。不过现在通常将其单列为鸦雀科。《台湾野鸟手绘图鉴》一书中，把鸦雀列为"鹦嘴科"，别名鸦雀科，并生动地描述了这一类的鸟：

> 体形与山雀相似，翼圆短，尾长，嘴为粗短圆锥形，常结小群活动于竹林、灌丛及高草丛等环境，有时与其他小型鸟种混群。常倒挂取食。

大家都知道"鸦雀无声"这个成语，其意思是连一贯吵闹的鸟雀的叫声都没有了，因此很安静。我不知道成语中的"鸦雀"是否就是指这里说的鸦雀科的鸟类，但在现实中，确实，鸦雀们一般都比较活泼，常叽叽喳喳叫个不停。当然，它们是很小的鸟儿，故叫声细碎，不能跟鸦科的鸦、鹊的喧嚷相比（参见《鸦鹊有声》篇）。

目前已知在宁波有 4 种鸦雀分布：短尾鸦雀、棕头鸦雀、灰头鸦雀、震旦鸦雀。前两种身材娇小，后两者则算是鸦雀中的大个子。

灰头鸦雀不算稀有，但在本地不常见，运气好的话偶尔可以在四明山中碰到一群。这也是一种不大会被错认的鸟：嘴橘黄，头的两侧有显眼的黑色长条纹，给人以粗眉大眼的憨厚感。

震旦鸦雀也是很稀有的鸦雀，一度被称为"鸟中大熊猫"。古印度称华夏大地为"震旦"，而这种鸟的第一个标本采集地是在南京，所以被定名为震旦鸦雀。它们完全依赖芦苇地而生存，因此在宁波只有在海边的大片芦

灰头鸦雀　　　　鸦雀科

　　体大（18厘米）的褐色鸦雀。特征为头灰色，嘴橘黄。头侧有黑色长条纹，喉中心黑色。下体余部白色。栖于低地森林的树冠层、林下植被、竹林及灌丛。吵嚷成群。

震旦鸦雀　　　　鸦雀科

　　中等体形（18厘米）的鸦雀。黄色的嘴带很大的嘴钩，黑色眉纹显著，额、头顶及颈背灰色。上背黄褐，通常具黑色纵纹；下背黄褐。性活泼，结小群栖于芦苇地。

苇荡中有望一见。震旦鸦雀喜欢吃芦苇表面及苇秆里的虫子，会用又粗又厚且带钩的嘴咬开苇秆觅食，因此有人将其称为"芦苇中的啄木鸟"。令人心痛的是，最近几年，宁波滨海湿地环境堪忧，大片的芦苇地消失，因此想见到震旦鸦雀是越来越难了。

　　宁波最常见的鸦雀是棕头鸦雀，在公园、郊外、山区均可见到，其头顶至上背棕红色，尾巴较长。它们活泼好动，喜欢在灌木丛中呼朋唤友，边鸣叫边跳跃。《诗经·周南·葛覃》："黄鸟于飞，

震旦鸦雀依赖芦苇地生存

棕头鸦雀　　　　　　　鸦雀科

　　体形纤小（12厘米）的粉褐色鸦雀。嘴小似山雀，头顶及两翼栗褐，喉略具细纹。虹膜褐色，眼圈不明显。有些亚种翼缘棕色。活泼而好结群，通常栖于林下植被及低矮树丛。

集于灌木，其鸣喈喈。"这简直就是在咏唱棕头鸦雀啊！

　　"常结群移动，穿越空旷处时，前方个体会等待后方个体抵达后再快速穿越"，这是《台湾野鸟手绘图鉴》所描述的关于棕头鸦雀习性的一个充满温情的细节，与我平时的观察完全吻合。

　　起初我不知道，在台湾，棕头鸦雀有个挺诗意的名字，叫"粉红鹦嘴"。关于这个，说起来还有一个有趣的插曲。2009年6月，我到河南董寨国家级自然保护区拍鸟，遇见一位来自台湾的鸟友。在一起拍鸟时，他忽然说："粉红鹦嘴！粉红鹦嘴！"我一听这名字，心想莫非是什么罕见的好鸟，顿时十分激动，急忙去找。等看清是棕头鸦雀时，不禁哑然失笑。

　　2010年8月，妈妈打电话给我，说老家院子里的樱桃树上有个鸟窝，每天有鸟飞进飞出。趁周末，我回了一趟老家，果然发现樱桃树的浓荫里，有一个鸟巢，内有3只嗷嗷待哺的棕头鸦雀幼鸟。鸟窝呈杯状，用枯草、芦苇等仔细缠绕而成，相当精致。棕头鸦雀的粗厚的嘴本来更适合吃草籽等物，但在育雏期，则全部捕捉虫子以喂食。我所看到的"菜单"，包括蛾子、蜘蛛、青虫（蝶蛾类的幼虫）等。一周后，羽毛未丰的雏鸟即出窝，但亲鸟还会继续喂养一段时间。

育雏中的棕头鸦雀

野鸽为鸠

大家看到在草地上走来走去的珠颈斑鸠，会说：瞧，野鸽子！确实，现代的鸟类分类体系中，就专门有属于鸽形目的"鸠鸽科"，鸠与鸽是不分家的。珠颈斑鸠除了羽色单调一点，体态、习性、飞行姿势等均与家鸽无甚区别。

在宁波，属于鸠鸽科的鸟类，目前有确切记录的有 4 种：随处可见的珠颈斑鸠、不大常见的山斑鸠、偶尔可见的火斑鸠、极为罕见的红翅绿鸠。

在现代的意义上，说"野鸽为鸠"应该是没错的。

曾经"鸠"缠不清

但其实，在很久很久以前，"野鸽为鸠"这个说法并不准确。中国第一部诗歌总集《诗经》中，"鸠"字多次出现，其在每首诗中的确切含义曾让学者们颇伤脑筋：

> 关关雎鸠，在河之洲。窈窕淑女，君子好逑。（《周南·关雎》）

【鸠鸽科】
　　鸠鸽科鸟类以果实、种子及浆果为食。身体结构紧凑，嘴形粗短。以细小树枝营平台型巢，卵白色。重复发出悦耳的咕咕声，飞行时发出鸠鸽特有的扑翼声。

维鹊有巢，维鸠居之。之子于归，百两御之。(《召南·鹊巢》)
吁嗟鸠兮，无食桑葚。吁嗟女兮，无与士耽。(《卫风·氓》)
鸤鸠在桑，其子七兮。淑人君子，其仪一兮。(《曹风·鸤鸠》)
宛彼鸣鸠，翰飞戾天。我心忧伤，念昔先人。(《小雅·小宛》)

在这五首诗中，"雎鸠"与"鸤鸠"均为两字连用的词，各指一种鸟。对于"鸤鸠"，可以说从古至今，几乎众口一词，大家普遍认为就是指布谷鸟，即大杜鹃——因为布谷鸟有"巢寄生"的习性，即会把卵产在别的鸟的巢中，所以说它"其子七兮"，且分别停栖在不同的树上。但"雎鸠"就复杂了，迄今仍热议不止，有的坚持传统观点，说雎鸠就是鱼鹰，即鹗；也有很多人提出了不同看法，认为雎鸠应该是白胸苦恶鸟、东方大苇莺或大雁之类。

至于其他三首诗中单独出现的"鸠"又是指什么鸟，分歧也不小。有简单处理的，说它们都是指斑鸠，但这难以服众。比如，"维鹊有巢，维鸠居之"这句诗中的"鸠"所表现出来的侵占鹊巢的行为，实非斑鸠所能为。因此当代有人认为这里的"鸠"应该是指红脚隼（又名阿穆尔隼），因为红脚隼确实经常强占喜鹊的巢。

至于"吁嗟鸠兮，无食桑葚"与"宛彼鸣鸠，翰飞戾天"之"鸠"，则由于缺乏关于习性的描述，确实更难判断是什么鸟。我也一度为此感到很困惑。直到偶尔在台湾散文大师、学者兼博物爱好者陈冠学的文章中见到这么一个观点，才觉得茅塞顿开，即在周朝的时候，古人把鸟就叫作鸠。

我觉得这个说法颇有道理。据《左传·昭公十七年》所述，远古的少皞氏即位时，用鸟名来作为官名，其中包括所谓"五鸠"："祝鸠氏，司徒也；雎鸠氏，司马也；鸤鸠氏，司空也；爽鸠氏，司寇也；鹘鸠氏，司事也。"由此可见，虽说在古时鸠不能囊括所有的鸟，但至少所包含的范围非常广。

《诗经》中提到的"鸠",显然是指不同的鸟,它们在分类上差异甚大。因此,对于"吁嗟鸠兮"与"宛彼鸣鸠"之"鸠",我们似乎只要直接将其理解为泛指的鸟即可,而不必强作解人。

窗台上的斑鸠

常有人问我:"我家窗台上有鸟儿来筑巢,不知是什么鸟?"我有时甚至不看照片,而直接问:"鸟是灰褐色的,还是黑色的?"若是灰褐色,即为珠颈斑鸠;若是黑色,则为乌鸫。这基本是不会错的,因为习惯在城市住宅的窗台上筑巢的,十之八九便是这两种鸟。

珠颈斑鸠是宁波最常见的留鸟之一,公园、小区、郊外,均容易见到。这种鸟非常好认,即其颈部为明显的黑底白点,好像缀满了粒粒珍珠,故名"珠颈"。由于习惯了和人类生活在一起,因此它们不甚惧人,在我所住的小区里,珠颈斑鸠经常会在离人只有三四米的地方漫步觅食。

春天的清晨,常能听到窗外传来轻柔悠长的"咕咕"声,这便是珠颈斑鸠在鸣叫。珠颈斑鸠雄鸟求偶时很有趣,它常会倾斜着身体,蓬松着羽毛,绕着或跟着雌鸟作献媚状。它们通常在春天及初夏繁殖,一年繁殖一窝,但有时不知何故也会产下第二窝卵。我所了解的最晚的珠颈斑鸠繁殖,是在12月初

珠颈斑鸠　　　　　　　鸠鸽科

中等体形(30厘米)的粉褐色斑鸠。尾略显长,外侧尾羽前端的白色甚宽,飞羽较体羽色深。明显特征为颈侧满是白点的黑色块斑。受干扰后缓缓振翅,贴地而飞。

雏鸟才破壳。它们的巢相当粗糙，跟喜鹊一样，亲鸟捡一些树枝随便搭建一下就算完事。

求偶中的珠颈斑鸠

　　我所觉得奇怪的是，在宁波，除了珠颈斑鸠，似乎其他斑鸠都不常见。山斑鸠只比珠颈斑鸠略大一点，在有些地方是很容易见到的，但在本地我却所见甚少。山斑鸠的颈部，没有星星点点的白点，而是具黑白相间的条纹；背部多棕色。

　　火斑鸠则更为少见。我曾于4月在海边的开阔地上见过数只，疑为迁徙路过的鸟。它的体形明显比珠颈斑鸠小巧，雄鸟全身羽色较红，雌鸟则比较暗

山斑鸠　　　　　　　鸠鸽科

　　中等体形（32厘米）的偏粉色斑鸠。与珠颈斑鸠区别在于颈侧有带明显黑白色条纹的块状斑。上体的深色扇贝斑纹体羽羽缘棕色，下体多偏粉色，脚红色。

火斑鸠   鸠鸽科

　　体小（23厘米）的酒红色斑鸠。特征为颈部的黑色半领圈前端白色。雄鸟头部偏灰，下体偏粉，翼覆羽棕黄。雌鸟色较浅且暗，头暗棕色，体羽红色较少。习性：在地面急切地边走边找食物。

红翅绿鸠   鸠鸽科

　　中等体形（33厘米）的绿鸠。特征为腹部近白色。腹部两侧及尾下覆羽具灰斑。雄鸟翼覆羽绛紫色，上背偏灰，头顶橘黄。雌鸟以绿色为主。眼周裸皮偏蓝。群栖于果树。飞行极快。（张可航/手绘）

淡。火斑鸠的颈部与珠颈斑鸠、山斑鸠又不同，是一条黑色的半领环。

　　至于红翅绿鸠，则是在整个浙江均罕见的鸟儿，也是本地有过记录的最漂亮的"野鸽子"。其整体羽色的基调为黄绿色，但翅膀上为泛紫的暗红。据我所知，红翅绿鸠在宁波很可能只有一两次影像记录，可惜我还无缘见到。说来神奇，这种鸟第一次在宁波被拍到，居然是一名摄影爱好者（不是鸟人）在月湖公园的树上拍到的，时间也是在春季。显然，这只红翅绿鸠也是迁徙途经宁波市区的匆匆过客。等我们闻讯去月湖寻找时，它早已不见了踪影。

勺鸡回家

"鸟人,来!给你看一样好东西!"

2009 年 2 月,周一,我刚到单位,同事老陈就一脸神秘地跟我说。

"是一只野鸡,非常漂亮,我从来没见过。"老陈难掩兴奋。

"野鸡?估计是环颈雉吧!雄鸟是很好看的,你哪里弄来的?"我不以为意。

他不答,直接带我到车库,打开车子后备厢,小心翼翼地捧出一只色彩斑斓的"大公鸡"。哇!我一下子呆住了:好家伙,全身披着柳叶状的羽毛,头部暗绿色而且还泛着金属光泽,并有长长的冠羽,太好看了!我没看到过这样的雉鸡。

这显然不是常见的环颈雉。那么宁波还有哪些雉类分布?我在脑海里飞快地搜索。白颈长尾雉?显然不是。勺鸡?莫非是勺鸡?!我兴奋了起来。赶紧回到办公室翻《中国鸟类野外手册》,果然是一只雄性勺鸡!国家二级保护动物,相当罕见啊。

【雉科】
雉科鸟类常栖居于地面,两翼短圆而尾长。雄鸟多羽色艳丽而雌鸟色暗。营巢于地面但夜栖树上。一些种类叫声嘹亮。许多种类具有振翅或抖动的炫耀行为。

勺鸡（雄）　　雉科

体大（61厘米）而尾相对短的雉类。具明显的飘逸型耳羽束。雄鸟：头顶及冠羽近灰，喉、宽阔的眼线、枕及耳羽束金属绿色，上背皮黄色，胸栗色。雌鸟：体形较小，具冠羽但无长的耳羽束。常单独或成对。雄鸟炫耀时耳羽束竖起。

山中奇遇

老陈也激动不已。他叙述了周日进山的"奇遇记"：

"傍晚，我一个人到天童国家森林公园拍风景，不知不觉走进北坡一条人迹罕至的林荫道。突然，伴随着一阵'咯咯'的响亮叫声，一只大鸟突然从前方树丛里蹿了出来。我被它吓了一大跳，而它也显然有点猝不及防，居然落地后就不动了。我赶紧用长焦镜头拍了起来，奇怪的是，它竟没有逃走，随便我拍。我慢慢走过去，它依旧趴在铺满枯枝落叶的地面上。我蹲下身，轻轻抚摸它背部的羽毛，它显得很温顺。我当时怀疑它是不是受伤了，于是就将它带回了家。"

确认是珍稀的勺鸡之后，我们立即与动物园取得了联系，请他们检查一下它的身体。当天，动物园就派人把它带走了。第二天，动物园的工作人员打电话来说，经检查，这鸟应该没受什么伤，但始终不肯吃东西，而且看上去懒洋洋的，没精神，这样养着也不是办法。

放归自然

我们决定在它出现的地方放生。工作人员把它装入挖了几个洞的纸箱，然后将其放入车子后备厢，就进山了。我准备好了摄影器材，准备在它回归山林的时候拍几张它处在野外环境中的照片。当时我推测，它已经失去自由两天了，且没吃过任何东西，应该没有多少力气飞，我可以乘机多拍几张。

一路上都很安静。

车子缓缓驶入那条林荫道。密林遮天蔽日，很安静的一条小道，只有车轮碾过地面发出的沙沙声。

"咯咯！咯咯！"这只勺鸡忽然喧哗了起来，同时还传来了拼命扑腾的声音。

我们都大吃一惊。它难道真有灵性，感觉到自己要回家了？

工作人员放下纸箱，慢慢打开。几米外，我和朋友李超都已经端好了镜

隐伏在灌木丛里的勺鸡

头,瞄准。它露出了头。"它应该会先慢慢走几步吧。"我跟李超说,"不急。"

令人大跌眼镜的事情在下一秒发生了:它在钻出纸箱的一瞬间就迅速夺路而逃,立马蹿飞到了密林中!我手忙脚乱中按下了快门,只拍到一张不大清晰的影像。

它并没有飞远,就落在附近的林子里。我们使劲找,终于看到它蹲伏在杂树下,只露出一个头。然后,很快,它又跑了,这下再也找不到了。很可能,它就藏在我们眼皮底下的某处灌木丛中,但它的保护色实在太好了。我们决定不再打扰它,心中默默祝福它今后好运。

关于这只野生"大公鸡"重获自由的故事,我曾跟很多人津津乐道地讲述过。

听故事的人常会问:它当初怎么会傻乎乎地任由人抱回家?

这个不难解释。在农村生活过的人多数有这样的经验:假如你突然向一只鸡冲过去,它十之八九会被吓得立即蹲伏在地。实际上,这只勺鸡也一样。当时,它跟我的同事突然间狭路相逢,完全被吓蒙了,才会被人靠近抓住。这是一种本能的应激反应。《中国鸟类野外手册》就是这样描述勺鸡的习性的:"遇警情时深伏不动,不易被赶。"

可另一个问题,我至今找不到充足的理由说服自己。那就是:被关在后备厢的纸箱里的它,已经连续两天无精打采的它,怎么会在车子刚进入林荫道的时候就突然扑腾着大叫起来?怎么能够在打开纸箱的刹那间"满血复活",甚至不给我们拍摄的机会?

回家,回家,回家。

除非是这个念头,赋予了它神奇的力量。

故事多一点

宁波野生雉鸡知多少？

家鸡也好，野生雉鸡也好，作为物种来说，它们都属于鸡形目雉科的动物。综合历史记载及多年的野外观察记录，在宁波有分布的野生雉鸡类的鸟，应该有 6 种。它们分别是环颈雉、灰胸竹鸡、鹌鹑、勺鸡、白颈长尾雉与白鹇，其中后 3 种均为国家二级及以上保护动物，非常珍稀。

"野鸡" 环颈雉

大家知道，家鸡是由野生的原鸡经长期驯化而来的。如今，在国内，作为家鸡祖先的原鸡依然存在，它们主要分布于云南、广西、广东、海南等地的热带常绿灌丛及次生林，跟遥远的古代相比，其分布范围已经大大缩小了。

而同为雉科的鸟类，家鸡的近亲们依然活跃在宁波的野外。

环颈雉，即俗称的"野鸡"或"山鸡"，是宁波乃至全国最容易见到的野生雉科鸟类。经常在比较荒僻的草地或灌木丛附近行走的人或许会有这样的经验：走着走着，忽然"扑棱棱"一声，前面两三米处飞起一个笨重的家伙，还拖着一

环颈雉（雄）　　雉科

　　体大（85 厘米）的雉种。雄鸟头部具黑色光泽，有显眼的耳羽簇，宽大的眼周裸皮鲜红色。有些亚种有白色颈圈。身体披金挂彩，满身点缀着发光羽毛。雌鸟形小（60 厘米）而色暗淡，周身密布浅褐色斑纹。

正巡视领地的雄性环颈雉

个长尾巴，足以把人吓得心脏怦怦乱跳。这家伙，通常就是环颈雉了。这种鸟在全国各地有好多亚种，我们这里的亚种其颈部有一道白环。

从城郊农田到山区荒野，环颈雉到处都有分布，它们不爱挑剔，适应能力强。前几年，在海曙西郊的田野里，我们发现了多只环颈雉，其中雄鸟各有自己的领地。4月的一天，我躲在停在田间道路上的车里，用望远镜仔细观察，只见一只脸部绯红的"大公鸡"拖着长长的尾羽，不慌不忙地在草丛里行走，其脖颈到胸前的羽色特别华丽：蓝紫、雪白、暗红，在阳光下隐约有金属光泽。突然，它停住了，猛力鼓动双翅，同时发出"咯咯"的大叫声。很快，附近田里也同样传来了"咯咯"声。这是环颈雉的雄鸟在宣示自己的领地呢。

跟雄鸟比，环颈雉的雌鸟与幼鸟的打扮就朴素多了。它们几乎全身灰褐，找不到绚丽的羽色，更没有长尾巴，稍有动静就快步往草丛深处钻。它们不是不爱美，但低调一点显然更安全。这一方面，其他雉鸡都是一样的。

环颈雉一家，左雄右雌

"隐身高手"鹌鹑

跟环颈雉一样，日本鹌鹑也是一种喜欢在荒草地活动的雉科鸟类。这种鸟不是濒危物种，但难得一见，这跟它具有极好的隐蔽色有关。

我在野外几次见到日本鹌鹑，都是在4月的迁徙期。前几年春天，在慈溪龙山镇的海边，有一块由水塘与荒路组成的湿地。那些路的两边全是野草，日本鹌鹑就在草丛里出没。这鸟长得像个矮圆的小胖子，看上去也就比成人的手掌略大些。它们行动轻巧、诡秘，小心翼翼，而且具有极好的保护色 —— 全身羽毛都是黑、黄、褐、白等交错条纹，绝对是天然的迷彩服 —— 因此，不留神的话，是很难发现它们的。有一次，我看到有只雄鸟蹲在草丛里，躲在一边拍了好久，忽然看到它身边一动，天哪，这时我才发现，它身边居然还趴着一只雌鸟！雌鸟的体色与枯草完美地融合在一起，它若不动，我根本发现不了它。可惜，后来没多久，龙山的这块湿地变成了工业园区，从此我再也没有在野外见过日本鹌鹑。

日本鹌鹑　　　　　雉科

体小（20厘米）而滚圆的灰褐色鹌鹑。上体具褐色与黑色横斑及皮黄色矛状长条纹。下体皮黄色，胸及两胁具黑色条纹。头具条纹及近白色的长眉纹。栖居于矮草地及农田。

"地主婆"灰胸竹鸡

环颈雉与日本鹌鹑都是在平原地区也可以见到的雉科鸟类，而灰胸竹鸡通常要到山区才有望见到。

记得十年前刚拍鸟的时候，看到有鸟友在浙江野鸟会的观鸟论坛上说，他拍到了"地主婆"。当时我很好奇：还有叫"地主婆"的鸟？后来才弄明白，原来它的大名叫灰胸竹鸡，其叫声很像"地主婆"。灰胸竹鸡背部以红棕色为主，胸前蓝灰色，常以家庭为单位栖居。

灰胸竹鸡　　　　　　雉科

中等体形（33 厘米）的红棕色鹑类。特征为额、眉线及颈项蓝灰色，与脸、喉及上胸的棕色成对比。上背、胸侧及两胁有月牙形的大块褐斑。以家庭群栖居。飞行笨拙、径直。

往年四五月份，我曾到龙观乡的四明山高山村箭峰村（现已拆迁），在附近山坡上听到了此起彼伏的叫声："地主婆！地主婆！"那时不禁哑然失笑。不过，尽管叫得这么热闹，我却一只鸟也没有拍到。后来，有一次在杭州植物园内的山脚下，有幸撞见一对灰胸竹鸡夫妇正带着一群孩子穿过灌木丛，才拍到了这种鸟。

三种珍稀雉鸡

勺鸡、白颈长尾雉与白鹇，是宁波的 3 种珍稀雉鸡。勺鸡的故事已见前文。

白颈长尾雉，是被列为国家一级保护动物的野生鸟类。这是一种体形较大的雉鸡，雄鸟体长可达 80 厘米以上，颈侧白色。它们栖息于山区的浓密灌丛及竹林，数量稀少，性机警。资料显示，1994 年，宁波姚江动物园因人工繁殖了不少白颈长尾雉，被专家定为国内外最大的白颈长尾雉种群基地。2002 年，我市林业部门在奉化斑竹设立了白颈长尾雉保护小区，并在

白颈长尾雉（左雌右雄）　雉科

体大（81厘米）的近褐色雉。头色浅，棕褐色尖长尾羽上具银灰色横斑，颈侧白色。黑色的颏、喉及白色的腹部为本种特征。雌鸟（45厘米）头顶红褐，枕及后颈灰色。中国东南部特有种。（帕瓦龙/摄）

白鹇（雄）　雉科

体大（94—110厘米）的蓝黑色雉类。尾长而白，背白，头顶黑，长冠羽黑色，中央尾羽纯白，背及其余尾羽白色带黑斑和细纹，下体黑色，脸颊裸皮鲜红色。雌鸟：上体橄榄褐色至栗色，下体具褐色细纹或杂白色或皮黄色。（熊书林/摄）

此放飞了由动物园人工繁殖的一批白颈长尾雉。当年，作为现场记者，我见证了放飞过程。只可惜，到目前为止，我还没有见到过野生的白颈长尾雉。

白鹇，则是被列为国家二级保护动物的珍稀鸟类。尽管雌鸟体色照例是暗淡无光，但其雄鸟之美，完全可以用雍容华贵来形容：体长可达110厘米，头顶黑色冠羽犹如后挽的发髻，脸颊鲜红，胸腹部蓝黑色，而长长的尾羽跟背部一样雪白，整体色彩对比鲜明，让人惊艳。

白鹇在宁波之外的西、南、北这三个方向的山区都有确切分布记录，但遗憾的是，迄今无人在宁波拍到过白鹇。宁波多位资深观鸟人士分析认为，白鹇在宁波没有理由没分布，只不过暂时没实证而已。据了解，我市林业部门已开始在部分山区安置红外相机，但愿在不远的将来，白鹇也能在宁波华丽亮相。

"仙八"有缘

红、绿、蓝、棕、褐、黑、白、灰……一只小鸟的身上怎么会有这么多缤纷的色彩？不奇怪，它就是属于雀形目八色鸫科的"仙八色鸫"。八色且仙，可见这是多么美丽的鸟儿。确实，不知有多少鸟人为昵称"仙八"的它神魂颠倒，只求一睹它的容颜。

仙八色鸫，于2012年第一次在宁波被发现，成为本地鸟类新分布记录。那是一只因长途迁徙而疲劳不堪的"仙八"，不得已到慈溪的一户农家院子里"做客"，我闻讯后立即赶去与它"会见"。

仙八色鸫 八色鸫科

中等体形（20厘米）而色彩艳丽的八色鸫。似蓝翅八色鸫，但下体色浅且多灰色，翼及腰部斑块天蓝色，头部色彩对比显著。喜低地灌木丛及次生林。在地面跳动似鸫鸟。

与仙八色鸫的初次邂逅

叙述此次"会见"之前，先说说几年前的初逢。2010年6月，我休假到河南的董寨国家级自然保护区拍鸟。刚到那里，就听到鸟友们兴奋地说：

今年出现仙八色鸫了！一个叫凯瑞的美国人拍得很好！据说，这个凯瑞在上海工作，网名几乎跟我一样，就叫"大山（雀）"。为什么这"雀"字加了括号？就因为"大山雀"已经被我在某观鸟拍鸟的网站注册过了。

这次到董寨，"仙八"本不是我的目标鸟种，因为这鸟太美丽太稀罕了，我不敢妄想拍到它。但连我自己都没料到，仅在第二天我就在董寨"出名"了，大家不无艳羡地对我说："仙八"你都拍到了，还留在这里干什么，好打道回府啦！又说：这么多天来，就两个"大山雀"拍到过，一个是美国的，一个是中国的……

到董寨的次日清晨，我扛着"大炮"进山。到白云保护站时，遇见从一辆越野车上下来的3位河南鸟人，然后由保护站工作人员带路出发去拍鸟。我一看就知道，他们肯定也是去找"仙八"的。我乐得跟着他们去，否则还真怕找不到鸟儿出没的地点。

一行5人拐入了小溪边一条非常阴暗难走的小路，据说"仙八"就在这一带出现。我们大气也不敢出，在那里找了近两个小时，但未见其踪影。后来，他们泄气走了，我决定留下来继续等候。又两个小时过去了，还是没见影，也没听见"仙八"的独特叫声。就在准备撤的时候，忽然右边山坡上有鸟惊飞了起来。透过茂密的树丛，我看到了蓝色的翅膀，而且一前一后有两只，肯定是一对"仙八"！

好激动啊。赶紧手忙脚乱在狭窄的山路上勉强支起脚架，透过"大炮"，果见一只"仙八"在那里，它在不停地伸脖子呢。尽管是晴天，但林子里光线极暗，我用高感光度，用镜头最大的F4光圈，快门也只有1/80秒。好在它还算给面子，停了起码10秒钟左右，我后来改用快门线，总算拍了几张还算清楚的片子。

后来几天，连下了3天雨，雨后我曾再去找过，但再也无缘相见。很多

仙八色鸫以美丽著称

鸟人也曾去找过，也都没见。

迁徙途中跌落农家

多么想，能在宁波本地见到这神奇而美丽的鸟儿。但没想到，愿望实现的时候，地点竟然不是在森林，而是在农户家里。

2012年8月底，家住慈溪宗汉街道高王村的一位网友发了一条带图片的微博："漂亮的绿衣、尖尖的嘴巴、长长的腿，有谁知道它是什么鸟？"我看到后大吃一惊，"仙八"怎么会出现在那里？

于是，我赶紧联系了这位网友，以及当地的森林公安，第一时间赶到了网友家。发微博的网友说，当时，发现这只漂亮的小鸟跌落在她家院子里，一开始以为它受伤了，但又找不到伤口，后来也曾把它就地放飞，谁知它似乎没力气飞远，随即又回到了院子里的树下。因为怕它晚上待在院子里会被猫狗吃掉，她只好把它放到了笼子里。

仙八色鸫属于国家二级保护动物，非常稀有，再加上喜欢在低矮的林木、灌木丛中活动，行踪隐秘，平时难以一睹芳容。因此迄今为止，在浙江罕有记录。2009年7月，在我省开化县的古田山自然保护区，布设在山中的红外相机拍到了一只仙八色鸫，这成为这种鸟儿在浙江的首次影像记录。这只仙八色鸫出现在慈溪农家，使得宁波由此成为此鸟在省内的第二个确切发现地。

我仔细查看，发现这只"仙八"的状态还不错，于是建议在现场的森林公安民警，尽快将它带到郊外树木茂密的地方放飞。到了野外，刚出笼的时候，它没有马上飞走，而是发了一会儿呆，然后起飞，不见了踪影。

8月底，正是鸟类开始南迁的时节，这只仙八色鸫很可能是刚飞过广阔的杭州湾，一到位于南岸的慈溪，就因为精疲力竭而成了农家的不速之客。

故事多一点

迁徙途中撞上玻璃幕墙　罕见候鸟丘鹬跌落闹市

并不是每一只在迁徙途中遭遇困难的鸟儿，都能像这只仙八色鸫那样幸运。2011 年 11 月，一只名为"丘鹬"的罕见候鸟因为撞击酒店的玻璃幕墙而受伤跌落宁波闹市。

那天，《宁波晚报》官方微博收到宁波开元大酒店发来的求助信息："发现一只受伤的不知名的鸟 …… 会不会是什么保护动物啊？请求支援。"我当即赶到现场采访，了解得知，当天清晨，有员工在酒店的一个侧门旁，发现了一只卧倒在地、长相奇特的棕褐色鸟儿，走近一瞧，发现这鸟不会飞，地上还散落着不少羽毛。

我一看，呀，竟然是一只罕见的丘鹬啊。照理说，鹬应该是水鸟，但丘鹬和它的亲戚们不同，偏偏喜欢在昏暗的树林中活动，实际上属于森林鸟类。丘鹬的羽毛具有很强的保护色，在地面可以和环境浑然一体。而且这种鸟性格孤僻，常喜欢独自在黄昏时活动，主要以蚯蚓为食，平时极难发现。

这只鸟儿，眼睛总是半睁半闭，羽毛

丘鹬　　　　　　　　　　　鹬科

　　体大（35 厘米）而肥胖，腿短，嘴长且直。与沙锥相比体形较大，头顶及颈背具斑纹。起飞时振翅嗖嗖作响。飞行看似笨重，翅较宽。夜行性的森林鸟。白天隐蔽，伏于地面，夜晚飞至开阔地进食。

丘鹬的保护色很好

也有些脱落，尽管看上去身上没有明显的伤痕，但显然精神状态很差。对酒店员工拿来的食物和水，它碰都不碰，毫不领情。

我随即与宁波雅戈尔动物园取得了联系，将其送往动物园救治。兽医将其放在草地上，只见它先是静静地趴着，过了一会儿就跑了起来，然后突然起飞，但飞了才十几米，又跌落在地。经仔细检查，兽医发现它的左眼有问题，且嘴中有时会吐出脏东西。第二天，它就死了。解剖的结果表明，在受到严重撞击之后，它的内脏已经破裂。

多年来，丘鹬在浙江全省只有过零星记录。宁波此前也只发现过一次，是在 2011 年的春季迁徙期。当时，鸟友李超见到有人手里拿着一只丘鹬，一问才知这只丘鹬也是撞玻璃幕墙倒下的，后来李超劝人把鸟儿尽快放生了。

跟丘鹬很相似的鸟，宁波最常见的是扇尾沙锥。跟丘鹬一样，扇尾沙锥在本地既有冬候鸟，也有过境的旅鸟。扇尾沙锥的嘴笔直而长，直接插入湿地泥土中觅食。它的棕褐色且多斑纹的羽毛，与泥土及枯草的颜色几乎一样，因此当它隐伏在草丛或泥地上的时候，实在很难发现它。每次，我都是走近了，它才在眼前突然大叫一声飞走，把人吓一跳。

扇尾沙锥 鹬科

中等体形（26厘米）而色彩明快的沙锥。两翼细而尖，嘴长，脸皮黄色；上体深褐，下体淡皮黄色具褐色纵纹。栖于沼泽地带及稻田，通常隐蔽在高大的芦苇草丛中，被赶时跳出并作"锯齿形"飞行，边发出警叫声。

扇尾沙锥用长嘴插入软泥中觅食

苇莺的悲欢离合

说起东方大苇莺这种鸟，恐怕知道的人并不多，但大家或许都听说过杜鹃借巢产卵，让别的鸟替自己抚养孩子的故事吧？很不幸，东方大苇莺就是经常被杜鹃所寄生的鸟类，它们失去了自己的孩子，却在不知不觉中为杜鹃的雏鸟当起了"义父""义母"。

东方大苇莺是本地的夏候鸟，通常每年4月下旬前后抵达宁波，喜欢安家在芦苇荡。5月，海边连绵的芦苇丛里到处都是东方大苇莺嘹亮的大合唱："呱呱叽！呱呱叽！"

被杜鹃寄生、遭受雷暴的打击、芦苇荡逐年减少……小小的东方大苇莺，光我所见，就知道它们经历了太多的悲欢离合，其中故事令人感慨。

布谷鸟的诡计

"有东方大苇莺的地方就有大杜鹃。"十几年前，我刚拍鸟时，就有资深鸟友跟我这么说。大杜鹃，就是俗称的布谷鸟，其叫声如同"布谷，布谷"，也是宁波的夏候鸟。宁波有多种杜鹃分布，除最常见的大杜鹃外，还有中

[苇莺]
　　苇莺属于莺科鸟类，为偏褐色的鸟，常栖于灌丛、沼泽及草地。一般尾形长且能发出美妙的鸣声。

杜鹃、小杜鹃、四声杜鹃、鹰鹃等,它们都不常见,或者只闻其声不见其鸟。

大杜鹃虽说常见,但如今通常也只能在有东方大苇莺聚集的芦苇荡附近才容易见到。五六月份,是东方大苇莺的繁殖高峰期。它们的巢,就筑在芦苇丛里,通常离地 1.5 米左右。东方大苇莺用细苇茎、苇叶、枯草等把相邻两三根芦苇秆拉近,然后把杯状的巢筑于其间,巢内垫有枯苇叶、绒毛等。当东方大苇莺忙于筑巢、求偶、配对的时候,大杜鹃就鬼鬼祟祟地在附近侦伺着,准备挑某一个巢下手。但东方大苇莺对这不怀好意的家伙也早有警觉,有时会驱赶大杜鹃。大杜鹃当然不会死心,瞅准机会,就会直奔苇莺的巢,叼走其中一枚卵,然后再产一枚卵在里面,保持卵的总数不变。宁波一位鸟友曾经拍到这样一张照片:一只大杜鹃叼了一枚卵在前面飞,而后面有东方大苇莺在愤怒地追赶。显然,这只大杜鹃在偷偷干坏事的时候,刚好被回巢的苇莺撞见,于是一场追逐战开始了。

尽管大杜鹃的体形比苇莺大得多,

东方大苇莺　　　　　莺科

　　体形略大(19厘米)的褐色苇莺。具显著的皮黄色眉纹。野外与噪大苇莺的区别为嘴较钝较短且粗,尾较短且尾端色浅,下体色重且胸具深色纵纹。喜芦苇地、稻田、沼泽及低地次生灌丛。

大杜鹃　　　　　杜鹃科

　　中等体形(32厘米)的杜鹃。上体灰色,尾偏黑色,腹部近白而具黑色横斑。"棕红色"变异型雌鸟为棕色,背部具黑色横斑。喜开阔的有林地带及大片芦苇地,有时停在电线上找寻大苇莺的巢。

但由于长期进化的结果，大杜鹃产的卵，无论在大小、斑纹等方面，都越来越像苇莺的卵，再细心的苇莺有时也会中招。大杜鹃的雏鸟破壳而出后，尽管眼睛尚未睁开，但本能就会驱使着它用背部使劲拱，把苇莺的雏鸟或卵全部推到巢外，最后巢内就剩下自己一个。

于是，不明就里的东方大苇莺父母就一直辛勤哺育这个"独苗"，很快，大杜鹃的雏鸟就长得很大，远比喂养它的苇莺义父母还大，以至于苇莺的小小的巢根本容不下它肥大的身体。

特大雷暴之后的悲剧

在求偶季节，东方大苇莺是很爱歌唱的鸟儿，它们总是站在芦苇的最高处，张开红红的嘴，不知疲倦地唱："呱呱叽！呱呱叽！"虽然喧闹了点，但还是很有感染力，能让人感受到它们的快乐。

"关关雎鸠，在河之洲。窈窕淑女，君子好逑。……求之不得，寤寐思服。悠哉悠哉，辗转反侧。"《诗经》第一首《关雎》，第一句说的就是"关关"鸣叫的雎鸠。由于东方大苇莺的叫声近似"关关"，因此近年有人提出假设，说雎鸠就是指东方大苇莺，对此我也觉得不能排除这个可能（虽然我认为更大可能是指白胸苦恶鸟）。不管怎样，这种假设给东方大苇莺的鸣叫增添了不少诗意。

但如此喜欢歌唱的东方大苇莺，也有十分悲伤的时候。如果说抚养大杜鹃的孩子，它们还被蒙在鼓里，但当遭遇天灾时，我相信它们一定非常痛苦。

2009年6月的一天，宁波遭遇大范围的强雷暴天气。对于那天的可怕天气我印象很深：天空如墨，狂风突起，惊雷炸响，那声音几乎让人有天

正在育雏的东方大苇莺

东方大苇莺的"单亲家庭"

崩地裂之感，然后暴雨倾盆，持续了很久。次日，慈溪鸟友"姚北人家"告诉我，海边的芦苇倒了一大片，很多东方大苇莺的巢也倾覆了，不少鸟卵破碎、雏鸟死亡。

随即，我也赶到了那片芦苇荡，现场果然如鸟友所描述，十分凄惨。"姚北人家"带我去看了两个鸟巢。维系这两个巢的芦苇秆原本都已在风雨中折断，是鸟友将芦苇秆重新绑好、竖直，然后将掉在下面的鸟巢及存活的雏鸟重新安放好。其中一个巢，3只雏鸟都安然无恙。当我们退开并躲到附近的迷彩帐篷里之后，一对亲鸟很快就过来喂食，有时轮流叼虫前来，有时鸟爸鸟妈一起过来。躲过一劫的小鸟们又过上了饱食无忧的日子。

然而，另一个巢里的鸟儿就没这么幸运了。当时，我第一眼看到那景象时，难过得差点儿流出眼泪：巢已经破败不堪，只剩一只嗷嗷待哺的雏鸟存活，更让人目不忍视的是，雏鸟的脚下，赫然还有一只死去的亲鸟！

我和"姚北人家"躲在一旁观察，

没过多久，就看到巢旁边的芦苇一阵轻轻晃动，那只雏鸟立即站了起来，拼命扇动翅膀，张嘴乞食。一两秒钟之后，果然见一只亲鸟叼着食物出现了。亲鸟用双脚紧紧抓住芦苇秆，头下脚上，往孩子嘴里塞食物。然后，掉头即走，又去觅食了。

尽管生活如此艰难，但东方大苇莺们依旧如此勤劳而且勇敢，芦苇荡里依旧不时传来它们响亮的合唱。

"稀客"斑背大尾莺

在宁波有分布的苇莺中，以东方大苇莺最常见，黑眉苇莺次之。后者也属于宁波的夏候鸟，当然也有不少是路过的旅鸟，因此在四五月份的迁徙季节，在芦苇丛中观察到黑眉苇莺的可能性比较大。

2008年4月，也就是在杭州湾跨海大桥开通前夕，就在大桥旁的湿地内，我们又发现了尊贵的"稀客"，即斑背大尾莺，它虽然不是苇莺的一种，但也跟苇莺一样，生活在芦苇荡中。

黑眉苇莺　　　　　　　　莺科

中等体形（13厘米）的褐色苇莺。眼纹皮黄白色，其上下具清楚的黑色条纹，下体偏白。鸣声甜美多变，包括许多重复音。栖于近水的高芦苇丛及高草地。

斑背大尾莺　　　　　　　莺科

体小（12厘米）的栖于芦苇丛的莺。上体棕褐而满布黑色纵纹，具既长且宽的楔形尾和扩散的近白色眉纹。下体偏白，两胁及胸侧浅铜色，尾下覆羽皮黄。栖于芦苇地。惧生而隐匿。

求偶鸣叫中的斑背大尾莺

那天，我和鸟友李超来到大桥旁的杭州湾湿地，与往常一样观察、拍摄这里的鸟类。当时，在一片由半枯的芦苇与野草混合的荒地里，传来了阵阵喧闹的鸟鸣，这是一种我们以前没有听到过的鸟声。通过搜索，终于，在高倍望远镜的视野里，一只比麻雀略小、背上布满了黑斑的鸟儿"跳"了出来：它正站在一棵枯草的顶端，白色的喉咙一鼓一鼓的，不知疲倦地持续鸣叫着，声音类似"啾克！啾克"！

"没见过的新鸟种！"李超喊出声来。我俩立即架起"大炮"，准备拍摄这鸟儿。谁知，这小家伙警觉异常，虽然至少在三四十米外歌唱，但只要我们稍一靠近，它就立即钻入草丛，半天不出来。我们在一旁安静地躲了很久，才逮到几次拍摄机会。仔细观察后发现，附近还有不少这种鸟儿，它们似乎很亢奋，边高声鸣叫，边上冲到十几米高后又突然俯冲而下，场面非常有趣。

将这种鸟儿的图片上传到浙江野鸟会网站后，迅速引起了浙江、上海两地观鸟爱好者的强烈关注。很快，时任浙江野鸟会会长、鸟类生态学博士陈水华看了我们的图片后确认，这是非常珍稀的斑背大尾莺，而且又是一个浙江鸟类新记录！陈水华说，它们的"亢奋"行为正是求偶时的典型炫耀动作，这说明它们在这片芦苇荡里繁殖。

斑背大尾莺为东亚特有鸟类，属于"全球性易危"物种。所谓"全球性易危"物种，是指该物种的野生种群数量明显下降，如不采取有效保护措施，则将成为"濒危"物种。

后来几年，我们也曾在附近的芦苇荡里再次发现过斑背大尾莺，但数量都很少。更令人揪心的是，随着开发的加剧，宁波沿海湿地的现状不容乐观，大片大片的芦苇荡被填掉了。这对几乎完全依赖芦苇等湿地植物而生的苇莺等鸟儿来说，才是真正的大悲剧。

大杜鹃虽然"用心不良"，但对苇莺的整体种群几乎没啥影响；天灾虽然可怕，但毕竟只是暂时的。唯有栖息地失去了，所谓"皮之不存，毛将焉附"，鸟儿从此无处安家，那才是最致命的。而这生杀予夺之权，现在就掌握在我们人类手里。因此，我们面对涉及环境的一切所谓"开发"，难道不应慎之又慎吗？

夜鹰妈妈的调虎离山计

2017年5月，朋友晓东通过微信发给我一段鸟鸣的录音，问我可知那是什么鸟。我一听，"啾啾啾！啾啾啾！"就像机关枪在扫射，其声尖厉刺耳。很显然，这是普通夜鹰的叫声。

晓东说，这只鸟最近一直在他姑姑所住的奉化的一个小区。但要命的是，这家伙整夜整夜地叫，"啾啾啾！啾啾啾！"附近居民都有点受不了了。"特别是楼下的老伯，为此每天失眠，精神都快要崩溃了！"晓东的姑姑说。

普通夜鹰是宁波的夏候鸟。5月，时值春末，这只鸟显然是刚从南方飞到奉化不久，准备在这里繁殖的。小区居民只闻其声，却不见其影。如果那位老伯见到它那怪异的模样，恐怕更要吃不消了。

但我想说一说自己所闻所见的关于普通夜鹰的故事，或许大家了解了以后会对这种"怪鸟"改变一些印象。

贴树皮的"蚊母鸟"

有一年春天，在慈溪杭州湾海边的砂石路上，我缓缓开着车，同时留意

【夜鹰科】
　　夜鹰为短腿、全然食虫性的夜行鸟类。嘴基部具有刚毛，以便在飞行时捕捉昆虫。夜鹰白天伏于地面休息。以一种变幻不定的、缓慢的振翼方式飞行，并发出单调的叫声。夜鹰在地面上乱刨一下便产卵，无需任何巢材。

着附近的鸟类。忽然，前方有块"石头"动了一下，然后竟飞了起来，这时我才发现那是一只鸟！它飞得不快，而且没飞多远便又趴在了路面上。

看清楚了，是只普通夜鹰。这是我第一次见到这种长相奇特的鸟：浑身羽毛密布深褐色的斑纹，如斑驳的树皮，亦如长条形的小块风化了的岩石。我悄悄下车，举起镜头。它在我眼前约十米远的地方静静地趴着，眼睛似闭未闭，它似乎很自信：我就是路边的一块石头，你发现不了我！

普通夜鹰　　　　　　　　　夜鹰科

中等体形（28厘米）的偏灰色夜鹰。雄鸟：缺少长尾夜鹰的锈色颈圈；外侧四对尾羽具白色斑纹。雌鸟似雄鸟，但白色块斑呈皮黄色。喜甚开阔的山区森林及灌丛。典型的夜鹰式飞行，白天栖于地面或横枝。

中国有 7 种夜鹰，但在浙江有分布的，目前所见就普通夜鹰一种。光听名字，可能很多人会想起诗歌中常提到的具有美妙歌喉的"夜莺"，但两者实在毫无关系。另外，它的名字中虽有个"鹰"字，却也不是真的鹰，跟猛禽也毫无关系。它的嘴很细小，似乎跟身体的比例很不相称，但由于口裂很深，因此实际张开时就很大。它的嘴边还长着两排"胡须"状的刚毛，有利于它捕捉飞行中的昆虫。

普通夜鹰通常在黄昏与夜晚活动，白天栖息于树干或地面，身体具有极好的保护色。当它贴伏在树干上歇息的时候，身体主轴与树枝平行，一般情况下根本发现不了它，让人以为那就是一块略凸起的树皮而已。但当天色黑下来的时候，它就清醒了，在空中如燕子般轻盈滑翔，快速无声，张嘴捕食蚊子等细小的飞虫。因此，它还得了"贴树皮""夜燕""鬼鸟"等绰号。

在古书中，夜鹰被称为鹎（音同"填"），又名"蚊母"。古人注意到它老是在蚊虫扎堆的地方出现，还以为蚊子是从其嘴里吐出来的，因此称它为"蚊母鸟"。谁知事实刚好相反，它不是在产生蚊子，而是在吞食蚊子。

夜鹰妈妈的苦情计

2016年夏天，鸟友"古道西风"在四明山的一个小型的废弃采石场附近拍山鹪莺时，偶然发现了普通夜鹰及其雏鸟。他说，那里有一堆几米高的碎石，碎石堆的对面是一个小山坡，普通夜鹰就在那一带活动。鸟友建议我先爬到对面小山坡上仔细观察，找到鸟儿后就可以拍了。

那时是6月上旬，天已经很热，我扛着"大炮"气喘吁吁地爬上小山坡，先居高临下用望远镜观察对面的碎石堆，可找了半天，啥鸟都没看见。鸟友说过，夜鹰肯定在的，但保护色很好，因此得耐心找。于是我用望远镜从左到右，又从右到左，进行地毯式的"逐行扫描"，但很遗憾，还是没见鸟影，现场除了碎石还是碎石，直看得头晕眼花。

走下山坡，心有不甘，放下"大炮"，小心翼翼爬上石堆，谁知没走几步，忽然脚底下飞出一只黑乎乎的鸟，把我吓了一大跳。扭头一看，只见一只夜鹰的成鸟"跌落"在下面的空地上，翅膀张开，不停扑腾，似乎受了伤不能起飞的样子。普通夜鹰的雌鸟与雄鸟长得几乎一样，按照《中国鸟类野外手册》所说"雌鸟似雄鸟，但白色块斑呈皮黄色"，那么我眼前这只鸟应该是雌鸟。

但我一眼就看出，它不是真的受伤，而是以假装受伤来吸引我的注意力，诱使我去追它。这种企图调虎离山的"苦情计"，目的只有一个，就是保护它的孩子。以前，我也曾见过野鸭、金眶鸻（音同"横"）等鸟儿类似的护雏做法。

假装受伤的普通夜鹰

　　很显然，普通夜鹰的巢就在附近。于是我立即停住了脚步，一动也不敢动，唯恐一不小心踩到了夜鹰的位于石堆表面的巢及其雏鸟。低头仔细一看，就在我前方一米处，两只暗褐色的毛茸茸的雏鸟紧挨在一起，静静地趴在"巢穴"中——其实算不上一个巢，只是乱石堆中的一个略微下凹的地方，周边散落着很多枯树枝。这个区域，我刚才在山坡上用望远镜看过了，居然没发现这一大两小三只鸟趴在这里。

　　我用随身带的小相机快速拍了几张雏鸟的照片后立即撤退。此时，它们的妈妈依旧在下面扑腾，让人看了于心不忍。鸟妈妈见我下来了，立即飞到山坡下的一块高处的石头上，俯视着，严密观察我的一举一动。我用"大炮"拍了几张，赶紧识相地离开了。

故事多一点

勇敢的斑嘴鸭妈妈

如果不是我亲眼所见，还真难以相信，一只平时极为胆小的野鸭，为了保护它的孩子，竟会表现出那么大的勇气：它以暴露自己为代价，使出了一条"调虎离山"计。

2008年春末，正是鸟类繁殖、育雏的高峰季节。我和鸟友到杭州湾湿地拍鸟。当时我们正扛着摄影器材，走在被芦苇包围的池塘间的小路上，忽然撞见一只斑嘴鸭，它正带着它的七八个小宝宝横过小路，从左边的池塘到右边的池塘。可怜它们一见人来，就立即飞奔逃命。我们也慌里慌张地放下器材开始拍摄，只见小鸭子们正拼命往水边的草丛里钻。

就在这时，我忽然听到了"哗哗"的水声，扭头一看，竟是鸭妈妈在水面上拼命扑腾，往远离小鸭的方向！显然，它是用尽了力气，把整个身子都埋

斑嘴鸭幼鸟逃进草丛

斑嘴鸭妈妈掩护孩子脱逃

在水里，然后用翅膀把水甩起来，弄得水花四溅，声响极大。当时我有点发愣，搞不明白它在干什么。经验丰富的鸟友说，这是它在吸引我们注意，好掩护它的孩子们成功脱逃呢！

原来如此！怪不得动静搞得那么大，唯恐人家不注意到似的！野鸭妈妈的勇敢举动还真让人佩服。当时我就感慨：那些为了"两百块钱一斤"而猎捕野鸭的人，难道不该感到羞愧吗?！

另外，还有一次，估计是我不小心走到了金眶鸻的位于地面的巢穴附近，尽管并没见到雏鸟，可是有一只成鸟故意在我前方奋拉着翅膀，一瘸一拐地走着。我知道它的良苦用心，就赶紧离开了。

斑嘴鸭　　　　　　鸭科

　　体大（60厘米）的深褐色鸭。头色浅，顶及眼线色深，嘴黑而嘴端黄且于繁殖期黄色嘴端顶尖有一黑点为本种特征。两性同色，但雌鸟较暗淡。

啄木鸟的森林

"笃！笃！笃笃！"空旷幽静的山谷中，回荡着这虽然略显单调，但依然不失节奏与美感的叩击声。

谁都知道，这是啄木鸟在树林里捉虫——尽管真正在野外听到过这声音的人寥寥无几。也难怪，别说不大留心自然的人，就是我们常年在野外寻找鸟儿的"鸟人"，听到啄木鸟的忙碌之声的机会也很少。

拍鸟十余年，几乎走遍四明大地的山山水水，有件事一直令我百思不得其解：在宁波，为什么很难见到啄木鸟？

空谷传音

综合历史记载与实际观察，在宁波有分布的啄木鸟至少有 6 种，其中留鸟 4 种，即大斑啄木鸟、星头啄木鸟、斑姬啄木鸟、灰头绿啄木鸟；冬候鸟 1 种，即蚁䴕（音同"列"）；旅鸟 1 种，即棕腹啄木鸟。稀有的棕腹啄木鸟只在春秋迁徙期路过浙江，迄今在整个省内都罕有人拍到过，且不去管

【啄木鸟科】

　　䴕形目啄木鸟科，生活于森林环境，飞行路径呈波浪状，单独或成对活动，擅于攀木与凿木，觅取树皮间的昆虫为食，也会吸取树汁。羽色常为黑白相间或褐、绿等色。嘴直而强，舌长可伸缩，尖端有钩。尾羽坚硬，脚短。（据《台湾野鸟图鉴》）

它。至于其他 5 种或常年居住或至少越冬的啄木鸟，通常也只是个别鸟人在宁波境内见过，有的甚至从未有人目击并拍到过。

普通人若在野外碰到斑姬啄木鸟，恐怕不会想到这小不点竟然也是一种啄木鸟。它大约只有麻雀的三分之二那么大，乍一看，倒更像是一种山雀。它披着橄榄绿的外套，双翅呈暗褐色，腹部密布黑色圆点，总之平淡无奇。好在"发型"倒是蛮酷的，头顶棕红色的羽毛梳得整整齐齐，一直延伸到后颈。白色的眉纹在小脸颊上显得特别粗大醒目，好像是有人故意用粉笔画上去的。但千万别小瞧了这家伙，它那粗直如锥的喙，还有强健的脚爪，可绝对是最正宗的啄木鸟的基因。

斑姬啄木鸟　　　　　啄木鸟科

纤小（10 厘米）、橄榄色背的似山雀型啄木鸟。特征为下体多具黑点，脸及尾部具黑白色纹。雄鸟前额橘黄色。栖于热带低山混合林的枯树或树枝上，尤喜竹林。见食时持续发出轻微的叩击声。

2011 年 2 月，在四明山的一个名为藤岭的小山村，宁波的鸟友发现了难得一见的短尾鸦雀。有一天，我们好几个人都在藤岭的竹林里寻找短尾鸦雀，忽然听到不远处传来响亮的"笃笃"声。

"啄木鸟！"我们不约而同欣喜地喊道。

可是，这美妙的敲击声始终不曾"敲"到我们身边来。忽然，李超灵机一动，掏出一枚一元硬币，模仿啄木鸟的叩击声的节奏，"笃笃，笃笃，笃笃笃"地敲打竹竿，忽急忽缓，时停时续。

没想到，这一招还真灵！有个小家伙冲入竹林，停在一棵小树上。"斑姬啄木鸟！"有人叫了起来。顿时，大家都激动了，全都手忙脚乱地调转"炮

斑姬啄木鸟，是啄木鸟中的小不点

口"，对准那停在树干上莫名张望的斑姬啄木鸟，快门声如机关枪一般响起。小家伙最初听到硬币敲击声，估计是以为有别的不知趣的啄木鸟进入了它的领地，故急急飞来查看，没想到迎接它的是一阵猛烈的"啪啦啪啦"声，因此很快就飞走了。不过，这敲硬币的"绝招"只能用一次，后来几天我们去藤岭，再用此法，这聪明的小不点儿就再也不上当了。

后来，在江北的慈湖公园，我又有幸见过一次斑姬啄木鸟。然而，此后至今，再不曾有缘与它重逢。

蚂蚁杀手

其实，蚁䴕才是看上去最不像啄木鸟的啄木鸟，主要是因为它的嘴长得不像强有力的凿子，倒像是尖利的小锥子。这是一种广泛分布于欧亚大陆的鸟。一百多年前，瑞士作家欧仁·朗贝尔在其经典之作《飞鸟记》中专门写到了这种鸟，开篇就说："蚁䴕，就是拧着脖子的鸟。"在拉丁语、德语、法语等多种语言中，"蚁䴕"一词的含义均是"拧脖"的意思。在中文里，蚁䴕也有个俗称，叫作"歪脖"，这是因为它在受刺激时颈部会像蛇一样扭转。

至于它的正式中文名"蚁䴕"，则是说这是一种特别喜欢吃蚂蚁的啄木鸟（啄木鸟属于䴕形目）。灰头绿啄木鸟也喜欢吃蚂蚁，不过更多时候是在树上

蚁䴕　　　　　　　　　　　　　啄木鸟科

体小（17厘米）的灰褐色啄木鸟。特征为体羽斑驳杂乱，下体具小横斑。嘴呈圆锥形。就啄木鸟而言其尾较长，具不明显的横斑。不同于其他啄木鸟，蚁䴕栖于树枝而不攀树。通常单独活动，取食地面蚂蚁。喜灌丛。

凿洞觅食。而蚁䴕就不一样了，它的嘴并不适于凿开树皮，而其长长的具有钩端及黏液的舌头，却很适合伸入蚁巢中取食。因此，蚁䴕尽管会在树上栖息，但主要还是在地面觅食。

我老早就看到过杭州鸟友在西溪湿地拍到的蚁䴕觅食的照片，非常羡慕。而我第一次见到蚁䴕，是 2007 年的 11 月 13 日，在镇海的岚山水库旁。那天我到那里拍鸟，忽然见到一只灰色的小鸟停在小树上，拍下来一看，顿时大喜，没想到是蚁䴕。可惜，它马上就不见了。3 年后的秋天，鸟友"古道西风"告诉我，在他工作的台州某地最近一直有蚁䴕活动。为此我特意从宁波赶去，谁知蹲守了大半天，还是没有见到。

就这样，想把蚁䴕拍"及格"成了我一个强烈的愿望。

直到 2016 年年底，机会终于在不经意间降临了。周末，我带队在云鹭湾社区的湖畔开展亲子观鸟活动，本来想着让小朋友们观察一下大山雀、北红尾鸲、乌鸫等"菜鸟"就可以了，并不指望能看到罕见鸟类。谁知那天真的很神奇。刚到湖边，我抬头看见光秃秃的高处树枝上停着一只小鸟，随意举起长焦镜头一看，顿时大吃一惊，忍不住喊了一声："啊！蚁䴕！"把小朋友及家长都吓了一跳。不过，大家已经从我激动的语气中猜出，肯定发现"好鸟"了。

运气很好，这只蚁䴕一直没有飞走，大家都在望远镜里看得清楚。我趁机给孩子们介绍蚁䴕：这是一种不常见的啄木鸟，在宁波通常属于春秋时节迁徙路过的旅鸟，但也有一些个体属于冬候鸟。

后来，我又多次到云鹭湾，基本都在老地方看到了它。它通常都在地面上觅食，有时在湖畔芦苇丛旁的紫薇树下，有时在附近的大树底下，只有当受到行人惊扰时才会飞到附近树上躲起来。通过近距离的拍摄与观察，我才发现，远看灰乎乎并不起眼的蚁䴕，原来羽色也如此精致，正如《飞鸟

记》中对它的描述："大自然完成了一幅细密画，上面有着纵条纹、斑纹、沙点、斑点和方格等图案。"这种羽色与地面枯草、沙土非常相似，是极好的保护色。有时我稍不留神就找不到它了，后来才发现其实它几乎就在原地。

2017 年 1 月 14 日，是我最后一次在云鹭湾见到蚁䴕。

"神木"来客

除了斑姬啄木鸟与蚁䴕，其他在宁波有分布的啄木鸟，迄今为止我都是在外地拍到的。

全国的鸟人们都知道，婺源是一个神奇的地方。世界上最小的猛禽白腿小隼，以及最稀有的鸟类如靛冠噪鹛等，都只有在那里才容易拍到。

2009 年 5 月底，利用端午假期，我一家三口都到婺源观鸟、拍鸟。跟来自全国各地的很多鸟友一样，我们住在晓起村的老余家。这家农家旅馆的楼顶平台旁有一棵大樟树，树冠上突出的枯枝被大家尊称为"神木"——就因为白腿小隼很喜欢停在那里。

灰头绿啄木鸟　　　　啄木鸟科

中等体形（27厘米）的绿色啄木鸟。识别特征为下体全灰，颊及喉亦灰。雄鸟前顶冠猩红，眼先及狭窄颊纹黑色。枕及尾黑色。雌鸟顶冠灰色而无红斑。怯生谨慎。常活动于小片林地及林缘，亦见于大片林地。有时下至地面寻食蚂蚁。

灰头绿啄木鸟的叫声很响亮

白腿小隼，虽说比麻雀大不了太多，但嘴上的倒钩、强劲的利爪都表明它是不折不扣的猛禽。它们喜欢立于无遮掩的树枝上，然后突然冲出捕食蜻蜓、蝴蝶等昆虫，有时也大胆袭击小鸟或其他猎物。

那天清晨5点多，我在鸡鸣中醒来，看看窗外薄雾缭绕的青山，就赶紧起床，背着"大炮"爬上了通往楼顶平台的木梯。刚一探头，就发现自己来得有点晚了——一排"大炮"早已整齐列队，对准"神木"等候鸟儿了。白腿小隼是没有悬念的，很快大家都如愿拍到了。

忽然，远处传来了响亮、尖锐的叫声。有人说，是灰头绿啄木鸟！我用望远镜搜索，很快发现在约100米外的大树顶上有只绿色的鸟儿在高声鸣叫。正在感叹距离太远时，这家伙突然起飞，而且天遂人愿，它竟然就停在了"神木"上！我欣喜若狂，赶紧按动快门，终于第一次拍到了这种啄木鸟。灰头绿啄木鸟的打扮也很低调，绿、灰是主色调，唯一鲜艳的，是额头的那一抹鲜红。

这次最开心的，是还拍到了大拟啄

木鸟。注意,不是啄木鸟,而是"拟"啄木鸟,即那是一种跟啄木鸟非常相近的鸟儿。大拟啄木鸟的羽色很丰富,绿、蓝、褐、黑、红等都有,尤其是又粗又厚的喙令人印象特别深刻。跟啄木鸟一样,它也具有粗短有力的脚,但它的嘴完全不适合用来凿洞。因此,大拟啄木鸟的食物主要是植物的花、果实和种子,此外也吃各种昆虫,特别是在繁殖期。

连续两天的早晨,都有一只大拟啄木鸟飞来停在"神木"上。第一天,我错过了,当鸟友告诉我这消息时,我曾为

大拟啄木鸟 拟䴕科

体甚大(30厘米),头大,呈墨蓝色,嘴草黄色而大。上体多绿色,腹黄而带深绿色纵纹,尾下覆羽亮红色。习性:有时数鸟集于一棵树顶鸣叫。飞行如啄木鸟,升降幅度大。

此"痛心疾首"。没想到,第二天,正是在追拍灰头绿啄木鸟之时,竟猛然发现,大拟啄木鸟不知何时也已经停在"神木"上,虽然只有几秒钟时间,但对我来说已经足够了。那天,同来的一位宁波鸟友就在我身边,也看到了大拟啄木鸟,但他以为那是一只相对比较常见的三宝鸟,因此竟没有按快门。等反应过来,鸟儿早已飞走,他为此长吁短叹,追悔莫及。

爱捉迷藏的攀树者

后来,在婺源的月亮湾的林子里,在拍靛冠噪鹛时,我又幸运地见到了灰头绿啄木鸟与大斑啄木鸟。无论从长相、羽色、习性等哪方面看,我都觉得大斑啄木鸟是一种"经典"的啄木鸟。它最接近我自幼在书上看到的啄木鸟的形象:黑白红三色完美搭配,拥有凿子一般坚硬的喙,而坚韧的尾羽

大斑啄木鸟　　　　啄木鸟科

体形中等（24厘米）的常见型黑白相间的啄木鸟。雄鸟枕部具狭窄红色带而雌鸟无。两性臀部均为红色。典型的本属特性，凿树洞营巢，吃食昆虫及树皮下的蛴螬。

可像支柱一般顶住身体，配合锐利的钩爪，使得它不仅善于攀缘，而且可以稳稳地"坐"在笔直的树干上而不会滑落。

那天在月亮湾，刚进村，就看到一只灰头绿啄木鸟在屋顶上高声大叫，进入村背后的河畔密林，又见到一只灰头绿啄木鸟在大树上觅食。而且，它发觉我在拍它，不知道是习惯了常光顾这里的鸟人，还是本来就不大怕人，居然趴在树上半天不动。

而大斑啄木鸟就不是那么好对付了。它很"顽皮"，见我在拍它，也不飞走，而是马上躲到了树干后面。等我小心翼翼绕到树后，它就又藏到树干另一侧。总之，它就喜欢绕圈子、躲猫猫。后来才知道，这其实是不少啄木鸟的习性。大斑啄木鸟攀缘在树干上，觅食的时候以螺旋形上升。它搜索完一棵树后再飞向另一棵树，飞行姿势跟灰头绿啄木鸟一样，呈波浪式前进。

幸运的是，那天又见到一对大斑啄木鸟在忙着喂养自己的宝宝。于是，我第一次看到了"传说中"的啄木鸟的树洞。洞口真的是一个完美的圆形啊，它平行于地面，开口很小，刚好可以让一只成鸟钻进钻出。大斑啄木鸟父母很辛苦，通常是一个刚钻出洞口，另一位就已经衔着好多小虫子，攀在树干上等着进洞

育雏中的大斑啄木鸟夫妇

星头啄木鸟　　　　　　啄木鸟科

　　体小（15厘米）具黑白色条纹的啄木鸟。下体无红色，头顶灰色；雄鸟眼后上方具红色条纹，近黑色条纹的腹部棕黄色。习性同其他小型啄木鸟。分布广泛但并不常见，见于各类型的林地。

星头啄木鸟在树皮缝里觅食

了。可惜的是，从外面不可能拍到它们的宝宝。

　　2009年的端午假期过完不久后的6月上旬，我就请年休假，出发到河南董寨国家自然保护区拍鸟了。我住在山脚下的王大湾村，这是公认的鸟类非常丰富的村。村口的路边都是大树，上学、放学的孩子们时常在树底下来来往往。有一天，我经过时偶尔抬头，就发现三四只星头啄木鸟在树上觅食。星头啄木鸟的体形也比较小，介于斑姬啄木鸟与大斑啄木鸟之间，羽色斑驳，以黑白灰为主，少了大斑啄木鸟所具有的那种红色。可能已经习惯了村里人，这几只星头啄木鸟并不怕人。

"森林医生"为何难觅

　　宁波境内有四明山、天台山两大山系，层峦叠嶂，山林茂密，可为什么发现啄木鸟的概率这么低呢？

　　比如说大斑啄木鸟，这种鸟广泛分布于欧亚大陆，在宁波也确定有分布,照理说是一种比较容易见到的啄木鸟。然而奇怪的是,最近十几年来,还没有听说有鸟友在本地见到过这种啄木鸟。

灰头绿啄木鸟,鸟友"黄泥弄"在海曙章水镇的四明山中一个名为"年年墩"的小山村偶然见过,在其他地方则没人拍到过。鸟友告诉我,他们在余姚梁弄镇的四明山里拍蓝翡翠(鸟名)时,曾拍到过星头啄木鸟。但在宁波的其他地方,也几乎不曾见过。如前文所述,斑姬啄木鸟与蚁䴕,也难得一见。至于大拟啄木鸟,有人曾在奉化商量岗的高山上见过,其他地方也极罕见。

我只能猜测,啄木鸟在宁波之所以很少被观察到,除了本身数量不多以外,最大可能是因为它们很少在城市、村庄等观鸟者容易到达的地方现身,换句话说,宁波的城市与村庄附近的树林不大适合啄木鸟栖居。人们都说啄木鸟是"森林医生",其实它们当"医生"的唯一目的是捉虫填饱肚子,因此喜欢的是多病虫害的老树甚至是朽木。而这种老树、朽木,多存在于历史较久、主要依靠自我更新、原生态非常好的森林中,而在人工绿化造林的环境中则要少很多 —— 就算有也会很快被清理掉。

显然,宁波作为一个发展较快的地区,在人类居住地附近,绿化更新通常也较快,于是啄木鸟也就不大爱光顾了 —— 因为缺乏觅食之所。窃以为,我们若能少一点绿化"升级"、垦荒种地等人工干预,尽量保护大树的原生态群落,让大自然去完成更新,那么环境一定会更天然、更优美,说不定哪一天,啄木鸟的有节奏的"笃笃"声能不时在耳畔响起。多听听这样的天籁之音,岂不美哉?

九月鹰飞

现在的年轻人可能已经不清楚古龙是谁,但"70后"几乎都知道,古龙是跟金庸、梁羽生齐名的著名武侠小说作家。而《九月鹰飞》,正是古龙的一部经典武侠小说。当然,这部小说讲的还是江湖恩怨,与鸟儿无关。

但有趣的是,"九月鹰飞"这四个字非常恰当地描述了初秋时节猛禽南迁这一具有规律性的景象,这恐怕是古大侠事先未曾料到的。

这里的鹰,泛指鹰科、隼科、鹗科的鸟,它们属于日行性猛禽,以有别于猫头鹰这一类夜行性的鸱鸮科猛禽(详见下篇《"飞猫"传奇》)。跟暗夜里的飞捕高手猫头鹰一样,白日里的空中霸主也充满了传奇。

秋日登高赏猛禽

宁波有记录的猛禽(本文所提到的猛禽,均指日行性猛禽)中,留鸟、冬候鸟、夏候鸟与旅鸟都有,总计20种左右,绝大部分为候鸟。其中,凤头鹰、红隼、游隼、黑耳鸢、蛇雕、林雕等为留鸟,普通𫛚(音同"狂")、鹗(音同

【隼形目】
　　分鹗科、鹰科与隼科。鹰及雕为大型至甚大型的猛禽。嘴呈钩状,爪强劲有力,善捕杀及撕碎脊椎动物等猎物,与隼类的区别在两翼较圆钝,眼睛色彩较淡。隼飞行迅速,两翼长而尖似镰刀,尾长而窄。隼为空中猛禽中的"喷气式战斗机",会超速猛扑猎物。嘴强劲有力,尖端呈钩形,上嘴两侧还具两钩状齿。

"恶")、鹊鹞、白腹鹞、白尾鹞、灰背隼等为冬候鸟，赤腹鹰、黑冠鹃隼、黑翅鸢等为夏候鸟，而凤头蜂鹰、红脚隼、燕隼等为旅鸟。

游隼 隼科

体大（45厘米）而强壮的深色隼。成鸟头顶及脸颊近黑或具黑色条纹。飞行甚快，并从高空呈螺旋形而下猛扑猎物。为世界上飞行最快的鸟种之一，有时作特技飞行。在悬崖上筑巢。

微凉的九月，秋风渐起。北方野地里食物渐渐缺乏，于是很多小型雀鸟开始启程南迁。而与此同时，高居食物链上层的猛禽也动身了，一路上，也好乘机捕猎小鸟为食。通常，大型猛禽多为留鸟，而很多中小型猛禽则选择迁徙。为了躲避猛禽，小型林鸟通常喜欢赶夜路，即在晚上迁徙，白天用来休息与觅食。而猛禽则堂而皇之地在白天赶路，一则它们几乎没有天敌，二则是为了利用白天上升的热气流，以帮助它们省力地飞行。

秋天的晴日，天空格外热闹，北方的鸟前来越冬或路过，而本地的夏候鸟启程南迁。观赏迁徙的猛禽，海边的山顶是非常好的场所。选一个阳光明媚的日子，备好望远镜及猛禽图鉴，早早上山，挑一个视野开阔的地方即可。宁波山海相依，对观赏迁徙的猛禽来说，条件是比较优越的。离海边不远的山顶，只要有一个相对比较开阔的平台，即适合观察。如天童国家森林公园、慈溪的达蓬山、北仑海边的山顶等，都是不错的地方。

当热气流逐渐上升的时候，就可以静候猛禽的到来了。凤头蜂鹰、阿穆尔隼、赤腹鹰、燕隼、鹗等各类猛禽均可能看到。在秋高气爽的日子里，抬头仰望蓝天，欣赏翱翔的猛禽那矫健、威武的身影，是多么令人心旷神怡的事啊！

鹰柱！鹰柱！

运气好的话，哪怕在城市上空，也能见到迁徙的猛禽。

凤头蜂鹰是一种比较常见的迁徙猛禽，体形中等。这种鹰喜欢吃蜂类，有偷袭蜜蜂及黄蜂巢的习性，故名蜂鹰。它在飞行时有个不同于别的猛禽的显著特征，即相对于身体而言，头部看上去明显较小，而颈部显得修长。

2010年9月下旬，宁波市区上空曾出现极为罕见的由迁徙的凤头蜂鹰组成的"鹰柱"现象。那天，野生鸟类摄影爱好者毛伟在公园里拍鸟时，忽见天上有一大群鸟由东北方向飞来，"有点像轰炸机编队来袭的感觉，乖乖，居然全是猛禽！它们往前飞行一段距离后，开始在原地盘旋上升。先到了一批，后面又分批赶来不少，起码有几百只鹰，都在上空密集盘旋，非常壮观。这样持续了好一阵子，鹰群才继续南飞。"他说。

毛伟的照片引起了省内资深鸟友的惊叹："这是难得的鹰柱啊！"所谓"鹰柱"，就是形容集群的猛禽随着热空气盘旋上升而形成"柱子"一般的景象。若运气好，还能看到升空后的鹰群一起向下滑翔，如瀑布在头顶倾泻而下，这便是"鹰瀑"。此外，还有"鹰海""鹰河"之说，这些都是全球观鸟人士梦寐以求，却难得一见的生态美景。平时大家在野外见到猛禽，通常只有一两只，而"鹰柱""鹰河"等一般发生在鸟类迁徙季节。

时任浙江野鸟会会长的陈水华博士，看到"鹰柱"的照片后也很欣喜。他说，9月正是凤头蜂鹰的过境时间。此前，亚洲猛禽协会的日本同仁还一直希望陈水华帮他们寻找凤头蜂鹰在浙江的过境地点，他曾关注过嘉兴的南北湖以及舟山等地的猛禽动向。"但日本方面说，卫星跟踪显示，凤头蜂鹰迁徙是经过宁波、绍兴一带。没想到，这次真在宁波城区上空发现了，确

凤头蜂鹰　　　　　　　　　鹰科

　　体形略大（58厘米）的深色鹰。凤头或有或无。两亚种均有浅色、中间色及深色型。上体由白至赤褐至深褐色，下体满布点斑及横纹，尾具不规则横纹。（张可航/绘）

红脚隼　　　　　　　　　隼科

　　体小（31厘米）的灰色隼。腿、腹部及臀棕色，脚红色。

实是很有意义的记录。"陈水华说。

　　跟凤头蜂鹰一样，红脚隼（原名"阿穆尔隼"）也喜欢结群迁徙。《中国鸟类野外手册》上说："迁徙时结成大群多至数百只。"不过，在华东地区，我们很少看到大群的红脚隼，通常能在海边的电线、树枝上见到一两只。这是一种比常见的红隼还略小一点的小型猛禽，因此不善于捕捉较大的猎物，但抓昆虫吃倒是它们的拿手好戏。

善捕青蛙的赤腹鹰

　　春夏时节来宁波山中安家繁殖的猛禽，以赤腹鹰与黑冠鹃隼相对多见。它们都是跟红隼差不多大的小型猛禽。每年4月下旬前后，它们从南方飞来筑巢，等小鸟长大后，于初秋时节启程重返南方的越冬地。

赤腹鹰（雄）　　　鹰科

中等体形（33 厘米）的鹰类。成鸟上体淡蓝灰，背部羽尖略具白色，下体白，胸及两胁略沾粉色。成鸟翼下特征为除初级飞羽羽端黑色外，几乎全白。

赤腹鹰雌鸟的眼睛虹膜为黄色

赤腹鹰的胸腹部略带棕色，雌雄的眼睛虹膜颜色不同：雄鸟呈暗红色，雌鸟则为黄色。它们喜欢栖息在山区的相对开阔地带。2017 年暮春，在鄞江镇晴江岸村的山脚边，我忽然听到空中传来几声响亮而尖厉的叫声，抬头用望远镜一看，原来是两只赤腹鹰雄鸟在追逐，在古树林及田野上空绕了好几圈，不知道是不是刚来不久的它们正在争夺领地。

赤腹鹰经常待在高处寻找食物，不大惧人。有一次，在山谷的田野里，我拿着镜头悄悄接近一只停在电线上的赤腹鹰雄鸟，谁知它根本不理我，直到我走到了离它只有几米的地方。忽然，它伸长了脖子，向我瞪圆了眼睛，仿佛要对我发动攻击似的。我一惊，还没反应过来，便见到它耸身起飞，向我扑来，然后落在我身后，随即迅捷地飞到电线杆顶端。仔细一看，原来这家伙刚刚不是在瞪我，而是发现了一只泽陆蛙，即通常所说的蛤蟆。然后，它就在上面一口一口地撕扯这只可怜的小蛙，大快朵颐。

黑冠鹃隼长相怪异，我第一次看到它是在北仑的瑞岩寺景区，当时一点儿都不觉得它长得像猛禽。它是一种隼，可飞行时身体部分呈圆筒状，倒跟杜鹃相似；停栖在树上时，头顶总是竖着长长的黑色冠羽。因此，名为"黑冠鹃隼"，真的是再适合不过啦。这种鸟跟红脚隼一样，也善于捕食大型昆虫。

黑翅鸢也是宁波的夏候鸟，但很少，鸟友们几次拍到，几乎都是在海边。它的翅膀虽为黑色，但从下往上看正在飞翔的黑翅鸢，则几乎全然是一只白色的鹰。它善于在空中长时间振翅悬停，动作轻盈如燕鸥。它停在空中不停地转头，暗红色的眼睛射出犀利的眼神，观察下方的动静；有时脚爪微微下垂，一副随时向下扑击的样子。

至于松雀鹰，我不能确定它是宁波的留鸟还是夏候鸟。有一年4月，我曾在鄞江镇附近的四明山里见过它一次，后来再没见过。这是一种腿脚细长的鹰，善于捕捉小型雀鸟为食。

黑冠鹃隼 鹰科

　　体形略小（32厘米）的黑白色鹃隼。黑色的长冠羽常直立头上。整体体羽黑色，腹部具深栗色横纹。两翼短圆，飞行时振翼如鸦，滑翔时两翼平直。

黑翅鸢 鹰科

　　体小（30厘米）的白、灰及黑色鸢。特征为黑色的肩部斑块及形长的初级飞羽。唯一一种振羽停于空中寻找猎物的白色鹰类。喜立在死树或电线柱上，也似红隼悬于空中。

松雀鹰　　　　　　　　　　鹰科

　　中等体形（33厘米）的深色鹰。似凤头鹰但体形较小并缺少冠羽。在林间静立伺机找寻爬行类或鸟类猎物。

鹗　　　　　　　　　　　　鹗科

　　中等体形（55厘米）的褐、黑及白色鹰。头及下体白色，特征为具黑色贯眼纹。上体多暗褐色，深色的短冠羽可竖立。

鱼鹰何尝"关关"叫

　　秋天，来宁波繁殖的鹰走了，而北方的一些鹰却来我们这里越冬了。比较常见的，是普通鵟、鹗及几种鹞。

　　先说说关于鹗的故事，因为这种鸟在古典文学中很有名。

　　"关关雎鸠，在河之洲。窈窕淑女，君子好逑。"中国第一部诗歌总集《诗经》的第一首的第一句，提到了一种名为"雎鸠"的鸟。至于这到底是一种什么鸟，由古及今，可谓众说纷纭，最主流的说法认为，雎鸠即鱼鹰。

　　在民间，鱼鹰可以指两种鸟，一是鸬鹚，二是鹗。鹗这一说，受到学者们的广泛认同。明朝李时珍在其《本草纲目》中就点明雎鸠就是鹗，并说鹗又名"沸波"："翱翔水上，扇鱼令出，故曰'沸波'"。在《毛诗品物图考》这本《诗经》图谱中，也直接把雎鸠画成一只冲向水面的老鹰。

　　鸬鹚是水鸟，不是猛禽。鹗才是真正的鱼鹰，是一种以鱼为食的猛禽，但它抓鱼的方式，并不是"扇鱼令出"，而是在空中发现目标后，直接高速俯冲，用锐利的脚爪一把抓住鱼儿，再迅速飞离。如果鱼儿见到空中有黑影落下而向深水逃走，鹗甚至会潜水追捕。前几年，在江北区的英雄水库，每到秋冬时节，都有一只鹗占据在那里。我经常和鸟友去那里拍摄这只鹗。有一年早春，我扛着"大炮"行走在水库的浅滩上，这只鹗忽然飞来，竟然紧盯着我，在低空盘旋了好几圈，边飞边发出尖锐的带哭腔的叫声，跟《中国鸟类野外手册》上所说的"发出响亮哀怨的哨音"完全一致。但这叫声，显然都与雎鸠的"关关"之声毫不搭边。所以，从实际观察的角度讲，我认为鹗不可能是雎鸠（同理，鸬鹚也不可能是）。

冬季，在宁波的沿海湿地及一些水库，都可能见到鹗。它捕鱼的成功率很高，而且通常抓到的都是相当大的鱼。我曾多次看到它双脚一前一后紧抓着一条鱼，在空中快速飞过。以前，英雄水库的水位还没有现在这么高的时候，浅滩附近的一根很高的竹竿，便是鹗的"餐桌"。它逮到鱼之后，总喜欢飞到竹

善捕鱼的鹗

竿的顶部进食，以至于竿顶全是鱼鳞与血迹。

普通𫛢是更常见的冬候鸟，它适应的生境广泛，山区的开阔地、田野、海边，都可能见到它雄壮的褐色身影。作为一种较大型的猛禽，它具有一个圆圆的大脑袋，几乎看不到脖子，站在那里可谓不怒而威。它绝不挑食，鼠、蛙、鸟、大型昆虫，乃至蛇，什么都吃。有一年秋天，我在海边拍鸟时，看到一只普通𫛢叼了一条长长的蛇飞了起来，没飞多远

普通𫛢　　　　　　　　鹰科

　　体形略大（55厘米）的红褐色𫛢。飞行时两翼宽而圆，初级飞羽基部具特征性白色块斑。喜开阔原野且在空中热气流上高高翱翔，在裸露树枝上歇息。

这只普通𫛢的爪下有一条蛇

白腹鹞　　　　　　　　　　鹰科

　　中等体形（50厘米）的深色鹞。雄鸟似鹊鹞雄鸟，但喉及胸黑并满布白色纵纹。喜开阔地，尤其是多草沼泽地带或芦苇地。擦植被优雅滑翔低掠，有时停滞空中。

鹊鹞（雄）　　　　　　　　鹰科

　　体形略小(42厘米)而两翼细长的鹞。雄鸟：体羽黑、白及灰色；头、喉及胸部黑色而无纵纹为其特征。雌鸟：上体褐色沾灰并具纵纹，腰白，尾具横斑，下体皮黄具棕色纵纹。

又落了下来。仔细一看，那条蛇虽然还在徒劳地扭动，但大部分的蛇皮已经被它扯了下来，露出鲜红的蛇体，好凄惨。

　　在海边的湿地上空，冬天还经常可以看到鹞在芦苇荡或草地的上空或缓慢盘旋，或低低地掠过，动作轻缓优雅，一发现猎物，即往下扑。在杭州湾的沿海湿地，我多次看到俯冲捕食的鹞常把野鸭群惊得乱飞。在宁波越冬的鹞以白腹鹞最为多见，白尾鹞、鹊鹞很少见。

凤头鹰的"表情包"

　　说完了迁徙的猛禽，再来看看宁波本地四季常在的猛禽有哪些。大多数猛禽生活在山野之中，但凤头鹰是个例外，在野外固然常能看到它在高空盘旋，而哪怕在宁波市中心的公园里，遇见它的概率也不低。

凤头鹰　　　　　　　　　　鹰科

　　体大(42厘米)的强健鹰类。具短羽冠。
成年雄鸟：上体灰褐，两翼及尾具横斑，胸部
具白色纵纹，腹部及大腿白色具近黑色粗横斑。
亚成鸟及雌鸟：似成年雄鸟但下体纵纹及横斑
均为褐色。

　　凤头鹰是一种中型猛禽，身体强健有力，给人以"肌肉男"的感觉。得名"凤头鹰"，是因为其后脑勺有一撮翘起来的羽毛。不过这撮毛有时看上去并不明显。

　　这也是我见过的最不怕人的猛禽。前些年，在宁波市区的绿岛公园、姚江公园还没有被改造的时候，公园里大树成林，植被非常茂密。我曾多次在这两个公园里与凤头鹰邂逅。记得有一次在绿岛公园拍鸟时偶抬头，就见到树上有一双亮黄的圆溜溜的眼睛在注视着我，我一愣，反而心里很紧张。但这只凤头鹰并没有逃走的意思，而是始终看着我，似乎挺好奇的样子。于是，我得以很从容地举起镜头，开始拍摄。

　　凤头鹰生性凶猛，在杭州植物园，曾有人拍到它抓到了一只松鼠，整整吃了几个小时。不过，这样一位"猛男"，也有很萌的时候。2017年3月初，在白云公园观鸟的时候，偶然见到一只凤头鹰。当时它停在一棵银杏树上休息，下面人来人往，它也不以为意。我拍了它很久，它显然也注意到了我，但不仅没有飞走，相反还面对着长焦镜头做出了各种表情，或呆萌，或严肃，或搞笑，或阴险……我简直被它逗乐了。

　　白云公园离我家不远。后来，我就经常去那里转转，大多数时候都能见到它。这家伙似乎有点懒，每次见到它，总是站在固定的两三棵树上，而且长时间一动不动。后来我也没兴趣拍它了。

　　很久没去白云公园了，忽然有一天，一个朋友通过微信转发给我一张

凤头鹰的后脑勺有一撮翘起来的羽毛

照片，说她的朋友住在白云公园旁边，当天傍晚有只大鸟突然飞来停在厨房的窗台上。我一看，可不，还是这位老朋友，凤头鹰呀！

逆风悬停的红隼

红隼是比凤头鹰还常见的本地猛禽，不过它很少出现在城市上空，野外的开阔地才是它的最爱。红褐色的它身形纤巧，看上去并不怎么威猛。因此，大块头的猎物不在它的菜单上，大型昆虫或小老鼠倒是经常成为它利爪之下的牺牲品。

但小个子的红隼，有一项绝技，为很多中大型猛禽所不能企及。即，它是天生的舞者，能在空中长时间振翅悬停，随风变换舞姿，那姿势之美妙，恐怕连翠鸟都自愧弗如，凡见过的人都不会忘记。

有一年冬天，我在海堤上驱车慢慢寻找水鸟，忽见前方有只红隼停在空中，一会儿快速地扇动翅膀，一会儿又滑翔一小段距离。我知道，它在低头寻找猎物。我赶紧追上前，停车熄火，躲在车里拍摄它。海堤很高，因此我有时几乎可以平视这只在低空振翅的红隼。海风阵阵，它把尾羽如折扇一般全部打开，运用高超的平衡技巧，不用很费力地扇动翅膀，就能逆风悬停，达数分钟之久。躲在平展的双翼下的，是不停转动的头部和锐利的眼神。终于，它发现了猎物，猛然俯冲了下去。我赶紧将"大

红隼　　　　　　　　　　　　隼科

体小（33厘米）的赤褐色隼。雄鸟头顶及颈背色略灰色。雌鸟体形略大，上体全褐，比雄鸟少赤褐色而多粗横斑。

炮"对准落地后的它，只见它的脚下赫然是一只小老鼠。这只红隼居然没有马上享用这顿美餐，而是抓着战利品飞走了，不知道是不是怕我会对它不利。

山野上空的王者

《中国鸟类野外手册》上说，黑耳鸢"为中国最常见的猛禽"，但很奇怪，这种鸟在宁波并不易见。十余年来，我个人只在本地见过一次，是在慈溪的杭州湾沿海地带，成群的黑耳鸢停在插在湿地中的竹竿上。

黑耳鸢虽非鱼鹰，但也常光顾开阔的水域，在省内的千岛湖据说有很多，它们经常在码头附近盘旋，伺机抓鱼吃。2016 年早春，我到南京市区的长江

黑耳鸢　　　　　　　　　　鹰科

　　体形略大（65 厘米）的深褐色猛禽。尾略显分叉，耳羽黑色，体形较大，翼上斑块较白。

边拍江豚，见到了在江面上空盘旋的黑耳鸢。它们不大怕人，有时直飞到我眼前来，用肉眼都可以看清楚其脚爪。我还抓拍到了黑耳鸢俯冲抓鱼的场景。

除了鹰、隼、鸢，宁波的山里还有雕。早年的记录称宁波有白肩雕等多种雕类分布，但目前只有蛇雕和林雕还相对比较容易见到。在天童国家森林公园及四明山，我都曾见过在高空盘旋的蛇雕和林雕。在空中的蛇雕特别好认，因为它的翅膀下方有长长的明显的白色横斑。

大家都知道"饮鸩止渴"这个成语，并用它来比喻只顾救眼前之急，不

蛇雕　　　　　　　　　　　　　　　鹰科

　　中等体形（50厘米）的深色雕。两翼甚圆且宽而尾短。眼及嘴间黄色的裸露部分是本种特征。飞行时的特征为尾部宽阔的白色横斑及白色的翼后缘。

林雕　　　　　　　　　　　　　　　鹰科

　　体大（70厘米）的褐黑色雕。歇息时两翼长于尾。飞行时与其他深色雕的区别在尾长而宽，具显著"手指"。栖于森林，常在树层上空低低盘旋。常侵袭其他鸟类的窝巢。

考虑后患。成语中的"鸩"，就是古代对蛇雕的称呼。古人认为，"鸩"经常吃毒蛇，因此必然是一种毒鸟，若将其羽毛浸酒，就能毒杀人。当然，这些都是无稽之谈。蛇雕确实善于捕蛇，其跗跖（音同"夫值"，指鸟类的腿以下到趾之间的部分）上的鳞片极为坚硬，能够抵挡蛇的毒牙；宽厚的羽翼，也能阻挡蛇的进攻。

　　如果说雕鸮是宁波夜行性猛禽中的巨人，那么林雕就在白天替代了雕鸮的空中霸主地位。林雕，这种本地最大的日行性猛禽，当它在空中翱翔的时候，翼展宽度接近1.8米，而且翅膀的剪影不像别的猛禽那样或圆或尖，而是呈长方形，显得特别宽大，因此当我们仰视它时，会觉得它特别霸气。

　　所有的猛禽，作为鸟类中的王者，都依赖丰富的生物多样性而生存，因此是森林及旷野的环境好坏的指示性物种之一。希望我们的土地始终保持良好的生态条件，让更多的猛禽"王者归来"。

"飞猫"传奇

如果你认识一位酷爱拍鸟、观鸟的鸟人朋友，那么当你听到他兴高采烈、手舞足蹈地谈论什么"大猫""小猫"的时候，千万不要以为他是在说家猫，鸟人最关心的只有一种会飞的"猫"——猫头鹰。

民间俗称的猫头鹰，实际上指的是鸮（音同"消"）形目草鸮科、鸱（音同"痴"）鸮科的夜行性猛禽。鸮，是一个古老的鸟名，在中国第一部诗歌总集《诗经》中就已经多次被提到。猫头鹰在古代显然是一种比较容易见到的鸟儿。无论在中国古典诗歌、民间传说还是神话故事中，猫头鹰的形象都经常出现。

但现在，哪怕是富有经验的鸟人，要在野外找到它们，也绝不是一件容易的事。查《中国鸟类野外手册》可知，理论上来说，在宁波分布的猫头鹰至少有 12 种（这个数字大得令我吃惊），它们分别是：草鸮、领鸺鹠（音同"休留"）、斑头鸺鹠、鹰鸮、东方角鸮、领角鸮、雕鸮、黄脚渔鸮、褐林鸮、灰

【鸮】

鸮类为全世界所熟知的一大类夜行性猛禽，眼大而叫声慑人。它们头部宽圆、脸部扁平，两眼直视前方。所有鸮类都只产白色的卵，多数种类营巢于树洞或是建筑物的洞中。

鸮分为两科：草鸮和鸱鸮。草鸮科，具有心形脸庞、深色的眼，以及可增强听力的宽大的面盘。它们捕食多有赖于耳。翼羽柔软，飞行无声，而叫声尖厉刺耳。鸱鸮科，腿较短且面盘较小。有些种类有明显的直立型的"耳羽簇"。所有种类的体羽均为由灰、褐、白及黑色所组成的精细图案，给它们在白天歇息时以良好的伪装。

林鸮、长耳鸮、短耳鸮。拍鸟12年，我只见过其中的一半，即6种。

"小猫"鸺鹠

刚说"鸱鸮"已头大，这"鸺鹠"又是怎么回事？查《说文解字》，没有"鸺"字，而在鸟部中有"鹠"字，曰"鸟少美长丑为鹠离"。后世注家一般都将这"小时候好看，长大了却变丑"的鸟解释为鸱鸮的一种。

斑头鸺鹠，通常在夜间捕食，但有时在白天也比较活跃，而且有的还安家在人类居住区附近，因此是本地相对最容易见到的猫头鹰。几年前，在宁波市区的老小区白鹤新村，有只鸟老在夜里叫个不停，鸟友李超循声寻找，最后证实是一只斑头鸺鹠。在奉化城区，则已有多次在老宅中发现斑头鸺鹠雏鸟的报道。

白天，通常是看到这只"小猫"静静地停在树干或电线上，有时睁着圆圆的眼睛，有时半睁半闭。别看小家伙喜欢白日"假寐"，其实警觉得很。有一年春天，我们在横街镇的四明山高山上，发现一只斑头鸺鹠经常出现在某棵大树上，曾守候多次，竟不知它何时飞来，反正在望远镜里见到它时，发现它亮黄色的双眼也正炯炯有神地盯着我们。这种猫头鹰的头顶密布棕褐交错的横斑，没有"耳羽簇"（指鸟类头顶竖立的像耳朵或角的羽毛），因此看上去脑袋特别圆。

斑头鸺鹠　　　　　　　鸱鸮科

体小（24厘米）而遍具棕褐色横斑的鸮鸟。无耳羽簇；上体棕栗色而具赭色横斑，沿肩部有一道白色线条将上体断开；下体几全褐，具赭色横斑。常光顾庭园、村庄、原始林及次生林。多在夜间和清晨鸣叫。

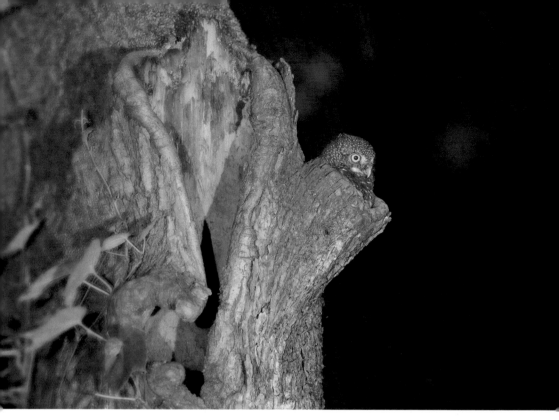

斑头鸺鹠安家在树洞里

可每次当我扛着"大炮"企图悄悄接近，它都会悄无声息地忽然飞走。

2012 年 6 月，鸟友"姚北人家"告诉我，在慈溪的一个高山村，发现斑头鸺鹠。溪边一株大树的树洞，便是斑头鸺鹠的家。暮色四合的时候，亲鸟便开始忙碌起来。我去拍的时候，发现巢中只有一只雏鸟，长得已经跟成鸟几乎一样大。我不知道，其他雏鸟是出窝了呢，还是只剩这一只活了下来。当父母在外捕猎的时候，雏鸟安静地待在树洞里，有时还会从侧面的一个烟囱状的小洞里探出脑袋，若有所思地仰望夜空。亲鸟会叼

斑头鸺鹠亲鸟（下）叼来食物给雏鸟（上）吃

来青蛙、昆虫、壁虎、蜥蜴等喂食。这菜单相当丰富。小鸟羽翼渐丰，胆子颇大，当父母在外捕食的时候，它就独自爬出了树洞，在家门口伸伸腿、抖抖翅，一副做好热身运动的样子。次日，听说这个天然鸟巢就空了。我知道，亲鸟带着孩子进入了广大的森林，边喂养边教孩子谋生的本领。

在宁波，还有一种鸺鹠分布，即领鸺鹠。它是浙江最小的猫头鹰，体长仅 16 厘米左右，也就比麻雀（14 厘米）略大一点而已。这家伙最有意思的地方，是

领鸺鹠　　　　　　　　鸱鸮科

纤小（16 厘米）而多横斑，眼黄色，颈圈浅色，无耳羽簇。上体浅褐色而具橙黄色横斑。颈背有橘黄色和黑色的假眼。夜晚栖于高树，由凸显的栖木上出猎捕食。飞行时振翼极快。（古道西风／摄）

它的后脑勺上进化出了一对假眼，因此，万一有天敌企图从背后偷袭它，一看到有双"眼睛"正盯着自己，恐怕就不敢下手了。

对于这种长得很像斑头鸺鹠的"小猫"，很遗憾，我迄今还无缘遇见。不过宁波资深鸟人"古道西风"在他的微信公众号中曾生动地描述了他与领鸺鹠邂逅的过程，摘抄如下：

那次在乌岩岭（注：位于浙南的乌岩岭国家自然保护区），夜里常听到领鸺鹠的叫声。第二天早晨，一个人往山上走，忽然瞥见路边林子里有个小小的身影，望远镜里看到是只"小猫"。晨曦初上，林子里光线昏暗，一时分不清是斑头鸺鹠还是领鸺鹠。稍微转个角度，可以看到它的利爪下是一只血淋淋的小鸟。我在相机的取景框里盯着它，心里默念：赶紧转头，赶紧转头，让我看看你是谁！它也盯着我，就是不转头，一副很无辜、很无助的呆萌眼神，好像是生怕我会抢了它的战

利品，我俩就这样大眼瞪小眼地对峙着。"小猫"终于稍稍转了一下头，后脑勺稍稍露出了点异样，哈哈，它暴露了真实身份 —— 领鸺鹠！

夜救领角鸮

近几年喜欢夜拍两栖爬行动物，因此经常在夏夜进山。某个晚上，独自行走在四明山的溪流畔，忽闻远处传来时断时续的、类似"嗡，嗡"的轻柔叫声，这是领角鸮的声音。此时月光如水，洒向暗黑森林，分外清冷。风声、水声、猫头鹰的歌声，忽然让我觉得自己瞬间远离了喧嚣的社会，"穿越"到了远古洪荒时代……

领角鸮是典型的夜间活动的猫头鹰，白天通常在枝繁叶茂的树冠中睡觉，因而难以一睹其真容。迄今我唯一一次在野外见到领角鸮的成鸟，它竟然是挂在捕鸟网上。

2014年5月中旬，我和老熊到奉化西坞的横坑水库夜拍中国雨蛙，经过果园的时候偶抬头，发现捕鸟网上挂着一个黑乎乎的大东西。拿手电一照，只见一堆灰褐色的乱七八糟的羽毛，看不清是什么鸟，也不知它是死是活。

"老熊！这里有捕鸟网，好像有只夜鹭在上面！"我大声喊道。

"啊，不对，我的天，不是夜鹭，是猫头鹰！领角鸮！"我换个角度一看，顿时大吃一惊。

领角鸮（挂在鸟网上）　　　鸱鸮科

体形略大（24厘米）的偏灰或偏褐色角鸮。具明显耳羽簇及特征性的浅沙色颈圈。上体偏灰或沙褐，并多具黑色及皮黄色的杂纹或斑块；下体皮黄色，条纹黑色。大部分夜间栖于低处，繁殖季节叫声哀婉。从栖处跃下地面捕捉猎物。

领角鸮幼鸟

在雪亮的手电光下，粘在网上无法动弹的领角鸮圆睁深褐色的大眼睛，惊恐地看着我。我翻过果园的篱笆，在老熊帮助下，用小刀割破鸟网，两人合力将鸟救了下来。

这家伙拼命挣扎，而我怕伤了它，因此不敢抓紧。一不留神，它就掉地上了。我想重新把它抓住，检查一下是否还有割断的网丝缠绕在其身上。它像是一个被吓坏了的孩子，戒备地盯着我，同时步步后退。当我俯身抓它的时候，这家伙竟突然发出了"吥！吥！"的声音，好像是在怒骂我。

老熊递给我一副手套，可惜比较薄。好不容易将其重新抓住，可这厮不懂好人心，对我又抓又咬。尽管戴了手套，我的手上还是马上出现了好几条血痕。趁我检查时不备，它一用力，挣脱了我的手心，飞向了茫茫夜空。还好，我已经确认，它身上没有网丝缠绕。

鸟儿重获自由，没有了后顾之忧。接下来轮到我纠结了：被猫头鹰抓伤咬伤，要不要打狂犬病疫苗呢？次日，我在微博上问了好多熟悉鸟类救助的专业人士，大家都说被猫头鹰弄伤不需要去打疫苗。我犹豫了大半天，最终还是去了医院。因为我想，万一这只领角鸮在被我们解救之前刚刚吃过一只老鼠可咋办？它的爪子及嘴里岂不留着老鼠的体液？！

初夏时节，相对比较容易见到领角鸮的幼鸟。所谓角鸮，自然是说其头上长了"角"，即耳羽簇。成年的领角鸮头顶有明显的"角"，而幼鸟没有。这些羽翼未丰的幼年猫头鹰非常呆萌，常被发现者捡回家。有一年6月，宁波雅戈尔动物园接到北仑梅山岛村民的求助电话，对方说捡到4只小猫头鹰。我跟着动物园的人过去一看，都是领角鸮，显然是同一窝的。4只小鸟，有2只愿意接受人们给的鲜肉等食物，另2只则闭着眼睛不吃东西，看上去状态不太好。后来它们被带到动物园喂养。

顺便提醒大家，野外见到雏鸟，千万不要自作多情将其带回来，如有必要,可将其放在原地阴凉的高处,避免猫狗伤害即可。一般来说,亲鸟就在附近。

草鸮宝宝的不幸遭遇

2016年11月中旬,一对草鸮宝宝的曲折遭遇令人叹息。

傍晚,市民蒋先生路过江北慈城妙山村,看到菜场门口有人在卖两只体形很大的猫头鹰的雏鸟,于是就问:"咦,猴面鹰!哪来的?""山里捡的,想要吗?炖了吃很补的!"卖的人说。

蒋先生动了恻隐之心,他知道猫头鹰是国家保护动物,于是花了几百元钱,将鸟儿带到了宁波市区,放置在自己经营的茶馆内。蒋先生先试图联系林业部门,可惜那时已是晚上,估计没人上班,因此电话没接通。后来,他通过我的报社同事,联系上了我。

次日上午,我赶到茶馆。在打开纸箱的瞬间,我还是有点发愣。这对猫头鹰宝宝比我想象的还要大,它们全身都是黄色的柔毛,看上去就像两个毛茸茸的皮球。是的,这确实是草鸮的雏鸟(我从未见过成鸟,雏鸟也是第一次见到实物)。

与普通猫头鹰的圆脸不同,草鸮的脸盘是心形的,看上去更像猴子,故俗称"猴面鹰"。一般的猫头鹰在树洞或岩石缝隙中安家,而草鸮营巢在茂密而

草鸮(雏鸟)　　　　草鸮科

中等体形(35厘米)的鸮类。面庞心形。似仓鸮,但脸及胸部的皮黄色色彩甚深,上体深褐。全身多具点斑、杂斑或蠕虫状细纹如仓鸮。栖于开阔的高草地。

送到动物园的一对草鸮雏鸟

高的草丛中。

"昨天傍晚它们看上去蔫头蔫脑的，我赶紧去菜场买了点新鲜牛肉，切成细细的一条条，喂给它们吃，它们的状态才好转了些。"蒋先生说。说完，他又拿了一些牛肉给鸟儿吃。

我刚拿出相机拍了几张，两个小家伙就很紧张，缩在纸箱的角落，发出"呼呼"的声音，这声音像眼镜蛇准备攻击时发出的恐吓声。我知道它们在警告我不要再靠近了。

我合上纸箱，将其放进汽车后备厢，先回家接上女儿航航，随即前往动物园。"爸爸，你开得稳一点啊！"航航说，"哦对了，你说猴面鹰宝宝会不会晕车啊？""应该不会晕车吧！"我说，"不过你说得对，我开得慢一点，稳一点，不能让鸟儿难受。"

很快到了动物园，宁波市陆生野生动物救助中心设在那里。现场工作人员说，他们曾救助过很多猫头鹰的幼鸟，多为领角鸮或斑头鸺鹠等，草鸮极少见到。

"对这两只雏鸟来说，最佳方案当然是尽快把它们放回出生地，还给它们的父母。可惜，我们不知道那地方，就只能把它们带到这里来了。"我说。

"给它们喂点什么呢?"一位阿姨问。

"草鸮在野外最喜欢吃老鼠，同时也会吃蛙类等其他小动物。这两只猴面鹰宝宝会吃新鲜牛肉的。"我说。

现场还有一只关在笼子里的鹗。它始终仰头望着天空。看着鹗的渴望自由的眼神，再低头看看这两只与父母永远分离了的草鸮宝宝，我的心里一阵难受。是啊，它们是安全了，可是，这里再好也不是鸟儿的家。它们的家，在那荒野的茅草丛中，在大自然的怀抱里。

过了一段时间，我向动物园工作人员问起这对草鸮宝宝的近况。对方说:"很遗憾，没养活。"

"大猫"传奇

宁波野外最大的"猫"是什么?

当然是雕鸮。它是国内体形最大的猫头鹰之一，体长可达六七十厘米。威武雄壮的它，在宁波的山林中高居食物链的最顶端，主要以鼠类为食，但也会捕杀一些小型野兽，甚至其他猛禽。不过说来好笑，俨然为森林王者的雕鸮，"白天看见时总是在被乌鸦及鸥类围攻"（语出《中国鸟类野外手册》）。

很遗憾，我第一次见到雕鸮，居然也

雕鸮　　　　　　　鸱鸮科

体形硕大（69厘米）的鸮类。耳羽簇长，橘黄色的眼特显形大。体羽褐色斑驳。羽延伸至趾。叫声为沉重的 poop 声。虽分布广泛但普遍稀少。栖于有林山区，营巢于岩崖，极少于地面。飞行迅速，振翅幅度小。

被救助的雕鸮

是在动物园的救助中心。

2017 年 4 月 5 日，海曙区章水镇派出所接到报警，说在皎口水库大坝附近发现一只受伤的大鸟。事后的新闻报道称："据报警的市民描述，在发现这只大鸟的地点附近，有老鼠、刺猬等动物尸体。"后来，这只雕鸮被送到了动物园。兽医检查发现，它的右翅受伤严重，骨头完全断了。

两天后，我在见到它的瞬间，就被它明亮、锐利的眼神所震撼：鲜黄的虹膜的中央，是乌黑的、深不可测的瞳孔，冷冷的光如箭一般从最黑最深的地方射出来，让人不寒而栗。所谓"眼神能杀人"，大概说的就是这种眼神吧。

是的，尽管这只"大猫"身受重伤，失去自由，但依旧充满威严，让人不由得对造物主心生敬畏之感。

在一旁，我捡到两根从这只雕鸮受伤的翅膀上剪下来的飞羽，发现果然如资料上所说，羽毛极为细密柔软，因此猫头鹰在暗夜飞行的时候几乎毫无声息。

在宁波，救助雕鸮不是第一次，显然这种鸟在本地是有野生分布的。但一直以来，宁波从未有人拍到过野外自由状态下的雕鸮——直到2017年5月中旬。这个奇迹来自于有心人。余姚一位网名"螃蟹"的鸟友，偶然在当地四明山的一处悬崖峭壁上看到一只疑似雕鸮的大型猫头鹰。于是，他就经常在那里守候观察，同时录下了这只鸟的叫声，并及时分享给本地其他鸟友。大家很快判定：是雕鸮无疑！

一石激起千层浪。宁波鸟人们都激动了。很快，好几个人赶去拍摄。影像证明，那里有一对雕鸮成鸟，其中一只"白胡子"被假定为雄鸟，还有至少两只幼鸟。一天清晨，鸟友"木石"拍到有只雕鸮抓了一只大老鼠回来，随即给幼鸟喂食。

5月16日傍晚，我也过去拍雕鸮。一到那里，就看到"螃蟹"与另外一位鸟友站在一堆碎石上用望远镜观察，见我过来，他们指点着对面高达几十米的悬崖，说，雕鸮就在那里。

用肉眼，根本看不清楚。我举起望远镜，才看到一只雕鸮（不是"白胡子"）静静地站在接近悬崖顶部的岩石缝隙里。它那棕褐色的身体具有极佳的保护色，与石壁完美地融合在一起。

它基本上都在闭目养神，偶尔睁眼一看。很显然，它看到了对面的那三个鸟人，但彼此相隔100多米让它感到安全。夕阳西沉，陡峭如刀削的悬崖一片橙红，它开始梳理羽毛。

忽然，"螃蟹"注意到在它右边几十米的草丛边缘还有一只雕鸮，起初我们以为是"白胡子"，但后来看清了，并不是。天色越来越暗，草丛旁的雕鸮突然起飞，停在悬崖顶端的一棵松树上。事后才知道，这只实际上是刚会飞的幼鸟。也就是说,这对雕鸮的育雏期当时已经接近尾声。

两天后的清晨4点多,又出发去拍雕鸮。那天是大晴天,5点多的时候天色已经很明亮。一开始没找到雕鸮,后来有位鸟友偶然发现有一只其实一直在悬崖顶部的树底下。它一动不动,显然在休息。雕鸮是典型的夜行性猛禽,白天常缩颈闭目,躲在密林中睡觉。

5月25日,再次去拍雕鸮。独自在那里从下午4点半守候到6点多,始终未见"大猫"踪影。眼看太阳已经完全没入暮霭之中,我灰心丧气地准备收拾器材回家,忽然发现左侧的悬崖之巅有一只"大猫"的剪影!

暮色四合,独立苍茫。

我再一次被震撼了。

站在悬崖之巅的雕鸮

"短耳猫"与"长耳猫"

看了这个小标题，想必大家都已知道，"短耳猫"就是头顶长有短小的耳羽簇的猫头鹰，即短耳鸮，而"长耳猫"即长耳鸮，拥有明显的竖直的耳朵状的羽毛。其实，这并不是它们真正的耳朵，耸立如耳的耳羽簇并没有听觉能力，有资料说那是传递信号的器官，可用来向同类发出警报，亦可恐吓敌人。

短耳鸮是宁波的罕见冬候鸟，也是为数不多的在白天也活动的猫头鹰之一。运气好的话，每年冬天都有望在海边的开阔的短草地上发现它们的踪迹。

2008年11月12日，我到慈溪的杭州湾南岸湿地拍鸟。开着车缓缓经过一片开阔地，忽见车前方不远处的地面上飞起一只灰褐色的大鸟。好奇的它，刚起飞就转头看看情况，我顿时又惊又喜：圆脸盘，是猫头鹰啊！

这家伙飞了十几米就重新落到地面。我赶紧停车，把"大炮"架在车窗上，对准它就拍。原本背对着我的它，听到了连续的"啪啪"快门声后，忍不住180°转过头来，寻找声音的来源（这又是猫头鹰的一项绝技，即拥有灵活的颈骨，可旋转270°）。那对晶晶亮的黄色眼睛，射出逼视的眼神，让我的心加速"怦怦"跳。同时，我也注意到了它头顶若有若无的"耳朵"。

短耳鸮　　　　　　　　鸱鸮科

中等体形（38厘米）的黄褐色鸮鸟。翼长，面庞显著，短小的耳羽簇于野外不可见，眼为光艳的黄色，眼圈暗色。上体黄褐，满布黑色和皮黄色纵纹；下体皮黄色，具深褐色纵纹。飞行时黑色的腕斑显而易见。喜有草的开阔地。

按照《中国鸟类野外手册》所示的分布图，长耳鸮也是宁波的冬候鸟。但事实上，近年来，谁也不曾在本地发现过这种鸟。本文开头列出的在宁波"理论上"有分布的12种猫头鹰中，跟长耳鸮一样，黄脚渔鸮、褐林鸮与灰林鸮也是多年未见，而鹰鸮与东方角鸮只是有零星的记录。

但我相信，这些神秘、珍稀的猫头鹰非常可能还会在宁波出现，这一方面有赖于坚持不懈的观察与寻找，另一方面则有赖于我们要保护好多样化的原生态环境。

如褐林鸮是浙江的留鸟，虽然非常罕见，但偶尔也会现身。2016年，在省内就有两次救助褐林鸮的记录，其中一次是在绍兴，另一次在金华。

2016年2月下旬，在绍兴诸暨市，一只褐林鸮疑因食物短缺或雨天等原因导致体力不济而无法飞行，后被当地人发现后送林业部门救助。几天后，这只褐林鸮恢复健康，被送到原发现地放飞。得到绍兴鸟友赵锷告知的讯息后，我们一家三口特地赶往诸暨枫桥镇，只

鹰鸮　　　　　　　　　鸱鸮科

中等体形（30厘米），深色似鹰样鸮鸟。上体深褐，下体皮黄，具宽阔的红褐色纵纹。习性：性活跃，黄昏前活动于林缘地带，飞行追捕空中昆虫。有时以家庭为群围绕林中空地一起觅食。不时鸣叫，尤其是月悬空中时。（熊书林／摄）

东方角鸮　　　　　　　　鸱鸮科

体小（19厘米）而褐色斑驳的角鸮。眼黄色，胸满布黑色条纹。分灰色型及棕色型。于林缘、林中空地及次生植丛的小矮树上捕食。（熊书林／摄）

褐林鸮 鸱鸮科

　　体大（50厘米），全身满布红褐色横斑的鸮鸟。无耳羽簇；面庞分明，上戴棕色"眼镜"，眼圈黑色，眉白；下体皮黄色具深褐色的细横纹；上体深褐色。为数量稀少而性隐蔽的亚热带山区森林留鸟。夜行性鸮鸟，难得一见。白天遭扰时体羽缩紧如一段朽木，眼半睁以观动静。黄昏出来捕食前配偶相互以叫声相约。

为一睹褐林鸮的风采。

　　那天，我和女儿俯身看这只被安置在大纸箱中的褐林鸮，刚与它的眼神对上，我就感到仿佛有一股细细的电流瞬间击中了我：天哪，这只"大猫"的深褐色的眼睛里，除了有对蓝天的强烈渴望，还充满了其他极为复杂、深邃的东西。我像是被施了魔法，竟一下子挪不开与它对视的眼睛……

　　黄脚渔鸮是一种喜欢栖息于溪流等水域环境，且善于捕鱼的罕见"大猫"，

被救助的褐林鸮的眼神里流露出对蓝天的强烈渴望

近年来在千岛湖地区有记录。2015 年夏天，我和女儿、李超在四明山深处的一条溪流中夜拍时，一只挺大的猫头鹰悄无声息地突然从溪边的大石头上起飞，迅速消失在上游。这又带给我一丝遐想：万一是黄脚渔鸮呢？

古之"恶鸟"，今之"萌猫"

由于容貌奇特，叫声怪异，且喜欢在夜间荒野之地活动，因此在中国古代，猫头鹰是有名的"恶鸟"或"恶声之鸟"，很多人避之唯恐不及。

《诗经》共 305 篇，其中直接提到"鸮（枭）"的就有四首诗。以下是相关诗句摘录：

> 墓门有梅，有鸮萃止。夫也不良，歌以讯之。讯予不顾，颠倒思予。
> （《诗经·陈风·墓门》）

前两句就说，在坟墓前的梅树上，有只猫头鹰停在那里。以此起兴，给人以阴森、凶恶之感。余冠英注：鸮，恶声之鸟。在这首诗里，就是以恶鸟喻"不良"之人。

> 哲夫成城，哲妇倾城。懿厥哲妇，为枭为鸱。妇有长舌，维厉之阶。
> 乱匪降自天，生自妇人。匪教匪诲，时维妇寺。（《诗经·大雅·瞻卬》）

这首诗是讽刺昏聩的周幽王宠幸褒姒，倒行逆施，导致国家灭亡。这里直接把褒姒（哲妇）比作鸱鸮，说"长舌妇"坏了国家大事。

> 翩彼飞鸮，集于泮林。食我桑葚，怀我好音。憬彼淮夷，来献其琛。
> 元龟象齿，大赂南金。（《诗经·鲁颂·泮水》）

这是一首歌颂鲁僖公平定淮夷的叙事诗，诗中把被征服的敌人喻为鸮，故前两句大意为：当初的恶声之鸟如今翩翩飞来，栖居在泮水边的树林。

下面这首，是中国最早的"禽言诗"，全诗如下：

> 鸱鸮鸱鸮，既取我子，无毁我室。恩斯勤斯，鬻子之闵斯。迨天之未阴雨，彻彼桑土，绸缪牖户。今女下民，或敢侮予？予手拮据，予所捋荼。予所蓄租，予口卒瘏，曰予未有室家。予羽谯谯，予尾翛翛，予室翘翘。风雨所漂摇，予维音哓哓！（《诗经·豳风·鸱鸮》）

诗中以一只悲伤的母鸟的口吻，先控诉鸱鸮的恶行：既抓走了它的雏鸟，又毁坏了鸟巢。然后又叙述自己辛辛苦苦修补鸟巢，尽管累得焦头烂额，但还是觉得身处在风雨飘摇之中。

《诗经》之后，在中国古典诗歌传统中，"鸱鸮"几乎成了恶鸟、恶人、阴险之类的代名词。不仅如此，在民间也有好多人认为猫头鹰"阴气重"，不吉利。

有趣的是，东西方文化对猫头鹰有不同的评价。在古希腊神话传说中，智慧女神雅典娜的爱鸟就是猫头鹰。因此，在西方文化中，猫头鹰是智慧的象征。

而到了近现代，随着对猫头鹰了解的深入，我们中国人对这种鸟的态度有了很大改观。先是从实用的角度来看，猫头鹰善于捕鼠，是有利于农业的"益鸟"；后来，大家又觉得它长得可爱，很萌，因此喜欢猫头鹰的人越来越多。现在，从我多年从事新闻报道的经历来看，在宁波，极大多数人都知道猫头鹰是国家保护动物，因此在遇到鸟儿受伤等情况时会及时出手救助。

真心希望，这种集神秘、智慧、勇猛于一身的鸟儿，能在大地上永久地、更好地续写传奇。

嗨，小翠！

"啊！翠鸟，翠鸟！"我喊道。

"它飞得好快！就像一支蓝色的箭射过湖面！"一位妈妈激动地说。

曾带孩子们在日湖公园观鸟，运气不错，居然两次见到翠鸟。一次是看到它在湖上掠过，另一次是发现它停在小河边的树枝上伺机捕鱼。

翠鸟，跟麻雀差不多大，善捕鱼。因其羽色艳丽，娇小可爱，被鸟人们昵称为"小翠"。小翠不是罕见鸟，在宁波市区的月湖公园、绿岛公园等几个有水域的公园，在郊外的小河边以及四明山的溪流里，都可以见到。

普通翠鸟   翠鸟科

体小（15厘米）、具亮蓝色及棕色的翠鸟。上体浅蓝绿色，颈侧具白色点斑；下体橙棕色，颏白。幼鸟色黯淡，具深色胸带。常出没于开阔郊野的淡水湖泊、溪流、运河、鱼塘及红树林。栖于岩石或探出的枝头上，转头四顾寻鱼而入水捉之。

【翠鸟科】

属小型及中型的结实的鸟，有长而直如匕首般的喙，脚短，通常羽色艳丽。大部分生活在森林或疏林，常在水边出现，也有生活在离水远的林地。以鱼为主食，但有些种类会捕食螺贝、甲壳类、节肢动物、昆虫、蛙类、爬虫、鸟类及小型哺乳类等。筑巢于通道洞穴中，产圆而白的卵。（据《台湾野鸟手绘图鉴》）

河边伺机捕鱼的翠鸟

它喜欢停在水边的枝条、苇秆、树桩、石头等上面，静静地低头注视水面，一旦发现小鱼踪迹，就会立即弹射入水。它的眼睛能迅速调整水下因为光线折射造成的视觉误差，因此在扎入水中后还能保持极佳视力，故捕鱼本领很强。出水后，通常会返回原地。

守株待"鸟"

翠鸟机警异常，殊难接近。刚拍鸟的时候，我好几次撞见它，但由于心急，都被鸟儿先发现了我，不及按快门，它就已飞走了。

后来我决定采用守株待兔的方法。

2010年夏天，鸟友在东钱湖发现了一对正在育雏的小翠夫妇。它们筑巢在附近的一个泥洞里，翠鸟夫妻每天早晚忙着捕鱼，带回家给洞里的孩子吃。我们研究了它们的捕食、飞行路径，决定在其必经的湖畔搭好迷彩的伪装帐篷，隐蔽起来拍小翠。

好多次，我在凌晨4点起床，驱车直奔东钱湖，在太阳露出山头之前就钻进迷彩帐篷，架好"大炮"等候翠鸟。

"滴滴！滴滴！"伴着发电报般的清脆叫声，小翠飞来准备捕食了。没多久，一只雄鸟叼了条鱼儿，飞掠过来，停在树桩上。可怜的小鱼，还在拼命甩尾挣扎呢。

只见这位鸟爸爸衔着鱼使劲左甩右拍，搞得水花四溅，树桩上尽是鱼鳞与血迹，原本活蹦乱跳的鱼儿很快被敲晕甩死了。这时，翠鸟爸爸又把鱼往空中一抛，等接住的时候，已经是鱼头朝外，然后它迅速飞走，给家里的宝宝喂食去了。

鱼头得朝外？对，这是一个有趣的细节：如果小翠最终把鱼头朝向自

翠鸟甩鱼

己喉咙，那么这美餐就归它自己了；反之，鱼头朝外的话，就是给孩子们去吃的。不仅育雏期如此，早在求爱的时候，雄鸟逮鱼向雌鸟献殷勤，也会把鱼头朝外，喂食给自己的亲爱的。为什么要这样？因为鱼头比较硬、鱼尾比较软，而且按鱼刺的长法，也是先鱼头后鱼尾比较顺，总之是为了便于吞咽。

那年，曾连续出现39℃以上的高温天，从早晨5点到7点多这段时间还可以拍拍，接下来在毒辣的阳光下，帐篷里气温飙升，闷热难耐。这时，小翠也怕热，基本不出现了，为避免中暑，我也只好在7点多就撤退。

翠鸟争鱼

2009年8月23日清晨6点48分，我拍到了迄今为止最有戏剧性的小翠故事。地点还是在东钱湖，不过具体位置换了，是在环湖东路旁的一个池塘——可惜如今池塘旁造了酒店，人太多，翠鸟都不敢来了。

　　那天一大早，我就在池塘边蹲守。稍后，只见翠鸟爸爸叼着一条小鱼飞来，就停在离我最近的那根竹竿上。它的一个孩子也几乎同时赶到，停在略微下面一点，张开嘴巴讨鱼吃。

　　一见这难得的场景，我就来了劲，摁住快门不放！突然，相机取景器里又出现了一个翠鸟宝宝，它从远处飞来后又立即在空中急刹车，鼓翅悬停——哇，抢鱼来了！

　　先到的那只翠鸟宝宝扭头一看，啊呀，事情不妙啊，当即张嘴表示强烈抗议！

　　后来的那位也不是省油的灯，继续张开大嘴猛扑过来！

　　啊呀，怎么啦怎么啦，鸟爸爸竟然叼着鱼飞走了！看来，鸟爸爸见兄弟俩为了一条小鱼而争吵，生气了，干脆谁也不给吃，还是给老老实实待在家里的第三个孩子吃吧。此前，我就已注意到，这对翠鸟夫妇育有3个孩子，它们都

翠鸟争鱼

已经出窝了。

那天,我拍完这组照片,竟激动得忍不住在荒郊野外独自拍起手来。

哈哈,现在想起来,真的好傻。

告别"点翠"

童年时,我曾坐在老家河边的船上钓鱼,发现一只色彩鲜艳的小鸟从芦苇枝上扑向水面,转瞬间就叼起了一条小鱼。当时我并不晓得这是什么鸟,后来才明白这是翠鸟。顺便说一句,翠鸟的规范中文名应该叫"普通翠鸟"。这不奇怪,好多鸟名都带有"普通"二字,如普通鸬鹚、普通秧鸡、普通鵟等。

当女儿航航读小学三年级时,她不会像我小时候一样去河边钓鱼了,但她的语文课本中有一篇关于翠鸟的课文,并且配有一幅插图。有一天我偶尔拿过来一看,越看越觉得这幅翠鸟图别扭,原来,这幅图至少有三个地方画错了:

一、嘴不应该是全红的。实际上,雄翠鸟嘴全黑,而雌鸟也就是下喙的基部是红色而已;二、上喙画得太长了,应该是上下喙等长;三、胸前应该是单纯的橙红色,并没有鱼鳞纹。

有一篇跟翠鸟有关的有名的寓言:

> 翠鸟先高作巢以避患,及生子,爱之,恐坠,稍下作巢。子长羽毛,复益爱之,又更下巢,而人遂得而取之矣。(明·冯梦龙《古今谭概》)

意思是说,翠鸟因为爱护孩子,恐雏鸟坠落受伤,而两次把巢移到更低的地方,结果反而被人方便地把小鸟给抓走了。且先不管现实中是否真有

翠鸟会移巢，我觉得奇怪的是，我所看到的所有译文都想当然地说，翠鸟先是在树的高处筑巢，然后又把巢移到树的低处。这个说法与事实不符。因为翠鸟科的鸟类并不像一些雀鸟那样在树上搭建鸟窝，它们通常是在河岸、泥壁上挖洞（或利用原有洞穴）为巢。

　　关于翠鸟，还有一件事曾闹得沸沸扬扬。2015 年，一位有名的京剧演员在微博上炫耀她的"点翠"头饰,结果在网上引起轩然大波,无数网友指责她毫无生态保护意识,也没有爱心。

点翠,是一种传统的饰品制作工艺,在明清达到极盛。这种工艺,是金属与羽毛的结合,需要捕捉大量翠鸟,然后拔取其背部的蓝色羽毛镶嵌在饰品表面。如今,随着生态保护观念逐渐深入人心,点翠这项古老的"精湛"技艺也已经没落,取而代之的,是烧蓝等现代工艺。

我相信这位演员本无恶意,她的炫耀更多的是出于无知。

有句话说:保护源于关心,关心从了解开始。以上所举例子,都是因人们对翠鸟不熟悉(当然更不会真心喜爱)造成的。

当在野外见到翠鸟的时候,让我们轻轻地说一声:

"嗨,小翠!"

这就很好。

翡翠不是玉，鱼狗亦非狗

翡翠不是玉，鱼狗不是狗，蜂虎不是虎，戴菊不是花……宁波鸟友"古道西风"曾写过一篇文章，专门探讨这些稀奇古怪的鸟名，我看了不禁会心一笑。是的，不要以为这是在胡言乱语，翡翠、鱼狗、蜂虎、戴菊等，确实都是鸟的名字。

其中，前三者都属于佛法僧目的鸟类。翡翠与鱼狗属于翠鸟科，善捕食鱼虾、蛙类、昆虫等；蜂虎属于蜂虎科，是喜欢捕食蜜蜂、蜻蜓、蝴蝶等飞虫的鸟，浙江仅有蓝喉蜂虎一种分布，可惜宁波未曾发现过，且不管它。而戴菊属于雀形目戴菊科，是迁徙路过宁波的罕见小鸟。这里专门谈谈翡翠和鱼狗。

翡翠不是玉

从古汉语的最初意义来说，翡翠确实原本就是指鸟，而与玉无关。查《说文解字》：

【翠鸟科】

为色彩亮丽的一类鸟。许多种类体羽具金属蓝色，腿及尾短，头形大，具强壮的长嘴，捕食昆虫及小型脊椎动物。一些种类捕鱼为食。

翡，赤羽雀也。出郁林，从羽，非声。

翠，青羽雀也。出郁林，从羽，卒声。

这里说得很清楚，"翡"是羽毛赤红色的鸟，"翠"是羽毛青色的鸟，它们都产自茂密的树林。后世之人觉得玉的颜色跟翡翠鸟的羽色很相像，慢慢地就以翡翠指玉，作为鸟名的翡翠反而逐渐不为人所知。

在宁波有三种翡翠，都不常见。相对易见的是蓝翡翠，白胸翡翠比较罕见，而赤翡翠最为稀有，迄今只在象山的外海岛屿上有过一笔记录。蓝翡翠是宁波的夏候鸟，白胸翡翠是留鸟，而赤翡翠属于迁徙路过的旅鸟。不管哪一种，它们都具有鲜红的、又粗又厚的喙，而且特别大，简直与鸟的身体在比例上有点不大协调。

蓝翡翠 　　　　　翠鸟科

体大（30厘米）的蓝色、白色及黑色翡翠鸟。以头黑为特征。翼上覆羽黑色，上体其余为亮丽华贵的蓝色／紫色。两胁及臀沾棕色。飞行时白色翼斑显见。喜大河流两岸、河口及红树林。栖于悬于河上的枝头。较白胸翡翠更为河上鸟。

蓝翡翠在宁波山区附近的清澈河流边有望发现，也有鸟友曾在市区绿岛公园内的池塘边见过它。但这是一种非常"鬼"的鸟，很难接近。我曾多次在野外见到它停在树枝或电线上，但没有一次能成功靠近它的。好机会出现在2012年6月，鸟友在余姚的四明山脚下的一处"烂尾别墅"旁，发现了蓝翡翠的巢。

鸟友把别墅的窗口都用黑色的遮阳网罩起来，只留若干便于把"大炮"伸向窗外的洞洞。这样，大家就可以隐蔽在别墅里，舒舒服服地等待蓝翡翠的到来了。

蓝翡翠在泥壁上挖洞筑巢

别墅旁是一处断崖式的黄土壁，附近有水塘。蓝翡翠在这块泥壁离地约 20 米的位置挖了个洞，作为巢穴。在泥壁上挖洞筑巢，这个习性跟翠鸟是一样的。我去拍的时候，那里的一对蓝翡翠正忙着喂养刚破壳不久的雏鸟。亲鸟总是叼着食物在附近的树枝上停一下，然后再飞进洞里。

这是一种外形奇特的鸟儿，而且大自然的画笔在它身上的用色极为大胆：鲜红的大嘴、浓黑的头部与翼上覆羽、洁白的脖颈与胸部、亮蓝的背部与尾羽、橙色的腹部与胁部。此外，似乎是与喙相呼应，它的又粗又短的脚也是红色的。总之，属于看过一次就绝对忘不了的鸟。

翡翠的菜单

然而，蓝翡翠育雏时的"食谱"告诉我们，在它美艳的外表下，藏着一颗强悍的心。我亲眼看到一对蓝翡翠夫妇叼来小龙虾、知了、蜥蜴、泽陆蛙等猎物，这还不算什么，有的鸟友甚至还拍到鸟儿衔着一条长长的竹叶青（剧毒蛇）飞来。总而言之，不论水里游的、地上爬的，还是天上飞的，都可能成

知了、小蛙等都成了蓝翡翠的美餐

为挂在蓝翡翠的血红大嘴上的美食。

　　估计是附近水塘里小龙虾特别多的缘故吧，蓝翡翠抓得最多的还是小龙虾。尽管没有人类的十三香、蒜泥、麻辣等那么多复杂的做法，蓝翡翠在吃之前也是需要对小龙虾采取一番特殊处理的。这也正是鸟人们拍摄"火力"最猛的时候，"噼噼啪啪"的快门声堪比机关枪，专业相机以每秒十张进行高速连拍，记录这令人震撼的场景：

　　只见鸟儿用粗壮的脚紧紧抓住树枝，然后叼住小龙虾猛地甩头，击打在树枝上，顿时水珠与血水齐飞。可怜的虾一开始还徒劳地高举着双螯，垂死挣扎，但转瞬间，这对螯便在快速的甩击中脱落，不知飞到哪里去了。然而蓝翡翠并不罢休，继续拼命运用"甩头功"，一会儿，小龙虾的坚硬的头部与尾部也已稀巴烂，甚至掉落了。这时，蓝翡翠终于停止甩击，叼住支离破碎的小龙虾轻轻往上一抛，张口接住中间的那段肥美虾肉，要么自己吞食，要么飞入洞里喂小鸟了。

　　古人说"翡"是"赤羽雀"，"赤羽"特

征在蓝翡翠身上表现不明显，毕竟它只有腹部、胁部为橙色，而在白胸翡翠、赤翡翠身上就表现得很显著了。赤翡翠可谓"从头到脚"都是红棕色，背部还略微泛着紫色。而白胸翡翠远看就是一只"红头翡翠"，尽管它的飞羽上也有跟蓝翡翠差不多的蓝、黑两色，但从头部、颈部并下延到胁部、腹部，均为大块的红褐色。当然，鸟如其名，白胸翡翠的胸前就像系着一块雪白的餐巾。跟绝大多数翠鸟科的鸟类一样，这是一种完全肉食性的鸟。在白胸翡翠的菜单上，既有昆虫、蜘蛛、蜗牛等无脊椎动物，也有鱼虾、蜥蜴、蛙类、蛇类，乃至小鸟等，真可

白胸翡翠　　　　　　翠鸟科

　　体略大（27厘米）的蓝色及褐色翡翠鸟。颏、喉及胸部白色；头、颈及下体余部褐色；上背、翼及尾蓝色鲜亮如闪光（晨光中看似青绿色）；翼上覆羽上部及翼端黑色。性活泼而喧闹，捕食于旷野、河流、池塘及海边。

谓"嘴大吃四方",可见其性情相当凶猛。遗憾的是,迄今我尚未在本地见过白胸翡翠,几次见到它都是在外地的电线上。

花斑钓鱼郎

在宁波有两种鱼狗分布,分别是斑鱼狗与冠鱼狗,前者相对多见,后者在本地很罕见。它们都是黑白两色的鸟,虽不像翡翠那般艳丽,但见过的人都很难忘,不仅因为它们的外形,更因为它们的"个性"。

很多鸟人第一次见到斑鱼狗,都是看到它在水域上面的高空振翅悬停,有时伴随着尖厉如哨音的鸣叫声。你会忍不住赞叹:这小小的鸟啊,怎么会有如此高超的空中停留本领?当然,它消耗如此大的能量不是为了炫技,而是在低头注视水中鱼儿的动静。一旦有所发现,就迅速抓住时机俯冲入水捕猎。于是,你又会佩服:它的视力真好啊!

我运气不错,有一次以超近距离拍到了斑鱼狗。2009年8月的一天清晨,在东钱湖畔的一个水塘旁,我躲在车里,静静等待水雉、翠鸟等鸟儿,忽见一只斑鱼狗从远处飞来,急速振翅停在空中。我心中默念:如果能飞下来,停在水塘中的那些竹竿上该多好啊!

那天真的如有神助。几分钟后,这

斑鱼狗　　　　　　　　　　翠鸟科

中等体形(27厘米)的黑白色鱼狗。与冠鱼狗的区别在体形较小,冠羽较小,具显眼白色眉纹。上体黑而多具白点。初级飞羽及尾羽基白而稍黑。下体白色,上胸具黑色的宽阔条带,其下具狭窄的黑斑。雌鸟胸带不如雄鸟宽。成对或结群活动于较大水体及红树林,喜嘈杂。唯一常盘桓水面寻食的鱼狗。

上图：俯冲捕鱼的斑鱼狗

家伙真的翩然而下，如我所愿就停在离我不到十米的水中竹竿之顶。幸福来得太快，我简直不敢相信自己的眼睛，赶紧在车窗上架稳"大炮"，然后把脸隐藏在相机后面，大气也不敢喘，唯恐把鸟儿惊飞了。

第一次如此近距离观赏俗名为"花斑钓鱼郎"的斑鱼狗：造物主虽不曾用艳丽的色彩打扮它，但黑白分明的羽色一样让人印象深刻，尤其是微微耸起的冠羽和洁白的长眉纹让它看上去颇为时尚。它那黑色的喙不像翡翠那样粗厚，而更像常见的翠鸟那样尖而直；作为相应的配套，它的短而有力的脚也是黑色的。

它浑然不知岸边有人在拍摄，自顾自在竹竿上梳理羽毛、搔首弄姿，偶尔还仰头叫唤几声。忽然，它停了下来，眼睛注视着水面，出击！水花四溅，可惜，落空了。它很遗憾，我也很遗憾。

2017 年 5 月，在慈城新城中心湖上空，我又一次见到了斑鱼狗在悬停。这也是我第一次见到鱼狗出现在城市社区旁。

"怒发冲冠"大鱼狗

鱼狗，顾名思义，就是会抓鱼的"狗"。如果斑鱼狗与冠鱼狗一起出现，你马上会觉得，前者是小弟，后者是大哥 —— 无论在体形上还是在气质上。冠鱼狗的羽色跟斑鱼狗差不多，但块头比斑鱼狗大很多，尤其是那犹如怒发冲冠的"爆炸式"发型，使它显得非常酷，威武无比。

我第一次见到冠鱼狗，是 2006 年 8 月。那天我和李超一起去皎口水库附近拍鸟，远远望见，几十米外的大坝下游的河畔凉亭下的铁栏杆上似乎停着一物，举起镜头当望远镜一瞧，心都差一点跳了出来：冠鱼狗！匆匆先拍了几张，两人当即往前急跑。可惜那时候刚拍鸟，没经验，沉不住气，往前跑得太急，一时鲁莽把鸟惊走了！从此以后，我再也没有在宁波见过冠鱼狗。2014年，有鸟友在余姚大隐镇附近的溪流边拍到了冠鱼狗，我闻讯后去守候了好几次，可惜均无缘得见。

冠鱼狗　　　　　　　　翠鸟科

体形非常大（41厘米）的鱼狗。冠羽发达，上体青黑并多具白色横斑和点斑，蓬起的冠羽也如是。大块的白斑由颊区延至颈侧，下有黑色髭纹。下体白色，具黑色的胸部斑纹，两胁具皮黄色横斑。常光顾流速快、多砾石的清澈河流及溪流。飞行慢而有力且不盘飞。

　　倒是在外地，有幸近距离拍到了冠鱼狗。2009年6月，我休假到河南董寨国家自然保护区拍鸟一周。在董寨，我住在鸟类最丰富的王大湾村的农民家里，那地方冠鱼狗很多，树枝上、电线上不时可以看到。一天清晨，我扛着"大炮"刚出门，就有一只冠鱼狗一边发出"桀桀"的粗哑叫声，一边从我身后赶上来，然后停在前方的溪流边伺机捕鱼。稍后，它俯冲下去，逮住了一条鱼，在地上"吧嗒吧嗒"甩鱼呢。它要把鱼甩晕或甩死了，以便于吞咽。我一开始没有拍，而是想猫腰下到溪里，低角度拍，结果被它发觉，眼睁睁看着它叼着小鱼飞走了，心中懊恼无比。

　　当日傍晚，我在村外的田野上坐着，正无聊呢，忽然又听到从附近的溪边传来了冠鱼狗的叫声。赶紧下去，却又见它往上游飞了，好在没有飞远，就停在不远处的枯枝上。它背朝着我，低头注视下方的水面。我边拍边慢慢接近。忽见冠鱼狗离枝而去，我以为它又要跑了，没想到它是冲入水中去抓鱼，可惜扑了个空，飞上来，停在原枝上，这回是正面朝我了。哈哈，挺配合的嘛，让我正面背面都拍个够。只见它冠羽蓬松，怒眼圆睁，看起来凶巴巴的，蹲在那里，真像一只狗。

次日,4位杭州鸟友也来到了董寨。其中一位对我说,你的鸟运向来很好,今天就跟着你了。他话音刚落,一只冠鱼狗竟尖叫着飞来,停在附近的树枝上……快门声顿时如机枪扫射般响成一片。拍完,他笑呵呵地看着我说:瞧! 没办法,不服不行,这么快就应验了!

拍鸟就是这样,有时遍寻、苦等皆不得,有时又突然间心想事成,天遂人愿。其中奥妙,只有天知道;其中快乐,唯有鸟人最能体味。

威风凛凛的冠鱼狗

会抓鱼的"水葫芦"

大家都知道有一种俗称"水葫芦"的外来植物，即原产巴西的凤眼蓝，有时会因过度繁殖而堵塞河道，在宁波不少水域也有生长。不过，在宁波还有一种很常见的小型水鸟，它有个外号，也叫"水葫芦"——因为这种鸟的外形又圆又短，时而浮于水面，时而潜入水下，在水上浮浮沉沉宛如葫芦，故名。

对了，它正式的大名是"小䴙䴘"，只要稍有观鸟经验的人都见过它。"䴙䴘"（音同"辟梯"），又是一个古老、生僻且难写的鸟名，在成书于汉代的《说文解字》里就有了这个名字。

曾经带孩子们观鸟，见到小䴙䴘时，我就开玩笑说，如果大家实在记不住这么复杂的词，不妨暂时先记住"小 PT"，只要不说成"流鼻涕"就行啦。小朋友们都哈哈大笑。

在中国有分布的䴙䴘共 5 种：小䴙䴘、凤头䴙䴘、黑颈䴙䴘、角䴙䴘与赤颈䴙䴘，善于潜水捕鱼是它们共同的看家本领。在宁波，除赤颈䴙䴘无确切记录外，其余 4 种都有：小䴙䴘为常见留鸟，凤头䴙䴘是常见冬候鸟，

【䴙䴘科】
　　䴙䴘为小至中型的似鸭水禽。嘴尖、翼短、颈直、趾具瓣蹼，羽长而柔软如丝。善潜水，一次可在水下待数分钟。食物为鱼类及水中昆虫。营巢于水上的浮游植物。

黑颈䴙䴘是不常见冬候鸟，而角䴙䴘为罕见冬候鸟。说来有趣，本地4种䴙䴘中，除小䴙䴘外，其余3种均为"红眼睛"。

熟悉而陌生的朋友

小䴙䴘真的太常见了，只要是稍微像样一点的池塘或小湖，水质过得去，有些水生植物，基本上都能见到它们，比如在市区的日湖公园就有不少。平时，小䴙䴘多数是单独或成对活动，但到了冬季，在海边的湿地中，有时会见到数十只乃至一百多只的大群。

但常见归常见，真认得它的人却不多。很多人看见在水面上游的小䴙䴘，都会说："瞧，小野鸭！"或许，在不少人眼里，凡是在水面上漂浮着的鸟都可以称之为野鸭。

当然，之所以会有这样的误判，是因为绝大多数的人从未认真观察过

小䴙䴘（冬羽） 䴙䴘科

体小（27厘米）而矮扁的深色䴙䴘。繁殖羽：喉及前颈偏红，头顶及颈背深灰褐，上体褐色，下体偏灰，具明显黄色嘴斑。非繁殖羽：上体灰褐，下体白。

小䴙䴘：其他不说，鸭科鸟类的嘴通常是扁扁的，而小䴙䴘的嘴却是尖尖的。你若有望远镜，再加上合适的距离，就可以看清楚小䴙䴘的长相：小小的、圆滚滚的身体，"眼白"太多的小眼睛闪着难以言说的眼神，有点呆萌，有点狡黠，有点警觉……总之，这实在是一种很有趣的鸟。

小䴙䴘几乎不会在陆地上行走，也不善飞行，所以悠游于江湖是它的最爱。若有人走近，它的第一反应是将身

在非繁殖期，小䴙䴘的羽色比较素净

体往前一耸，头先尾后（高速快门有时会抓拍到最后入水的尾部的一撮尖尖的毛），钻入水下 —— 就跟它潜水抓鱼时的动作一样，等它再露出水面时，早已在安全的远处。有时实在被逼急了，它才会先在水面踏波助跑，然后作短距离飞行，随即又落入水中。小鸊鷉脚上有蹼，身体灵活，在水底追鱼很内行，在鱼多的地方，有时甚至会看到受惊的鱼儿蹿出水面。当然，小家伙嘴太小，只能抓小鱼小虾。

　　2008 年 12 月，在慈溪杭州湾畔的鱼塘内还出现了一只全白的小鸊鷉，当时引起了省内外观鸟爱好者的高度关注。我也特意赶去拍它，发现这个鱼塘内生活着近 10 只小鸊鷉，唯独一只是纯白色的。看起来，这只比较"另类"的小鸊鷉并没有被伙伴们排挤，它生活得很正常，而且潜水捕虾的成功率还特别高。

罕见的白化小鸊鷉

两只小鸊鷉在争斗

　　其实，这是一只得了白化病的小鸊鷉。动物的"白化"现象是由于遗传基因发生了变化，导致体内黑色素合成发生障碍所致。白化现象在哺乳类动物、鱼类、鸟类、爬行类和两栖类动物中都可能发生。人类中也有得白化病的，俗称"天老儿"。白化动物在生理、生活与智能发育上，几乎和正常动物一样，只是眼睛往往有怕光现象，视力也差些。此外，白化动物生存也不易，因为目标比较显眼，容易被天敌发现。

"爱恨交织"的池塘

　　春日的池塘，既是小鸊鷉们谈情说爱、生儿育女的地方，也是它们争风吃醋、大打出手的战场。有一年4月，在慈溪海边的一个水塘内，不时传来小鸊鷉独特的尖厉颤音，竟有好几只小鸊鷉在不同的角落"捉对厮杀"，水面上弥漫着看不见的硝烟。

我隐蔽在岸边，用"大炮"拍下了两只小鸊鷉打架的全过程。跟人一样，它们在动手之前，先面对面用很高的音调怒骂几声，骂了还不解恨，其中一只便率先发动攻击，只见它迅猛地向对方扑过去，用尖嘴猛啄对方。双方瞬间扭打在一起，一会儿跳起来猛踹一脚，一会儿摁在水面下翻腾，只见水花四溅，竟分不清谁是谁，也判断不了谁胜谁负。打了好一会儿，其中一只终于吃不消了，企图撤退，但它的对手已杀红了眼，马上又追上来猛顶撤退者的屁股。被顶的那只惊讶地回头大叫一声，好像在说：大哥，我都讨饶了你还这么狠啊?! 是的，就是这么狠。心怯逃跑的那只明显已体力不支，企图遁入水下，谁知被进攻者跳起来猛啄，逃跑者无奈再次奋起迎战，双方有时竟嘴对嘴咬在一起。最后，失败者几乎被打得肚皮朝天，那胜利者才得意地收手。

等争夺地盘与配偶的硝烟散去，小鸊鷉夫妻便开始筑巢。它们的家，真可谓"浮家泛宅"，有的安在芦苇丛中，有的甚至安在浮动的水草上，亲鸟叼来草叶、草茎等物，垒成一个小窝。刚破壳不久的雏鸟长得极为可爱：黑

小鸊鷉一家

色且多褐色条纹的身体，看上去像个小绒球；粉嘟嘟的小嘴，尖端是白色的；乌溜溜的眼睛，流露出稚气的神情。三四个小宝宝游累了，或者有点风吹草动，就会躲在妈妈（或许是爸爸，因为小䴙䴘雌雄难分）背部的羽毛中，只探出一个个小脑袋，像坐船一样，甚是自在。当爸爸叼着小鱼小虾回来，小家伙们便立即兴奋起来，争相钻出妈妈的羽翼，扑腾着柔嫩的翅膀，张开小嘴抢鱼虾吃。那时候，看着这温馨的一幕幕，我又觉得，这池塘美丽得像是在童话中。

华丽换"春装"

中国5种䴙䴘的冬羽（即非繁殖羽）与夏羽（即繁殖羽，又名婚羽）均完全不同，换羽前后可以说是"判若两鸟"。最早，从2月下旬开始，䴙䴘们就开始换羽了。它们都开始脱下色彩低调的"冬装"，逐渐换上明艳的"春装"，到3月下旬，绝大部分的䴙䴘都已换装完毕。对鸟儿来说，它们费尽心思打扮，并不是为了参加派对，而是为了赢得心上人的芳心，顺利举办自己的婚礼。

秋冬时节的小䴙䴘，完全就是一只褐色的鸟，羽色比麻雀还单一。而在春夏繁殖季，它却成了一只近乎黑红色的鸟，尤其是暗红的颈部在阳光下还微微泛着金属光泽，嘴边还具有明显的浅黄色斑。

凤头䴙䴘是宁波体形最大的䴙䴘，冬天在海边的水库中最容易看到。它静静地在水面徜徉，脖子修长，姿态妩媚，回头时宛如嫣然一笑的淑女。在冬羽时期，凤头䴙䴘的喉部是雪白的，所谓的"凤头"也只是一小撮微微翘起的短发。一旦换成繁殖羽，其喉部就变成了黑红色，仿佛下巴上长了威猛的络腮胡子，而"凤头"则成了很酷的"爆炸式"的发型，如同狮王一般。

凤头䴙䴘（冬羽）　　　　　　　　　　䴙䴘科

体大（50厘米）而外形优雅的䴙䴘。颈修长，具显著的深色羽冠，下体近白，上体纯灰褐。繁殖期成鸟颈背栗色，颈具鬃毛状饰羽。

春天到来，会有少量的凤头䴙䴘没有北迁，而是留在浙江繁殖。这时，热恋中的雌雄凤头䴙䴘身披盛装，在碧波上跳起婚舞，节奏热烈奔放，舞姿优美天然，令人类的探戈自愧弗如：它们衔着水草，直立于水面，仿佛跟着激烈的鼓点，时而相向踩水而来，时而并排快速踏波而行，纤长秀美的脖子时而挺直时而弯曲，仿佛在互相深情致意。

黑颈䴙䴘的换装幅度更大，完全可

凤头䴙䴘（繁殖羽）

以用"华丽转身"来形容。冬羽的它，全身都是素净的黑白灰：灰黑的头部与背部、从白过渡到灰的喉部，除了眼睛血红之外，一切都平淡无奇。到了2月底3月初，少量黑颈䴙䴘开始急不可耐地脱去冬装，浓墨重彩地打扮起来，总体来看，是主色调由"黑白灰"变成了"黑金红"：整体仍是偏黑色的，但这黑色之中已经融合了深红；最炫的部位当属头部，眼后长出了一簇呈扇形散开的金色的丝状饰羽，让它看起来气度非凡，如同即将出席盛大舞会的贵妇人，不惊艳

黑颈䴙䴘（冬羽）　　　　　䴙䴘科

　　中等体形（30厘米）的䴙䴘。繁殖期成鸟具松软的黄色耳簇，耳簇延伸至耳羽后，前颈黑色，嘴较角䴙䴘上扬。冬羽：与角䴙䴘的区别在嘴全深色，且深色的顶冠延至眼下。颈部白色延伸至眼后呈月牙形，飞行时无白色翼覆羽。

黑颈䴙䴘（繁殖羽）

全场决不罢休。

角鸊鷉的换装模式跟黑颈鸊鷉有点相似，可惜我没有亲眼见过角鸊鷉的繁殖羽。

伏击拍鸊鷉

所有的鸊鷉都警觉怕人，稍有动静，就轻轻腾身一跃潜入水中，无影无踪。因此，想要近距离拍到它们实为不易。

有一年冬天，我们得到了一个拍黑颈鸊鷉的好机会。那时候，在镇海的岚山水库的一侧，尚有一个小小的供渔民使用的码头，水边总是停泊着一两艘小船。有鸟友偶然发现，由于码头边小鱼成群，因此吸引了成群的黑颈鸊鷉围拢过来捕鱼。我闻讯过去，躲在小船的船舱里，把"大炮"架在舷边，只露出脑袋（其实也是隐藏在相机后面），即可拍摄。果然，由于鱼儿多，黑颈鸊鷉们忙着追逐美食，胆子明显变大，有时竟会游到离我只有三四米的地方。

说起角鸊鷉，那可是罕见的宝贝，这种鸟数量稀少，被列为国家二级保护动物。在宁波，十余年来我只见到过两次，每次都只见到一只。粗粗一看，冬羽的角鸊鷉长得挺像黑颈鸊鷉，但有两个特征泄露了它与众不同的身份：一、嘴角边有一条红色的"血线"；二、嘴尖跟小鸊鷉一样，呈白色。

角鸊鷉（冬羽）　　　　鸊鷉科

中等体形（33厘米），体态紧实，略具冠羽。繁殖羽：清晰的橙黄色过眼纹及冠羽与黑色头成对比并延伸过颈背，前颈及两胁深栗色，上体多黑色。冬羽：比黑颈鸊鷉脸上多白色，嘴不上翘，头显略大而平。

迎面游来的角䴙䴘

　　第一次拍到角䴙䴘，是 2007 年 12 月，在岚山水库，镇海鸟友信信首先发现了它。第二次，是 2015 年 12 月，在慈溪的四灶浦水库，是鸟友"古道西风"发现的。后来，我们去拍的时候，发现这只角䴙䴘始终沿着水库的岸边附近巡游觅食，从水库的某个角一直游到对角线另一端的一个角。一开始，我们跟着它的前进轨迹追拍，但始终拍不好，再说从堤岸上居高临下俯拍，这角度也不大理想。后来，大家弄明白它的活动规律之后，决定打一场"伏击战"。水库的一侧，有一个半岛状的突出部，我们就事先趴在该突出部的草丛中，把"大炮"搁在豆袋上，然后以卧姿"瞄准"。果然，没多久，角䴙䴘便迎面而来，越游越近，大家终于拍到了几乎与水面平行的低角度、近距离照片！尽管拍完站起来时，个个腰酸背疼，手掌也被石子硌得生疼，但个个笑逐颜开。

　　对于这只角䴙䴘，原本我们有更高的期望，即希望在次年早春时拍到它的婚羽。然而，天不遂人愿，别说拍到它的婚羽，实际上没过多久，这只角䴙䴘就找不到了。

七色鹭

一把青秧趁手青,轻烟漠漠雨冥冥。

东风染尽三千顷,白鹭飞来无处停。

南宋诗人虞似良的《横溪堂春晓》,为我们描绘了一幅色彩清新的春色图:秧田碧绿,烟雨迷蒙,鹭羽胜雪,轻舞飞扬。分布广泛的白鹭,以其优美的身姿、亲水的习性,可谓天然入诗入画,历来为文人所宠爱。

不过,鹭鸟其实有好多种,羽色各不相同。关于宁波有分布的鹭鸟,除了最常见的白鹭,你还能说出几种不同鹭的颜色?

我统计了一下,大致可以说有7种,分别是白、灰、黄、红、黑、绿、褐。故不妨称为"七色鹭"。

湖畔邂逅"黄小鹭"

哪里可以欣赏到这些色彩缤纷的鹭?先从一个堪称神奇的小小芦苇荡

【鹭科】

　　鹭为大型的长腿涉禽,广布全世界。颈长、嘴长且直,呈矛尖形,用以捕捉鱼类、小型脊椎动物及无脊椎动物。飞行时易与琵嘴鹭及鹳区分,因为鹭飞行时颈弯曲呈S形。

说起。

2017年，我选择慈城新城中心湖，作为城市社区绿地观鸟的一个优质样板，进行了持续观察。这个湖是前几年开挖的人工湖，面积达26.9公顷，约为月湖水域面积的3倍，其周边为城市社区。一条湖心堤贯穿全湖，堤旁有一片位于水中的芦苇荡。这个芦苇荡面积只有区区数百平方米，但由于完全处于水中，故不受人打扰。

我常去那片芦苇荡旁观鸟、拍鸟，最容易见到的就是白鹭与夜鹭。5月的一天，刚到那里，就听到东方大苇莺在"呱呱叽、呱呱叽"地叫。然后，又用望远镜仔细"扫描"，忽见芦苇丛与湖水相接处露出一只黄色的鹭，竟然是黄斑苇鳽（音同"间"）！

黄斑苇鳽是鹭科苇鳽属的水鸟，属于宁波的夏候鸟，也是宁波体形最小的鹭鸟，只有白鹭的一半大小，故有个俗名叫"黄小鹭"。它全身以棕黄色为主，两翼尖端及尾部黑色，喜欢栖息在既有开阔水面又有大片芦苇和蒲草等水生植物的湿地环境中，以鱼、虾、蛙、水生昆虫等为食。一般来说，这种鸟在海边的芦苇荡中相对常见，而在城区则很少见得到。前几年，我偶然在日湖公园见到过一两只。

黄斑苇鳽有个习性，就是喜欢双脚分叉，分别撑住一根芦苇，眼睛紧盯着水面，伺机捕鱼。它耐心很好，可以保持这个姿势很久，那模样很像专业体操运动员。在这片芦苇荡中，至少有两只黄斑苇鳽，它们有时静静地"守株待鱼"，有

黄斑苇鳽 鹭科

体小（32厘米）的皮黄色及黑色苇鳽。

成鸟：顶冠黑色，上体淡黄褐色，下体皮黄，黑色的飞羽与皮黄色的覆羽成强烈对比。

"守株待鱼"的黄斑苇鳽

时在芦苇丛中蹑手蹑脚潜行，看哪儿有小鱼。晨昏之时，这对黄斑苇鳽常会飞出来，通常是从芦苇荡飞到远处湖岸的水生植物丛内。白鹭等鹭鸟由于体形相对较大，因此飞行时振翅比较舒缓，而"黄小鹭"身体轻巧，故飞行时振翅很快，就像雀鸟一般。

"红与黑"鹭鸟相继现身

此后某日的清晨 5 点多，我在湖畔守候时，忽然瞥见一个红色的影子在低空掠过，随即落入芦苇丛中，不见踪影。当时就想，莫非是罕见的栗苇鳽？七八年前，曾在镇海的沿海湿地及东钱湖畔等个别地方见到过这种红色的鹭鸟，但后来一直没有再找到过它。当时心里颇为激动，于是继续耐心守候。等了近一个小时，这红色的影子又飞了起来，随即落下，还好落在芦苇丛的边缘，这下看清楚了，果然是栗苇鳽！真是又惊又喜。

它似乎胆子很小，起初始终缩着脖子躲在植物的阴影里，一动不动。过了一会儿，才有点放松，慢慢伸长了脖子。清晨6点多的阳光照到了它的身上。忽然，栗苇鳽又起飞了，再次不见踪影。

栗苇鳽也是宁波的夏候鸟，大小介于黄苇鳽与白鹭之间。其雄鸟几乎全身均为栗红色，因此不容易被错认。栗苇鳽喜欢栖息于芦苇荡、沼泽、水塘等湿地环境中，白天行踪隐秘，多在晨昏和夜间活动、觅食。

几天后，再次来到这片芦苇荡观鸟。首先看到一只黄斑苇鳽在芦苇丛边缘出现了，它的双脚紧紧抓出左右两侧的芦苇，把脖子伸得长长的，就像一把利剑指向水面。忽然，这把"剑"猛地刺向水中，激起一片水花。可惜，一击不中，没能抓到小鱼。

正在替黄斑苇鳽惋惜之际，忽见芦苇荡上空有黑色的鹭影飞过。顿时又大吃一惊，心想难道那是罕见的黑苇鳽？但又想，或许刚才看到的只是夜鹭的深色后背。耐心等了很久，终于真的看到两只黑苇鳽从芦苇荡里面一前一后飞了

栗苇鳽 鹭科

　　体形略小（41厘米）的橙褐色苇鳽。成年雄鸟：上体栗色，下体黄褐，喉及胸具由黑色纵纹而成的中线，两胁具黑色纵纹，颈侧具偏白色纵纹。雌鸟：色暗，褐色较浓。

黑苇鳽 鹭科

　　中等体形（54厘米）的近黑色鳽。成年雄鸟：通体青灰色（野外看似黑色），颈侧黄色，喉具黑色及黄色纵纹。雌鸟：褐色较浓，下体白色较多。

出来，看来是一对儿，应该是在这里繁殖育雏了。傍晚6点左右，黑苇鸦开始活跃起来，居然在湖面上空来回飞了好几趟，得以让我抓拍到了清晰的飞行姿态。仔细看才发现，其实这种鸟的羽色应该是很深的青灰色，只不过乍一看是黑色罢了。

黑苇鸦也是宁波的夏候鸟，体形比白鹭略小，俗名乌鹭、黄颈黑鹭等。这种鸟所喜欢的栖息地环境跟黄苇鸦、栗苇鸦差不多，生性也比较羞怯、警觉，白天常隐匿在湿地植物中，黄昏及夜晚比较活跃。

绿鹭与"麻鹭"

如此一来，在慈城新城中心湖的芦苇荡中，居然生活着5种鹭，分别为白鹭、夜鹭、黄斑苇鸦、栗苇鸦、黑苇鸦。这5种鹭的羽毛的主要颜色分别为白、灰、黄、红、黑，已经有了"五色之鹭"。那么其他两种羽色分别为绿色、褐色的鹭，又是什么呢？

绿色的，就是绿鹭，它是宁波少见的夏候鸟。但有意思的是，前几年，在姚江畔的绿岛公园，居然连续多年有一对绿鹭来安家繁殖。那时候的绿岛公园，尚未改造，故园中植被茂密，多荫蔽之地，游客也不多；且园内有池塘，园外是姚江，多面环水，是鹭鸟爱栖之地。

我最初发现绿鹭，是在公园大门口附近的姚江大闸边。那时候，大闸也是旧的，不像现在改造后有那么多玻璃外

绿鹭　　　　　　　　鹭科

体小（43厘米）的深灰色鹭。成鸟顶冠及松软的长冠羽闪绿黑色光泽，两翼及尾青蓝色并具绿色光泽。腹部粉灰，颊白。

墙，当时有很多白鹭、夜鹭等鸟儿排队一般站在闸门旁的水泥柱上，伺机捕鱼，可能是因为开闸放水之处鱼儿比较多吧。有一天，我忽然发现其中居然有一只绿鹭！绿鹭远看似灰色，但近看的话，会发现它的头顶、翅膀及尾部都闪烁着暗绿色的光泽。

这家伙在鹭鸟中也是个小个子，比白鹭小很多。但这只绿鹭颇为能干，我亲眼见到它猛扑入水，转瞬间就叼上来一条银闪闪的挺大的鱼。附近有只白鹭看着眼红，仗着自己身高马大，竟奔过来企图抢鱼。绿鹭掉头就跑，躲到了水泥柱后面，终于保住了劳动果实。

起初我以为就只有一只绿鹭，直到有一天我在公园的池塘边发现了一只绿鹭的幼鸟，方知这里起码有一对绿鹭在繁殖。

至于"褐色的鹭"，则是指大麻鳽。它是宁波的冬候鸟，常栖息在海边

绿鹭很会捕鱼

大麻鸭　　　　　　　　鹭科

　　体大（75厘米）的金褐色及黑色鸭。顶冠黑色，颏及喉白且其边缘接明显的黑色颊纹。头侧金色，其余体羽多具黑色纵纹及杂斑。

芦苇地中，不常见。这家伙体形虽大，但全身褐色且多黑色斑纹，因此具有极好的保护色，有时在你眼前也未必能发现它。而且，这鸟儿有个"绝技"，就像《中国鸟类野外手册》上所说的"有时被发现时就地凝神不动，嘴垂直上指"。是的，就是这样，它就像是自己给自己点了穴道似的，在芦苇丛中凝固成了一个小雕像，而笔直指向天空的嘴乍一看还以为是一根折断了的芦苇。大麻鸭的飞行姿势也很搞笑，这家伙身材矮胖，飞起来的时候如果不看翅膀，那简直就像是一个"两头尖、中间圆"的纺锤在空中掠过。

大麻鸭喜欢生活在芦苇荡中

识别"七色鹭"有窍门

多年的观鸟记录表明,在宁波地区,至少分布着以下 15 种鹭鸟:白鹭、中白鹭、大白鹭、黄嘴白鹭、夜鹭、牛背鹭、池鹭、岩鹭、苍鹭、草鹭、绿鹭、黄斑苇鳽、栗苇鳽、黑苇鳽、大麻鳽。这些鹭鸟中,白鹭、夜鹭、苍鹭、大白鹭等在宁波几乎四季都可见到,而大麻鳽为冬候鸟,其余的则以夏候鸟为主。另外,根据有关资料,紫背苇鳽也完全可能在宁波有分布,但由于其非常罕见,因此近年来未曾有确切的观测记录。

现在,我们再以羽色为标准,对以上 15 种鹭进行一下不是很严格的归类:

白色系:白鹭、中白鹭、大白鹭、黄嘴白鹭、牛背鹭。

灰色系:夜鹭、苍鹭。

黑色系:黑苇鳽、岩鹭。

黄色系:黄斑苇鳽。

红色系:栗苇鳽。

绿色系:绿鹭。

褐色系:大麻鳽。

混色系:草鹭、池鹭。

白色系的几种鹭,对缺乏经验者,有时在野外会觉得难以区分。先来准确认识白鹭:其雪白的身体、黑色的喙及黄色的脚爪,是区别于其他白色鹭鸟的鉴别特征。在繁殖期,白鹭的脑后会有两根长长的白色饰羽。这种饰羽是中白鹭、大白鹭所没有的。唐代诗人白居易曾为此写过一首《白鹭》诗,颇为有趣:"人生四十未全衰,我为愁多白发垂。何故水边双白鹭,无愁头上亦垂丝。"白鹭很聪明,有时会在浅水中故意抖脚以惊动鱼儿,趁

这两只白鹭不是在对舞，而是在打架

机捕食。

中白鹭比白鹭体形略大，而脚趾为黑色，嘴在繁殖期为黑色，非繁殖期则为黄色。大白鹭一般难以被认错，因为它的体形实在比白鹭大太多了，而且脖子非常长，以至于呈特殊的扭曲。黄嘴白鹭，属于濒危物种，也是宁波最少见的鹭，仅在迁徙季节在海边有过记录，它的嘴为黄色，而脚爪为黑色。牛背鹭的繁殖羽，头部金黄，故不会被认错，但一过繁殖期，其全身均为白色，很容易被误认为白鹭。但请大家仔细看，牛背鹭的嘴是黄色的、脚趾是黑色的，还是跟白鹭明显不同的。

灰色系的夜鹭与苍鹭不大会搞错。夜鹭的大小跟白鹭几乎一样，其成鸟的背部接近黑色，而两翼及尾部为灰色，因此很多人将其称为"灰鹭"，而亚成鸟的体色较为斑驳。但不管是成鸟还是亚成鸟，夜鹭的眼睛都是红色的，这也是这种鸟区别于其他鹭鸟的特征。名为"夜鹭"，可见这种鸟喜欢

白鹭 鹭科

　　中等体形（60厘米）的白色鹭。与牛背鹭的区别在体形较大而纤瘦，嘴及腿黑色，趾黄色，繁殖羽纯白，颈背具细长饰羽，背及胸具蓑状羽。

中白鹭 鹭科

　　体大（69厘米）的白色鹭。于繁殖羽时其背及胸部有松软的长丝状羽，嘴及腿短期呈粉红色，脸部裸露皮肤灰色。

大白鹭 鹭科

　　体大（95厘米）的白色鹭。嘴较厚重，颈部具特别的扭结。繁殖羽：脸颊裸露皮肤蓝绿色，嘴黑，腿部裸露皮肤红色，脚黑。非繁殖羽：脸颊裸露皮肤黄色。站姿甚高直，从上方往下刺戳猎物。

黄嘴白鹭 鹭科

　　中等体形（68厘米）的白色鹭。腿偏绿色，嘴黑而下颚基部黄色。繁殖羽时嘴黄色，腿黑色。繁殖期脸部裸露皮肤蓝色。（戴美杰／摄）

夜鹭 鹭科

　　中等体形（61厘米）、头大而体壮的黑白色鹭。成鸟：顶冠黑色，颈及胸白，颈背具两条白色丝状羽，背黑，两翼及尾灰色。

牛背鹭 鹭科

　　体形略小（50厘米）的白色鹭。繁殖羽：体白，头、颈、胸沾橙黄；虹膜、嘴、腿及眼先短期呈亮红色，余时橙黄。非繁殖羽：体白，仅部分鸟额部沾橙黄。

池鹭 鹭科

　　体形略小（47厘米）、翼白色、身体具褐色纵纹的鹭。繁殖羽：头及颈深栗色，胸紫酱色。冬季：站立时具褐色纵纹，飞行时体白而背部深褐。

岩鹭 鹭科

　　体形略大（58厘米）的白色或炭灰色鹭。有两种色型：灰色型较常见，体羽清一灰色并具短冠羽，近白色的颏在野外清楚可见。

苍鹭 鹭科

　　体大（92厘米）的白、灰及黑色鹭。成鸟：过眼纹及冠羽黑色，飞羽、翼角及两道胸斑黑色，头、颈、胸及背白色，颈具黑色纵纹，余部灰色。

草鹭 鹭科

　　体大（80厘米）的灰、栗及黑色鹭。特征为顶冠黑色并具两道饰羽，颈棕色且颈侧具黑色纵纹。背及覆羽灰色，飞羽黑，其余体羽红褐色。

在黄昏、夜间捕食。因此，在傍晚的时候，它们会不时在水面上空来回飞翔、巡视，一发现鱼儿就立即像猛禽一样扑下来。苍鹭的个头很大，嘴偏黄，夜鹭则小很多，且嘴为黑色。

　　黑色系的两种鸟也不会弄错，一来黑苇鳽与岩鹭外观差异明显，二来两者栖息的环境也不同：黑苇鳽喜欢芦苇荡等湿地，而岩鹭在宁波很罕见，迄今只在渔山列岛等个别海岛上曾有发现。岩鹭也有白色型，但宁波未见。

　　黄、红、绿、褐四色的鹭鸟，特征明显，也不会与其他鹭鸟搞混。

　　而属于"混色系"的草鹭、池鹭，也不易与其他鹭鸟搞混。草鹭在宁波属于罕见的夏候鸟，体形较大，仅次于大白鹭与苍鹭，其羽色比较丰富，有栗、灰、褐、白等多种。池鹭则是常见夏候鸟，个子比白鹭要小，在繁殖期，它的头部棕红如雄狮，相当威武，背部呈蓝黑色，其余部分为白色。

　　宁波有这么多的鹭，如何让它们与城市环境和谐共存，是一个值得思

集群迁徙的鹭鸟（除个别为白鹭外，其余均为牛背鹭）

考的问题。或许，慈城新城中心湖所创造的"奇迹"能给我们一些启示。这个湖的绿地景观设计比较接近自然，沿湖种了许多芦苇、黄菖蒲等水生植物。这些植物群落给鸟类提供了良好的栖息、觅食场所。而湖心堤旁那片四面环水的岛状芦苇荡，则环境更佳。这片芦苇离岸最近处有二三十米，有效隔绝了人为干扰。因此，尽管它的面积不是很大，但显然已经成了鸟类乐园。

一言以蔽之，鸟儿的要求其实并不算很多，只要我们尽力多给它们保留或创造一些比较天然的环境，它们就能回报给我们很多美丽。就像宋代徐元杰的那首《湖上》所描述的那样：

花开红树乱莺啼，草长平湖白鹭飞。

风日晴和人意好，夕阳箫鼓几船归。

当飞鸟爱上溪流

生活在宁波，最幸福的事情之一，就是出城只需大半个小时，就可以到达四明山脚下的溪流。若有闲暇，到野花夹道的溪畔小路走一走，或者干脆脱了鞋子，坐在水中石头上，让潺潺清流欢快地淌过脚背，有时还会有小鱼游来啄食脚上的老皮 …… 心里就算有再多的烦恼，也会顿时消散大半。

爱溪流的不仅仅是我们人类。且不必说小鱼、虾蟹，也不必说各种蛙类与蝾螈，就连一些鸟儿，也依赖溪流而生。在宁波，至少有 5 种鸟，终生离不开清澈的山涧。按照在本地从常见到罕见的程度，这 5 种鸟的大致排序为：红尾水鸲（音同"渠"）、白额燕尾、褐河乌、小燕尾、白顶溪鸲。

快乐的"红尾巴"

我相信，其实很多人都在四明山里见过红尾水鸲 —— 因为这种鸟几乎在每一条溪流中都有，但真正留意过它们的人不多。是的，粗粗一看，这并不是一种令人惊艳的鸟儿：圆滚滚的小身体，跟麻雀一般大，羽色并不明丽，鸣声也称不上婉转动听。

但你若能耐心在溪边坐下来，仔细观察它们（有望远镜更佳），就一定会被它们的快乐所感染。"居 —— 居 ——"不远处传来这悠长的又尖又

红尾水鸲 鸲科

体小（14厘米）的雄雌异色水鸲。雄鸟：腰、臀及尾栗褐，其余部位深青石蓝色。雌鸟：上体灰，下体白，灰色羽缘成鳞状斑纹，臀、腰及外侧尾羽基部白色。几乎总是在多砾石的溪流及河流两旁，或停栖于水中砾石。尾常摆动。在岩石间快速移动。炫耀时停在空中振翼，尾扇开，作螺旋形飞回栖处。

细的鸣声，忽然，一只青黑色的小鸟从上游翩然飞至，停在突出于水中的石头上。"居——居——"它又鸣唱了起来。你会觉得奇怪，这个小不点难道也会武林高手的"隔空传音"功夫吗？这么细的声音为何能穿透湍急水流的喧哗而传出百米之远？

在你还没弄明白这个高深的问题的时候，更令人惊奇的一幕出现了：只见它边鸣叫边上下弹动着鲜红的尾羽，忽然，在某一个瞬间，尾羽如扇子一般全部打开。在那一刻，这段溪流仿佛变成了小鸟的舞台，奔流的溪水具有背景与伴乐的双重作用，这红尾水鸲雄鸟落落大方地在这段属于自己的水域中尽情表演，傲然宣示着自己神圣不可侵犯的领地。当人眼看不清的昆虫从水面上空飞过，它便突然起飞，在空中精准地叼住小虫，然后一个漂亮的螺旋，正所谓兔起鹘落，眨眼间又落回原地。

没过多久，又一只圆圆的小鸟飞来了，尽管唱着同样的歌声，但"外套"的颜色与前一位完全不同：头部与背部均为灰褐色，胸腹部密布鱼鳞状斑纹，尾羽亦非鲜红，而是半白半灰。这衣着朴素的"村姑"，实乃刚才那位的伴侣。

这对小夫妻共同享有这段溪流，它们会允许褐河乌、燕尾等鸟儿出现，但绝不欢迎别的红尾水鸲过来，尤其在春夏繁殖期。春末夏初，是红尾水鸲的繁殖高峰时节。亲鸟始终不辞劳苦地捕食昆虫以养育雏鸟。这活泼开朗的一对，哪怕是在捕食最忙碌的时候，也不忘歌唱。有一次，我注意到，一只雌鸟尽管嘴里衔着七八只蚊蝇，但"居居"的鸣声依旧奇异地传了过来。一开始我不明白，后来翻资料才知道，跟其他鸣禽一样，红尾水鸲也是由结构复杂且发达的鸣管控制发音的，因此发声时不一定要像人类一样张开嘴。

有一年5月，我们在海曙区章水镇的樟溪旁发现了一个红尾水鸲的巢。真没想到，它们竟然安家在两三层楼高的石壁顶部的"屋檐"下。这位置非常隐蔽，若不是事先一直跟踪拍摄这对红尾水鸲夫妇，经常看到它们叼着

红尾水鸲雌鸟在喂食雏鸟

红尾水鸲雄鸟

虫子往上面飞，一般是不可能发现的。在高倍望远镜里，我看到，由枯草、苔藓等编织成的碗状巢安置在石间的凹陷处，一旁还有植物遮挡。亲鸟每隔几分钟就会轮流来喂食一次，鸟爸鸟妈在溪流上空捕虫，然后飞过溪畔公路，在巢下方的树枝或石头上稍作停留观望，确认安全后才飞到巢中喂小鸟。经仔细观察，我发现了一个有趣的现象，即十次喂食中有八九次都是喂虫子，但也会有一两次喂的是类似蓬藁（音同"磊"，俗称野草莓）那样的浆果。我想，莫非它们也在给孩子们补充维生素吗？

一周多后，雏鸟离巢，开始在溪边活动。但亲鸟还会继续喂养一段时间才离开，让孩子们独立生活。

爱翻白眼的"巧克力鸟"

在有红尾水鸲的地方，时常也能见到褐河乌。不过，褐河乌似乎比前者更挑剔一些，它们偏爱较宽广、更湍急且有很多大石头的溪流。红尾水鸲为雀形目鹟科的鸟类，而褐河乌属于雀形目河乌科。中国的河乌就两种：河乌与褐河乌。前者只分布在西部部分地区，而后者在大半个中国都有分布。河乌胸前白色，而褐河乌全身都是深褐色，故得了个外号叫"水乌鸦"。不过，我们宁波鸟人老马给了褐河乌一个更好的昵称：巧克力鸟。我觉得这是对其羽色的

褐河乌　　　　　　　　　　河乌科

体形略大（21厘米）的深褐色河乌。有时眼上的白色小块斑明显。常见于海拔300—3500米的湍急溪流，常栖于巨大砾石，头常点动，翘尾并偶尔抽动。在水面游泳然后潜入水中似小䴙䴘。炫耀表演时两翼上举并振动。

常"翻白眼"的褐河乌

褐河乌会潜水捕食

完美描述。

我第一次见到褐河乌，是2006年夏天在皎口水库下游的桥洞下。那天本来和鸟友李超在拍红尾水鸲，忽见一只如乌鸫大小的褐色鸟儿在急流中半浮半潜，似在觅食。我大吃一惊，心想这真是逆天了，林鸟也会游泳捕鱼了？李超说，这是褐河乌啊，不常见的。

后来就迷上了这外貌毫不出众的鸟儿——就因为第一眼所见的神奇。一有空，就到樟溪中寻找它。起初没经验，老是试图逼近它，但这家伙警觉得很，很快就发觉了扛着"大炮"鬼鬼祟祟猫腰潜行的我，马上贴着水面急速向上游或下游飞去，边飞边发出大惊小怪的"桀,桀"叫声，这声音要有多粗哑就有多粗哑。

后来学乖了，于是选择它经常觅食的某段溪流，干脆在一旁长时间坐等。经过一段时间的"相望两不厌"，褐河乌终于对我有了信任。它开始大大方方地在离我不到十米的地方觅食。近距离看，其实这是一种有点帅气的鸟儿。虽然衣服不甚光鲜，但当它独自站在急流中央的石头上不停地翘尾巴并作点头状的时候，还真有一点顾盼自雄的风采。它的脚为铅灰色，但有的个体的脚看上去竟银闪闪发亮，而且强劲威武，能在急流中紧紧抓住湿滑的石头，保持自身稳定。

有时，它站定在溪中，低头入水，在水下搜寻食物，有时能逆水潜行一小段，出水时嘴里常会叼着一条鰕虎鱼或一只小虾，也可能是一种虫子。据说褐河乌很喜欢吃蜻蜓的稚虫即水虿（chài），可惜我没有拍到过这场景。作为一种雀形目的鸟，能在激流之下从容觅食，得归功于造物主赋予它的两件法宝。其一，羽毛防水性很强，潜泳出水后基本不沾水；其二，眼睛构造比较特别。所有拍过褐河乌的鸟友都注意到了，褐河乌特别会"翻白眼"（那一瞬间真的挺像奥特曼）。其实这"白眼"是鸟类都有的具有保护、润湿

眼球作用的瞬膜（又称"第三眼睑"），而褐河乌的瞬膜更特殊更强大，不仅能帮助鸟儿长时间在水下觅食，据说还能起到矫正水中视像的作用——就跟翠鸟一样。

我没有见过褐河乌的巢，但怀疑有一对褐河乌筑巢在樟溪的一个涵洞内，因为我曾见到亲鸟在附近给离巢的幼鸟喂鰕虎鱼。褐河乌的亚成鸟全身密布鱼鳞状斑纹。

有人说，红尾水鸲和褐河乌一个"通吃水上"，一个"遍吃水下"，相互间并没有太大的竞争，因此能在同一段溪流中和谐相处。这也是造物既神奇又有趣的地方吧。

身穿燕尾服的绅士

白额燕尾　　　　鹟科

　　中等体形（25厘米）的黑白色燕尾。前额和顶冠白（其羽有时耸起成小凤头状）；头余部、颈背及胸黑色；腹部、下背及腰白；两翼和尾黑色，尾又甚长而羽端白色。喜多岩石的湍急溪流及河流。飞行近地面而呈波状，且飞且叫。

同样终生离不开溪流，白额燕尾与小燕尾对生境的喜好又有所不同。它们也是雀形目鹟科的鸟，因其尾羽末端分叉似燕尾而得名。据我多年的观察，白额燕尾较少出现在开阔、一览无余的大溪流，而更偏爱植被遮蔽较好的小溪，小燕尾则非常喜欢上游有瀑布的地方。

"吱——吱——"这叫声细微而拖长，快结束时忽然有点上扬。不消说，这是白额燕尾隐匿在溪畔的灌木丛附近。你得十分耐心而且安静，才有望一睹这位害羞的绅士的风采。瞧，它出来了，站在溪边石头上，身披黑白分明的燕尾服，长长的尾羽使得它愈发风度翩翩，而洁白的额头又让它多了一分贵族气质。阳光偶尔照到鸟儿身上，你会发现，它的背部其实并非纯正的黑色，而是隐隐泛着蓝。

它总是很小心，不时警惕地观望着，稍有风吹草动，就又"吱"的一声，急急飞离，再次隐身在了暗处。印象中，唯一一次见到比较大胆的白额燕尾，是它在育雏捕食的时候。只见它在溪畔的水田中缓步前行（哪怕在觅食时，也依旧保持不慌不忙的气度），不时啄取水生昆虫。我们几个鸟人趴在一旁拍，它也似乎不以为意。或许，是养育好几个娃的生活压力让它暂时把谨小慎微抛在了一边。

我曾在鄞州区东吴镇的一条阴暗的小溪旁，偶然见到一个白额燕尾的巢。巢呈深碗状，是用大量枯草、落叶、苔藓、细枝等构筑而成，非常精巧细

育雏中的白额燕尾

白额燕尾的巢

小燕尾　　　　　　　鸫科

　　体小（13厘米）的黑白色燕尾。尾短而叉浅。其头顶白色、翼上白色条带延至下部且尾开叉。甚活跃。栖于林中多岩的湍急溪流尤其是瀑布周围。尾有节律地上下摇摆或扇开似红尾水鸲。

腻，显然建造时极为费时费力。而且，巢的外形、质感与溪流的岸壁浑然一体，具有很好的保护色。巢中有4枚蛋，蛋的外壳密布暗红色的细小斑点。过了一段时间再去，发现亲鸟已经在育雏，不时叼一些飞蛾之类的昆虫进巢喂食。我悄悄拍了几张，随即离开。

　　白额燕尾在宁波还算常见，但小燕尾却难得一见。这也是一种黑白分明的鸟，但体形娇小，比麻雀还略小一点点，尾羽的分叉也很浅。小燕尾第一次在我面前亮相，就立即征服了我的心。2007年4月底，我到衢州市开化县参加"全国鸟类摄影年会"——戏称为"全国鸟人大会"，后来专门去了一趟钱江源。在沿着陡峭的石阶往上爬的时候，目睹一只小燕尾竟在瀑布旁几乎垂直于地面的石壁上，冒着飞扬的水花，脚踩湿滑的青苔，振翅如飞轮，逆水而上，捕捉小虫。那时我简直看呆了，心想这小不点儿怎么会如此神勇？！

　　但起初在宁波一直未见过小燕尾。直到2013年，才偶然在龙观乡的一条深山溪流的上游瀑布旁见到一只。在本地见到这可爱的鸟儿，当时别提有多开心了。说来也奇怪，此后几年，竟陆续在五龙潭景区、海曙区横街镇境内的溪流，以及奉化棠云的溪流等好几个地方，都见到了它们，但概率不高，需要好运气。

小燕尾活泼好动，习性颇似红尾水鸲。这家伙个子虽小，但胆子一点儿都不小，就像一个不谙世事的顽童，不知道怕人。2016年早春，我带女儿到四明山中游玩，忽见一只小燕尾在溪中觅食。当时我没有带长焦镜头，相机上只装着焦距为100毫米的微距镜头。我趴在地上，一点一点往前挪，最后离那小家伙竟只有一米左右。于是，仅凭微距镜头也拍到了挺不错的照片。女儿航航在一旁看着，也非常吃惊。

《中国鸟类野外手册》上说小燕尾"营巢于瀑布后"，这也让我很惊奇，莫非这小鸟也学美猴王，家住水帘洞？

在瀑布旁逆水而上的小燕尾

用 100 毫米微距镜头拍摄的小燕尾

溪中忽现"小妖怪"

宁波最罕见的溪流鸟类,无疑是白顶溪鸲。跟红尾水鸲一样,它也属于鸲科。

到目前为止,白顶溪鸲在宁波只出现过一次,而且仅有一只。所以,我们鸟人将其称为"小妖怪"——意为本地出现的近乎不可思议的鸟类。那是在 2014 年 2 月中旬,春寒料峭,尽管溪畔的第一批宽叶老鸦瓣已经绽放,但有一天还飘了零星小雪。鸟友"农民"到余姚大隐镇芝林村的"浙东小九寨"景区玩,偶然在溪流里拍到了一只从未见过的小鸟:全身羽色是经典的黑红搭配,而头顶是显著的白色。我见到照片后大吃一惊,这不明明是白顶溪鸲吗?宁波也有这种鸟?一直以来,大家都认为本地的生活在溪流中的鸲,就只有红尾水鸲。

自然,我们都赶去拍了。跟红尾水鸲一样,它不是特别怕人,而且它也喜欢弹动尾巴,有时甚至会把整条尾巴直竖起来。这实在是一种气质高雅的鸟,就像是一位内着红色长裙的女士,外披黑色长披肩,头戴白色的别致小帽,俏然独立于溪中。"她"显然注意到了溪边有一排长枪短炮在对准自己,于是时而挺立,时而轻跃,时而回眸,俨然如 T 台上的模特,摆出各种妖媚的 POSE 给摄影师们一次拍个够。

白顶溪鸲并非罕见鸟,在我国中西

白顶溪鸲　　　　鸲科

体大(19 厘米)的黑色及栗色溪鸲。头顶及颈背白色,腰、尾基部及腹部栗色。雄雌同色。特征为常立于水中或于近水的突出岩石上,降落时不停地点头且具黑色羽梢的尾不停抽动。求偶时作奇特的摆晃头部的炫耀。

漂亮优雅的白顶溪鸲

部山区溪流中可谓广布。2012年10月，我在云南大理苍山上的溪流中第一次拍到了这种鸟。但它们在浙江确实很少见，近年来只在浙西的部分地区有零星记录。因此，"农民"发现的白顶溪鸲，就成了当年度的宁波鸟类新分布记录。顺便说一句，2017年，绍兴鸟友在当地也发现了白顶溪鸲，由此，从浙西到浙东，这种鸟算是有了连续分布。

然而很可惜，仅仅几天以后，芝林村的这只白顶溪鸲就神秘地消失了。从此以后，宁波再无这种鸟的消息。迄今为止，我们仍不知道，它到底是原本就定居在四明山中的土著居民呢，还是从外地迁徙过来，然后绕一圈又回去了？这成了一个谜。

涓涓细流，发于深山，乃成溪涧，或奔入水库，或流经平原，通过乡村与城市，一路向东，汇入海洋。当飞鸟爱上溪流，这淙淙的水声，从此更多了美学的意义。

火烈鸟之谜

"今年又出'妖怪'了!"这句话如果出自鸟人之口,那么他的语气里一定充满了惊喜,因为他的意思是说:最近某地发现超级罕见乃至不可思议的鸟类了。

最近几年,在宁波,也曾出现过好多鸟类"妖怪"记录:从体形上分,有大妖怪,也有小妖怪;从地域来分,则有山林妖怪、远洋妖怪、北方妖怪、外国妖怪等,可谓形形色色,无所不有。不过,无论从哪方面看,其他各类"妖怪"都无法与大火烈鸟这种"超级大妖怪"相提并论。

言归正传。野生火烈鸟出现在宁波?这不是开玩笑吧?是的,这事绝对靠谱!2017年4月中旬,在杭州湾畔,我们在渔民的帮助下,冒险涉水,终于逐步接近并拍摄到了一对珍贵的稀客——大火烈鸟,又称大红鹳。令人高兴的是,这种鸟儿属于宁波鸟类新记录。

大红鹳(即大火烈鸟)　　红鹳科

体大而甚高(130厘米)的偏粉色水鸟。嘴粉红而端黑,嘴形似靴,颈甚长,腿长,红色,两翼偏红。亚成鸟浅褐色,嘴灰色。习性:结群活动。飞行时颈伸直。多立于咸水湖泊,嘴往两边甩动以寻找食物。

"超级大妖怪"突现宁波

那天，我收到林业部门工作人员的报料，得知海边出现了两只大火烈鸟，于是驱车来到位于宁波杭州湾新区海边的一块面积巨大的浅水湿地。一开始，用肉眼没有找到大火烈鸟，后来改用高倍望远镜慢慢搜索，才终于发现在前方约1公里外的湿地中央，有两只长脖子的白色大鸟在漫步，不时低头觅食，它们的身上有明显红色羽毛。果然，是大火烈鸟！我马上把这一好消息告诉了几位鸟友，"古道西风"随即赶来。

可惜，两只大鸟丝毫没有向岸边靠近一点的意思，离我们的距离实在太远，因此，尽管拥有专业的"大炮"，还是只能模糊记录一下它们。

近中午时分，我们找到了一位渔民，请求帮助。我们先坐小船前行，但

2017年4月出现在宁波的两只大火烈鸟

由于水比较浅，船底很快就搁住水底淤泥，没法开动了。但那时离鸟儿的距离还是非常远。幸亏经验丰富的渔民在出发时还在船后拖了一块很大的泡沫板，于是我们坐上了泡沫板，由渔民牵引着继续前行。

最后，连牵引都很难了，无奈之下，我们只好脱去长裤，抱着"大炮"，小心翼翼地冒险涉水前行。水本来不深，只到膝盖左右，但脚底下的淤泥很软，一踩下去，淤泥本身就已快到膝盖，于是实际上水位已接近腰部。

海边的风很大，水浪不停地拍打过来，以至于很难拿稳沉重的摄影器材。后来灵机一动，把"大炮"搁在插在水中央的竹竿上，就当是有了一个"独脚架"，才勉强可以拍摄。最后的拍摄距离在两百米左右，在镜头中，已经可以清晰地看到两只大火烈鸟的动作细节。与其庞大的身躯相比，它们的脖子显得特别细长，而最有个性的是镰刀形的嘴，其前端黑色，弯曲向下。当它们飞起来的时候，鲜红的翅膀特别明显。

由于对鸟儿来说，我们还是跟它们保持了一定的安全距离，因此这一对大火烈鸟依旧悠闲地边走边觅食。它们始终在芦苇荡附近找吃的，估计在那里的水底有丰富的食物。

三年前的"火烈鸟大年"

这不是大火烈鸟第一次出现在杭州湾南岸。

2014年11月中旬，在靠近余姚的绍兴上虞的滨海湿地，余姚鸟友老徐也曾发现了大火烈鸟，当时引起了省内众多观鸟、拍鸟爱好者的关注。那时，这只大火烈鸟主要在上虞境内活动，因此当时很难确认它是宁波鸟类的新记录。而2017年4月在杭州湾新区海边发现的这对大火烈鸟，则"铁板钉钉"地为宁波增添了一个本地野生鸟类新记录。

　　2014 年秋，得知这"耸人听闻"的消息后，我也赶到了海边，根据鸟友指点找到了这位"稀客"。只见一只大火烈鸟独自站在广阔的湿地内的一个半干水塘中。周围有不少鸟友的"大炮"远远对着它，而身材高挑的它，恰似一位气度非凡的名角，不慌不忙，傲然站在舞台中央。它偶尔会起飞绕塘一圈，仿佛在进一步展示自己的风采。

　　后来，更多的信息表明，跟 2012 年秋天的杂色山雀"爆发"类似，2014 年成了中国的火烈鸟大年！以下是国内鸟友梳理的，关于 2014 年秋冬时节国内出现大火烈鸟的不完全统计：

　　11 月中旬，江苏如东县沿海湿地，发现两只大火烈鸟；

　　11 月 22 日，山东东营市黄河三角洲国家自然保护区，发现一只大火烈鸟；

　　11 月 23 日，在河北省蔚县白草村乡，村民院中来了一只生病的大火烈鸟幼鸟，后将其送往北京野生动物园进行救治；

12 月 1 日，天津北大港湿地的冰面上出现了 6 只大火烈鸟。这是迄今为止在我国境内发现最大的火烈鸟种群；

12 月 5 日，河北易县发现一只大火烈鸟，体力较弱，但当救助小组靠近到 10 米左右时，它奋力飞上天空；

同年 11 月至 12 月，在青海省可鲁克湖和托素湖景区、新疆木垒哈萨克自治县黑山头水库、西安渭河湿地也出现了 1 到 3 只不等的大火烈鸟。

野生的？逃逸的？

火烈鸟主要栖息在温热带盐水湖泊、沼泽及礁湖的浅水地带，如河口、滩涂以及沿海或内陆湖泊，主要靠滤食藻类和浮游生物为生。火烈鸟羽毛的红色并不是鸟儿本来的羽色，而是来自其摄取的浮游生物。

亚洲有大火烈鸟和小火烈鸟分布。小火烈鸟在印度西部有少量分布。小火烈鸟整个喙都是深色，极易与大火烈鸟区分开。大火烈鸟主要分布在中美洲及南美洲、非洲、南欧、中亚及印度西部。

那么，大火烈鸟怎么会出现在杭州湾的？

在 2014 年秋天的时候，好多人就已经问过这个问题。一开始，有很多鸟友都怀疑它是从附近城市的动物园逃出来的。我也专门致电问过宁波雅戈尔动物园，对方称没有火烈鸟逃逸。后来大家判定，这些大火烈鸟 2014 年在中国（尤其是沿海地区）突然密集出现，应该是由于某种未知的原因，在迁徙过程偏离了正常的轨道所致。因此，按照专业的说法，它们属于"迷鸟"，即迷途之鸟。一般认为，在中国东部地区出现的大火烈鸟属于它们的中亚种群。

2017 年 4 月，在鸟类春季迁徙高峰期，两只大火烈鸟出现在宁波，估计也是在旅途中由于某种原因偏离了方向，才来宁波海边做客了。据帮助我们拍摄的那位渔民说，早在我们过来拍摄的八九天前，他就发现了这两只奇怪的大鸟。看来，这片水草丰茂的湿地，把两位贵客挽留住了。等它们在这里补充完能量，将继续迁徙之旅。

秧鸡不是鸡

"日湖水面上经常有一些黑色的小野鸭。"不止一个人跟我这么说过。

"那不是野鸭，是黑水鸡。"我说。

"鸡?! 鸡怎么会游泳?"

"呃，这个……这个鸡，不是一般的鸡，而是一种秧鸡。"我一时不知该如何回答。我知道，对方对于"秧鸡"这个词肯定也是一头雾水。

农历 2017 年是鸡年，春节前我写了一篇"鸡年说鸡"的应景文章《宁波雉鸡知多少》发表在晚报上，引起了很多读者的兴趣。现在再跟大家聊聊"不是鸡的鸡"—— 秧鸡的故事。

"雉"或"鸡"未必都是鸡

不管家鸡野鸡，它们都属于鸡形目雉科动物。在宁波有分布的野生雉科鸟类的鸟，应该有以下 6 种：环颈雉、灰胸竹鸡、鹌鹑、勺鸡、白颈长尾雉

【秧鸡科】

　　为性隐蔽的中等体形沼泽鸟类。嘴直、腿长、趾特长。翼短，飞行弱但善跑，面对猛禽只是快速藏匿于茂密芦苇丛而不是跑开。多数种类能够游水。大多数秧鸡发出响而粗哑的叫声，有时数鸟一起叫。秧鸡栖息生境包括沼泽、湖边、芦苇及蔗丛、草地、稻田、次生林，少数种类栖于森林。秧鸡营巢于地面，以多种植物的嫩芽、种子及无脊椎动物为食。

与白鹇。但黑水鸡之类的鸟，它为何不是一种鸡？是的，尽管其名字"后缀"是"鸡"，但真的跟我们通常所说的鸡一点关系都没有。因为，黑水鸡是属于鹤形目秧鸡科的鸟类，是一种常见水鸟。它们喜欢沿水生植物边上游泳，主要吃植物嫩叶、幼芽或啄食昆虫之类，有时也会上岸觅食。

目前已知在宁波野外有分布的秧鸡科鸟类共有 8 种，分别是：黑水鸡、白骨顶、白胸苦恶鸟、红脚苦恶鸟、灰胸秧鸡、普通秧鸡、小田鸡、董鸡。

黑水鸡具有鲜红色的额甲，故俗名"红骨顶"。它有个表亲，其额甲为白色，故名"白骨顶"。在宁波，常见的秧鸡除上述两种外，还有白胸苦恶鸟。相对不那么常见的，则是红脚苦恶鸟。真正称得上罕见的则有 4 种：普通秧鸡、灰胸秧鸡、小田鸡、董鸡。

秧鸡是典型的生活在湿地中的鸟类，性胆小，喜欢在芦苇丛、沼泽地、

月湖荷塘中的黑水鸡

233

秧田等环境中像鸡一样行走觅食，这大概是其得名的原因吧。秧鸡一般不大善于快速起飞，起飞前往往需要在水面上助跑一段；而且，有趣的是，好多秧鸡飞行时两腿呈下垂状，就像飞机的起落架没有收起似的。

　　另外顺便说一句，还有一种鸟，名为水雉，但并不等于它就是"生活在水中的雉鸡"。水雉，俗名"水凤凰"，是宁波的夏候鸟，在东钱湖等地有望一见。它的外形确实有点像鸡，但属于鸻形目水雉科，而非鸡形目。

"红骨顶"与"白骨顶"

　　上文说了，因为额甲颜色的不同，黑水鸡与白骨顶有了明显的鉴别特征。白骨顶的额甲与喙是浑然一体的象牙白，而黑水鸡的额甲的鲜红色只延伸到喙部的三分之二处，喙的尖端是黄色的。

　　如果忽略额甲的颜色，远看的话，这两种秧鸡都是黑色的，真的长得蛮像。但用望远镜仔细一看，就会发觉，白骨顶的羽毛几乎是全黑的，而黑水鸡

黑水鸡　　　　　　　　　　　秧鸡科

　　中等体形（31厘米），黑白色，额甲亮红，嘴短。体羽全青黑色，仅两胁有白色细纹而成的线条以及尾下有两块白斑，尾上翘时此白斑尽显。常在水中慢慢游动，边在水面浮游植物间翻拣找食。也取食于开阔草地。于陆地或水中尾不停上翘。不善飞，起飞前先在水上助跑很长一段距离。

白骨顶　　　　　　　　　　　秧鸡科

　　体大（40厘米），黑色，具显眼的白色嘴及额甲。整个体羽深黑灰色，仅飞行时可见翼上狭窄近白色后缘。喜群栖，常潜入水中在湖底找食水草。繁殖期相互争斗追打。起飞前在水面上长距离助跑。

的背部偏褐色,身体两侧有白色横斑,游泳时尾向上翘,露出尾后两团明显的白斑。

黑水鸡是宁波的留鸟,一年四季可见,分布很广,无论是城市内湖,还是乡村河流、滨海湿地,都可见到其身影;而白骨顶是冬候鸟,通常分布在靠近海边的湿地,而且喜欢结成数百只的大群,看上去像是庞大的舰队,非常壮观。但凡事皆有例外,前段时间,我在慈城新城的中心湖,除了看到很多黑水鸡,居然还见到了五六只白骨顶。白骨顶也喜欢吃水草,为了吃到水下较深处的植物,有时竟会腾身一跃,一个猛子往水下钻,那头下脚上的样子颇为滑稽。

这两种鸟有时会游在一起觅食,这时就很容易发现,骨顶鸡的体形要比黑水鸡大上一圈。平时,这对表亲尚能和平共处,但一旦到了春天的发

白骨顶驱逐黑水鸡

黑水鸡及其雏鸟

情季,彼此就不惜"兄弟阋墙"了。有一年的4月,在慈溪海边的一个小池塘内,我曾看见,为了争夺有限的领地,一只白骨顶疯狂地追逐一只黑水鸡,水花四溅,可怜那体小力弱的后者只好落荒而逃。

通常,大家都会觉得雏鸟都是长得蛮好看的。可至少在我看来,黑水鸡的宝宝真的是个例外。小家伙的身体像个黑色的刺儿球,这也算了,关键是它的头部竟像是"癞痢头"一般,看上去老气横秋的。但俗话说得好:"孩子是自己的好。"只要黑水鸡妈妈不嫌弃,我们人类又何必为小家伙的外貌瞎操心呢?

又苦又恶的鸟?

说实话,十多年前,刚开始拍鸟的我第一次看到"白胸苦恶鸟"这个古怪的名字,也不禁皱起了眉头,心想:谁取的这难听的鸟名?莫非这种鸟真的又苦又恶?

后来才知道,"苦恶"不是形容词,而是象声词!白胸苦恶鸟,这个名字的意思是说,它是一种具有白色胸脯的,叫声像"苦恶,苦恶"的鸟儿。实际

白胸苦恶鸟　　　　秧鸡科

　　体形略大（33厘米）的深青灰色及白色的苦恶鸟。头顶及上体灰色，脸、额、胸及上腹部白色，下腹及尾下棕色。通常单个活动，偶尔两三成群，于湿润的灌丛、湖边、河滩、红树林及旷野走动找食。多在开阔地带进食，因而较其他秧鸡类常见。

红脚苦恶鸟　　　　秧鸡科

　　中等体形（28厘米），色暗而腿红。上体全橄榄褐色，脸及胸青灰色，腹部及尾下褐色。幼鸟灰色较少。体羽无横斑。飞行无力，腿下悬。繁殖在多芦苇或多草的沼泽。性羞怯，多在黄昏活动。尾不停地抽动。

上，在台湾，它就直接被称为白腹秧鸡。确实，比起国内有分布的其他大多数以黑、褐或绯红等羽色为主的秧鸡，白色之于白胸苦恶鸟，算得上是这种秧鸡的显著特征之一了：除了披着一件暗灰的外套，它的脸、脖、胸、腹均为白色，对比鲜明。

　　更令人印象深刻的是其叫声。每年春夏之际的晨昏，在河畔、湖边、水田等各类湿地环境附近，我们都可能听到它那不知疲倦的鸣叫："苦恶！苦恶！"有时甚至通宵达旦，扰人清梦。

　　乡间传说，这种鸟是受到小姑的虐待而死的新媳妇变的，故老是喊"苦哇，苦哇"或"姑恶，姑恶"。当然，这都是附会闲扯，谁都不会当真。实际上，它这么叫，是为了求偶。

　　"关关雎鸠，在河之洲。窈窕淑女，君子好逑。……求之不得，寤寐思服。悠哉悠哉，辗转反侧。"这是大家耳熟能详的《诗经》第一首《关雎》。"关关"，雎鸠之鸣声也。不妨试试，如果快速连读，则"关关"和"苦恶"几乎是一样的！好多因素都表明，文学史上众说纷纭、堪

称千古之谜的"雎鸠"的真实身份，很可能就是白胸苦恶鸟呢！

还有一种秧鸡也以"苦恶"为名，那就是红脚苦恶鸟。大多数秧鸡科鸟类的脚都是偏黄、绿色的，而红脚苦恶鸟却是暗红色，这成了它的一个具有标志性的特征。不过，这种鸟也被称为"苦恶鸟"却显然名不副实，因为其叫声并不是"苦恶，苦恶"，而是一串拖长的颤音。而且，性格羞怯的它很少鸣叫。

虽说栖息环境、生活习性等与其他秧鸡没多大不同，红脚苦恶鸟在宁波却相当罕见，拍鸟10多年了，我只

白胸苦恶鸟

一对恩爱的红脚苦恶鸟

在海曙章水镇附近的溪流等个别地方见过几次。不过,有一年春天在杭州西湖附近的一个池塘旁,我碰巧见到一对红脚苦恶鸟,其中一只正歪着头,用喙给对方梳理羽毛。那恩爱的样子,跟猴子、猩猩等灵长类动物给伴侣清理毛发完全一样。

灰胸秧鸡,十年见一回

上文说到的 4 种秧鸡,也就红脚苦恶鸟在宁波少见一点,但只要存心去找,总不算太难见。接下来要说的 4 种秧鸡,就绝对不是"你说想见就能相见"的了。

灰胸秧鸡,一种神秘的鸟,自从 10 多年前曾与之有过偶遇,迄今尽管对它心心念念,且寻寻觅觅,但始终无缘再见。

2006年,是我爱上拍鸟的第一年,那时兴致特别高,稍有空闲就到野外找鸟。那年6月2日,我和鸟友李超骑车到江北庄桥的田野中拍鸟。那天,我第一次见到了白胸苦恶鸟及其幼鸟(跟黑水鸡的幼鸟一样,也像个黑色的小圆球)。傍晚,正准备收工回家,忽见一只跟白胸苦恶鸟差不多大的鸟钻进了矮树丛中的小水沟里,蹲下来一看,尽管里面很阴暗,但还是隐约看到,那是一种以前从未见过的鸟。刚好,它也停下了脚步,正扭头看外面的动静。我赶紧按下了相机快门。

后来才知道,这竟然是非常罕见的灰胸秧鸡!不过,那时候鸟类学家们还把它称为蓝胸秧鸡。其头顶与后颈为棕色,而背部与腹部均偏灰褐,且密布白色细纹,这使得它在野外的植被中具有良好的保护色。在光线阴暗的时候,它胸前的羽色看上去确实偏蓝,不过多数时候看上去还是灰色更明显一点。这也许就是它后来被学者们改名的原因吧。

7月6日下午4点多,我又到庄桥拍鸟。到了那里一看,真是大喜过望:蔺草都已收割完毕,那块田已经变成水田,农民要准备插秧了。田里到处都是白鹭、池鹭、牛背鹭、黑水鸡等鸟儿。

一转头,忽见水田里还有一只灰胸秧鸡!这块田,离一个多月前初次发现该鸟的那片小树林不远。上次它躲得很隐蔽,没想到这次竟然在开阔地见到了

灰胸秧鸡　　　　　秧鸡科

中等体形(29厘米),带棕色顶冠的秧鸡。背多具白色细纹,头顶栗色,颏白,胸及背灰,两翼及尾具白色细纹,两胁及尾下具较粗的黑白色横斑。见于红树林、沼泽、稻田、草地,甚至干的珊瑚礁岛屿上。性隐蔽并为半夜行性,故而不常被见到。常单独活动。

在水田中觅食的灰胸秧鸡

它！我欣喜若狂，蹲在田埂上，悄悄拍摄。每拍几张就悄悄接近几步。它还挺配合的，光顾自己找吃的，并不怎么理我。有时，它还紧紧跟在黑水鸡的屁股后面，两只鸟在一起边走边觅食，蛮有趣的。稍后，我给李超打了个电话。没过多久，他也急匆匆赶来了。那天非常热，拍完，满脸汗水流得我睁不开眼睛。但是，心里真的好舒畅！

其他秧鸡一般都在白天觅食，而灰胸秧鸡却是"半夜行性"的，也就是说，它比较喜欢在清晨、黄昏或晚上出来活动。因此，要见它一面，就更难了。迄今为止，在宁波，除了我和李超曾拍到过，其他鸟友几乎均未见过。

普通秧鸡不普通

不少人看到"普通秧鸡"这个名字，估计会认为这是一种"平凡的、常见的"秧鸡，其实不对。这里的"普通"两字，按照我的理解，更多的具有"典型的、通常的"含义，也就是说普通秧鸡这种鸟的特性在秧鸡科鸟类中比较有代表性。其他的类似鸟名还有普通翠鸟、普通鵟、普通鸬鹚等。

我不知道，在很久很久以前，普通秧鸡是否算常见，至少在现在，它真的非常罕见。我们在宁波拍到它，完全是出于机缘巧合。2012 年 4 月，正值油菜花盛开的时候，在梁祝公园附近的姚江畔，鸟友"黄泥弄"偶然发现了一只不常见的蓝喉歌鸲 —— 光听名字就知道，这是一种外形漂亮、歌喉动听的小鸟。消息一传开，很多鸟友都去拍这位稀客。

拍完后，大家就在附近转悠，看有没有其他鸟儿。这地方，是典型的江南乡野的小型湿地 —— 它位于江边，除大块的农田外，还错落分布着好几个池塘，塘边有不少芦苇丛。远望，则可以看到市区的青林湾大桥。来的次数多了，我们在那里陆陆续续发现了好多鸟，小鸊鷉、黑水鸡、环颈雉、纯色山鹪（音同"焦"）莺、中华攀雀等常见鸟不用说了，甚至还发现了迁徙路过的黑眉苇莺、小杓鹬等难得一见的鸟儿。

后来，不知是谁，竟偶然在芦苇丛中见到了普通秧鸡！

消息传出，鸟人们顿时又激动起来。

某天，我也带着"大炮"到芦苇丛边缘隐蔽守候。运气很好，果然见到它蹑手蹑脚地从苇丛深处走了出来，脚步缓慢，轻巧地踩在水草之间，边走边警惕地东张西望。我大气也不敢出，把头放低，尽量躲在单反相机后面，只有眼睛始终通过取景器注视着它的一举一动。

普通秧鸡　　　　　　秧鸡科

　　中等体形（29 厘米）的暗深色秧鸡。上体多纵纹，头顶褐色，脸灰，眉纹浅灰而眼线深灰。颏白，颈及胸灰色，两胁具黑白色横斑。亚成鸟翼上覆羽具不明晰的白斑。性羞怯。栖于水边植被茂密处、沼泽及红树林。

在水草中觅食的普通秧鸡

它的"外套"具有秧鸡家族的"招牌"特征：背上披着一件黄褐色带黑斑纹的罩衫，腹部则拴着一条黑白条纹相间的围裙。而喙的特征跟灰胸秧鸡是一样的：以红色为主，上嘴有点偏黑。

更让人惊奇的事情还在后面。

仅几天后，就在发现普通秧鸡的同一处地方，居然出现了更罕见的小田鸡！

若论体形，小田鸡是秧鸡科中的"小不点儿"，比宁波有分布的其他秧鸡都要小一圈。它的羽色照例由褐、灰、黑等组成，胆小谨慎的程度也与普

小田鸡　　　　　　　　　　　　秧鸡科

体纤小（18厘米），嘴短，背部具白色纵纹，两胁及尾下具白色细横纹。雄鸟：头顶及上体红褐，具黑白色纵纹；胸及脸灰色。雌鸟色暗，耳羽褐色。栖于沼泽型湖泊及多草的沼泽地带。快速而轻巧地穿行于芦苇中，极少飞行。

小田鸡的嘴是绿色的

通秧鸡一模一样。比较不同的是,它的喙明显比较短小,且呈黄绿色。后来,鸟友之间聊天时,干脆不再叫它小田鸡,而直接称它为"绿嘴巴"。

还会有下一个惊喜吗?

城郊姚江畔的这块小小湿地,在 2012 年春季迁徙期带给宁波鸟人太多惊喜。然而,好景不长,同年 11 月,正值鸟类秋季迁徙的高峰时期,我再次来到那里时,却伤心地看到,一台挖掘机停在水边,半个池塘已经被填埋,芦苇丛更是不见踪影。到 2017 年早春,那里已被进一步开发。自然,普通秧鸡、小田鸡等从此再也不见踪影。

前几年,慈溪鸟友"姚北人家"曾在余姚的滨海湿地拍到了董鸡 —— 据我所知,迄今为止,在宁波境内,这种秧鸡只有他拍到过。然而,近几年,由于围垦、养殖、开发等原因,杭州湾南岸的湿地状况也不容乐观。

我曾跟宁波的几位"资深鸟人"交流过:除了上述 8 种秧鸡外,宁波还可能有什么秧鸡现身?大家认为,从理论上来说,红胸田鸡、斑胁田鸡等完全可能在宁波有分布。

但一切的一切,不仅要靠鸟友们努力去发现,更需要我们一起保护好宝贵的湿地 —— 那是人与鸟共同的家园!

董鸡(雄)   秧鸡科

体大(40 厘米),黑色或皮黄褐色,绿色的嘴形短。雌鸟褐色,下体具细密横纹。繁殖期雄鸟体羽黑色,具红色的尖形角状额甲。性羞怯。主要为夜行性,多藏身于芦苇沼泽地。有时到附近稻田取食稻谷。(单鹏云 / 摄)

白额燕鸥的爱情故事

过了白露节气,"一场秋雨一场凉"的感觉已很明显。候鸟们陆续启程,离开繁殖地,拖家带口飞往温暖的南方越冬。

对夏候鸟来说,要顺利完成每一年的繁殖过程,是不容易的事,一切都得抓紧时间,最好每个环节都不要出错:求偶、筑巢、孵卵、育雏……好不容易把孩子拉扯成半大少年,阵阵秋风就已经催着大家南下,一起飞越千山万水。

2011年夏天,众多鸟友都为来宁波生儿育女的白额燕鸥们捏了一把汗,怕它们的孩子到初秋时仍太幼小,没法及时迁徙。

因为,那一年的梅雨,给它们制造了很大的麻烦。

海边泥涂营爱巢

先说说什么叫燕鸥。常见的鸥主要分为两类:一类是大家俗称的"海鸥",它们通常体形较大,嘴粗壮,尾一般为圆形;另一类就是燕鸥。顾名思

【燕鸥科】

　　燕鸥为外形优雅的海洋性鸟类。腿短,两翼长而尖,尾呈叉形,嘴尖细。飞行轻盈,常徘徊于水面然后冲入水中捕捉小型鱼类。在鱼类多的地方结成大群作盘旋飞行,常常出现在沿海、内陆潟湖及水道。

白额燕鸥 　　　　　　　　　　燕鸥科

体小（24厘米）的浅色燕鸥。尾开叉浅。夏季，头顶、颈背及过眼线黑色，额白。振翼快速，常作徘徊飞行，潜水方式独特，入水快，飞升也快。

义，所谓燕鸥，就是长得有点像燕子的鸥，嘴细尖，尾部像燕子一样呈叉形。

多数燕鸥的体形比海鸥小，而白额燕鸥，则是中国有分布的19种燕鸥中最小的，身长只有24厘米左右，跟八哥差不多。在春夏繁殖季节，白额燕鸥的头顶至后颈为黑色，眼部则像侠客佐罗一样蒙上了黑色眼罩，白色前额相当醒目——这也成了它名字的来源。细看它的喙，整体为黄色，而嘴尖却是黑色。黄嘴黑尖，这特征很像著名的"神话之鸟"——在宁波象山韭山列岛有繁殖的中华凤头燕鸥（原名"黑嘴端凤头燕鸥"）。因此，我们鸟人常戏称，拍不到非常濒危的"神话之鸟"，能够拍拍"小黑嘴端"的白额燕鸥也不错啊！

在宁波，白额燕鸥是夏候鸟，跟燕子一样，春季飞来，初秋返回南方。它们喜欢在海边生活，常集群活动，以鱼虾、水生昆虫等为主食。2011年夏天，在余姚小曹娥镇的海滨湿地上，鸟友发现了白额燕鸥的繁殖地——那是一片广袤的泥涂，除了沟渠、河流以及一些浅水塘，大部分都是旱地，有少量的芦苇等植物点缀其中。

第一次到那里，通过望远镜，我首先看到的，是成群的白额燕鸥在水塘上空飞翔，一会儿俯冲捕鱼，一会儿在浅水处洗澡。我扛着沉重的"大炮"，猫腰慢慢接近拍摄。后来才留意到，自己一不小心踏入了白额燕鸥的繁殖场所，因为稍微隔一段路，就能看到它们产下的卵。

白额燕鸥不是勤奋、高明的鸟巢建筑师。通常，它们会利用泥地上的一个浅凹处，然后衔些小碎石铺在底下草草了事，这样的巢可谓简陋至极。它们通常一窝产 2—3 枚卵，卵为褐色，并分布着不少黑斑，这使得鸟卵具有极好的伪装色，几乎与地表融为一体。

小鱼是最好的结婚礼物

2011 年 6 月，梅雨连绵，其中有几场雨下得很大。我很长时间没去那里拍鸟。有几位鸟友去过之后回来说：太惨了！白额燕鸥的整个巢区都被水淹了，全毁了！鸟蛋都被冲走了，雏鸟的尸体漂在水面上，鸟爸爸鸟妈妈在天空盘旋哀鸣。

终于等到雨季过去，7 月伏旱来临。我再次来到海边，看到泥涂上的大水都已退去，燕鸥、白鹭在天空飞翔，黑翅长脚鹬在湿地中漫步，好像一切都没发生过。更让我惊喜的是，度过了劫难的白额燕鸥们正忙碌地进行重建家园工作。

成群的燕鸥在河流上空觅食，它们俯视着水面，像蝴蝶一样轻盈地扇动翅膀，有时像家燕一样快速翻飞，转换飞行方向，一旦发现小鱼即高速俯冲入水叼住猎物。

明代的高启有首诗题为"鸥捕鱼"，我感觉描写的就是燕鸥捕食的场景，中间八句颇为传神："白头来往似渔翁，心思捕鱼江水中。眼明见鱼深出水，复恐鱼惊隐芦苇。须臾衔得上平沙，鳞鬣半吞犹见尾。江鱼食尽身不肥，平生求饱苦多饥。"好一句"江鱼食尽身不肥"！把燕鸥体态灵动、善于捕鱼的形象一下子就勾勒出来了。

对雄鸟来说，捕鱼能力的高低决定了它是否能尽快找到老婆。我多次看到雄鸟衔着小鱼向意中人"献媚"的场景。由海峡两岸的著名鸟类研究

学者合著的《中国的海鸥与燕鸥》一书,对白额燕鸥的求婚过程有非常细致的描述:

> 雄鸟带食物献给意中对象,以示情意,然后会双双振翅到空中作求偶飞翔,或在追求对象面前绕圈子跳舞……雌鸟如满意,会接受小鱼礼物,也会与雄鸟绕圈子。在情投意合之际,雌鸟身体略微下蹲,尾羽上扬,让雄鸟跃上其背……事后雄鸟昂首欢叫几声,以示庆贺。

一般来说,是雌鸟先把鱼吃掉,然后再进"洞房"。不过,我的朋友"黄泥弄"拍到过更有趣的一幕:一直等到交配快结束的时候,雄鸟才给雌鸟喂鱼。作为人类,我真的很难猜测这只雄鸟的心思。

白额燕鸥雄鸟(右)给雌鸟献鱼

育雏，与时间赛跑

如果没有雨水淹没巢区而导致初次繁殖失败，那么至少在 6 月底 7 月初的时候，白额燕鸥的雏鸟就应该已经出生并顺利成长。但那一年，在 7 月 20 日前后，我才看到有小鸟陆续孵化出来（事实上这已经是那一年的第二批，因为第一批几乎全军覆没）。这已经算是早的。有的巢中还是产下没几天的卵——那可就有点麻烦了，因为卵的孵化期需要 21 天左右，这意味着这一批雏鸟破壳而出的时间可能会接近 8 月 10 日了，而权威资料说，白额燕鸥的雏鸟约需两个月才能够较好地自行飞翔。我们担心的是，或许它们未及长大，天气就已经转凉，不知它们届时是否会有足够强壮的体魄，加入漫长而艰难的南迁之旅？真怕它们会落单啊。

从 7 月上旬开始，我多次抽空过去，定点观察、拍摄其中一对白额燕鸥夫妇，它们产了两个鸟蛋。盛夏的阳光非常炙热，在这开阔的毫无遮阴的海边泥涂上，如果没有成鸟挡着阳光，鸟蛋说不定会被接近晒熟。多数时间，雌鸟都安安静静地在巢中孵卵，有时会站起来一会儿，估计是为了让巢穴通风吧。雄鸟则负责捕鱼回来给老婆喂食。有时，雌鸟也会飞离鸟巢出去"散心"，此时则由雄鸟代为孵卵。

7 月 23 日清晨 7 点，我赶到那里时惊喜地发现，有一只小鸟已经出来了，看其羽毛的样子，估计最多刚破壳一两日。雌鸟还在孵另外一枚卵。

跟水雉、野鸡等鸟儿一样，燕鸥的孩子也是早成鸟，也就是说，雏鸟一出生就有绒羽，等出壳两三个小时，羽毛干透之后，雏鸟就能自由行走。鸟爸爸越发辛苦了，它不仅要给妻子喂鱼，更要照顾好似乎永远也吃不饱的小宝宝。

好奇的雏鸟有时会离开妈妈，到周边溜达、探索一圈。小家伙的绒毛

白额燕鸥一家

颜色非常接近沙地，因此，万一有点风吹草动，它只要就地趴下，一时间还真的很难发现它。玩了一会儿之后，它便回到妈妈身边。我亲眼看到，在妈妈面前，调皮的小家伙像小狗一样肚皮朝天翻了一个身，显然是在撒娇。接着，它便往妈妈身底下钻，有时还会淘气地从妈妈屁股后面露出小脑袋来。也有些时候，雏鸟会独自走到十几米外，并且钻在稀疏的草丛中不肯出来，这时其父母就会赶过去，鼓励孩子勇敢地走出草丛。

这是一个非常普通的白额燕鸥家庭的故事，就跟无数普普通通的人类家庭一样。已被抛在身后的时光，有艰难，也有欢欣；前方，是未知的漫漫长路，但也未必不是充满着希望。

故事多一点

宁波有约 10 种燕鸥
包括"神话之鸟"中华凤头燕鸥

宁波位于东海之滨，多海洋性鸟类，燕鸥就是其中之一。在宁波有记录的燕鸥，起码有 10 种左右。其中，白额燕鸥、须浮鸥、白翅浮鸥、普通燕鸥、鸥嘴噪鸥、红嘴巨燕鸥等在近海湿地可以看到，前三种是本地的夏候鸟，后三种通常要到迁徙季节才可能在海边发现，红嘴巨燕鸥是本地可见的最大的燕鸥。

而粉红燕鸥、褐翅燕鸥、大凤头燕鸥、中华凤头燕鸥等，通常都得出海才有望一见，因为它们在海岛上繁殖，在远离大陆海岸线的海面上觅食。

经常出海的人，一定看到过这样的美丽景象：一群水鸟总是跟随在船的附近，有时还会停歇在桅杆或甲板上。有一次，我从象山石浦出发前往渔山列岛，船驶出港口约一小时后，我就发现有一群深色的燕鸥紧跟在船后，它们身形矫健，不停地上下翻飞，不时向水面俯冲捕食——大概是螺旋桨翻起的水浪把鱼虾也卷上来了吧。

我曾拍到过多种燕鸥，但体形这么大的还是第一次见到，赶紧拿出器材开始拍摄。茫茫大海，波涛如沸，我有点晕船。忽然一片乌云遮住了天空，顿时豆大的雨点在海面上飘洒开来。那十几

须浮鸥 燕鸥科

　　体形略小（25 厘米）的浅色燕鸥。腹部深色（夏季），尾浅开叉。繁殖期：额黑，胸腹灰色。非繁殖期：额白，头顶具细纹，顶后及颈背黑色，下体白。

白翅浮鸥 燕鸥科

　　体小（23 厘米）的燕鸥。尾浅开叉。繁殖期成鸟的头、背及胸黑色，与白色尾及浅灰色翼成明显反差；翼上近白，翼下覆羽明显黑色。非繁殖期成鸟：上体浅灰，头后具灰褐色杂斑，下体白。

鸥嘴噪鸥   燕鸥科

中等体形（39厘米）的浅色燕鸥。尾狭而尖叉，嘴黑。成鸟冬季下体白色，上体灰，头白，颈背具灰色杂斑，黑色块斑过眼。夏季头顶全黑。

红嘴巨燕鸥   燕鸥科

体形硕大（49厘米）的燕鸥。特征为具形大的红嘴。顶冠夏季黑色，冬季白并具纵纹。喜沿海、湖泊、红树林及河口。

褐翅燕鸥   燕鸥科

中等体形（37厘米）、背部深色的燕鸥。尾呈深叉形。栖于外海，仅在坏天气或繁殖季节才靠近海岸。从海面上捕食昆虫或鱼类。不善潜水。

中华凤头燕鸥   燕鸥科

中等体形（38厘米）的凤头燕鸥。特征为黄色的嘴尖端黑色。喜开阔海域及小型岛屿。（木石／摄）

迁徙经过宁波的红嘴巨燕鸥

只燕鸥，如疾舞的精灵，依旧紧随着船只。这场景，不禁让人想起了在语文课本里读到过的高尔基的《海燕》，想起了"让暴风雨来得更猛烈些吧！"的豪情。

到了渔山列岛，我就被那万顷碧波给陶醉了，同时惊喜地再次见到了那种曾跟随在我们船后的燕鸥——它们正在渔船停泊的港湾里掠飞，伺机在海面捕鱼。这回看清楚了，它们的翅膀是褐色的，对，正是褐翅燕鸥。

一般宁波市民或许对燕鸥这一类鸟并不熟悉，但肯定有不少人知道"神话之鸟"即中华凤头燕鸥的故事。中华凤头燕鸥，原名"黑嘴端凤头燕鸥"，据估计，该鸟全球数量只有几十只，因此被世界自然保护联盟（IUCN）列为极度濒危鸟类，因其极为罕见且踪迹神秘而被誉为"神话之鸟"。很遗憾，迄今为止，我也未曾见过它们。

据杭州的《青年时报》2013年的报道，2004年，在象山韭山列岛发现了20只中华凤头燕鸥，不过因为两次受台风影响，两年都没有繁殖成功。

大凤头燕鸥　　　　　　燕鸥科

　　体大〔45厘米〕的具羽冠的燕鸥。夏季头顶及冠羽黑色，由具白色杂斑过渡为冬羽的头顶白色、冠羽具灰色杂斑。常至远海。〔木石/摄〕

2007年，所产的鸟蛋全部被人捡走，导致繁殖完全失败。之后，中华凤头燕鸥转移了栖息地，数量大幅下降。2013年，浙江自然博物馆联手美国俄勒冈州立大学、浙江野鸟会和象山县海洋与渔业局，在韭山列岛开始了一项"人工招引凤头燕鸥"试验项目：在岛上放置了假鸟，还播放鸟鸣。

　　报道称，工作人员在韭山列岛上安装了300只从美国定制的燕鸥假鸟以及太阳能供电系统和声音回放设备，并派人24小时驻扎在海岛上，进行实时监测。这个试验很快取得了成效。当年7月中旬，有大批燕鸥在假鸟区聚集停留，并最终留下产卵育雏。最多的时候，工作人员观察记录到有3300只大凤头燕鸥和19只中华凤头燕鸥。

　　据我了解，近年来，由浙江自然博物馆陈水华博士负责的团队，一直对韭山列岛的中华凤头燕鸥进行跟踪监测。2017年，也依旧安排人员驻岛，观测到了大凤头燕鸥与中华凤头燕鸥的繁殖种群。看来，"神话之鸟"真的已经把宁波的海岛当成家园了。

有鸥自远方来

羽毛雪白、轻盈如燕、随波逐浪 …… 鸥,以其美丽的身姿,为历代诗人所关注。在中国古典诗词中,诗人们对于鸥有多种称呼,包括江鸥、白鸥、鸥鸟、沙鸥、白鸟等,具体诗句如:

江浦寒鸥戏,无他亦自饶。却思翻玉羽,随意点春苗。

自去自来堂上燕,相亲相近水中鸥。

飘飘何所似,天地一沙鸥。(以上均为唐代杜甫诗句)

白鸟波上栖,见人懒飞起。为有求鱼心,不是恋江水。(唐·崔道融《江鸥》)

江鸥好羽毛,玉雪无尘垢。灭没波浪间,生涯亦何有。(宋·王安石《白鸥》)

随潮鸥鸟往来频,百十为群立水滨。(宋·华岳《鸥》)

【鸥科】

鸥类为广布全世界的海鸟,多以鱼类及尸体为食。大多数种类为白色而具黑色翼尖,头及上体具不同程度的黑、灰及褐色。幼鸟具褐色杂斑,数年后才具成鸟羽色。鸥类比燕鸥的体形大,翼较圆,飞行显沉重。

【贼鸥科】

贼鸥,背暗,外形似鸥,但有些贼鸥中央尾羽特形延长。贼鸥掠夺其他海鸟的食物,迫使其他海鸟把食物扔掉或吐出,因此得其恶名。

以上诗句都很好地描写了鸥的形态与习性。

现在，普通市民看到鸥类，往往会说那是海鸥。作为一个俗称，不妨将在沿海看到的鸥都笼统地称为海鸥，但实际上，真正被命名为"海鸥"的鸟就一种，其他还有很多种鸥。在宁波，除了燕鸥（详见《白额燕鸥的爱情故事》），还有银鸥、黑嘴鸥、红嘴鸥、黑尾鸥、遗鸥、渔鸥等，甚至贼鸥也曾出现过。这里，就重点为大家讲几个关于罕见鸥类的发现故事。

与远洋妖怪"飙车"竞速

在宁波出现过的鸥类中的最大"妖怪"显然非短尾贼鸥莫属。

八九月份是华东的台风高发时节，近几年，每逢大台风影响过后，总有鸟人喜欢到海边看看，巴望着会撞大运拍到来自远洋的"妖怪"。2012 年 9 月 15 日，奇迹发生了。

当天，在慈溪的杭州湾海塘边，鸟友老钱注意到了一只奇怪的鸥：它体色暗淡，似乎和常见的黑尾鸥不大合群，喜欢独来独往。用"大炮"拍下来一看，老钱更加搞不懂了：它的尾羽后面怎么还突出了一截？因为，普通鸥类的尾部一般是平的，如果是燕鸥的话，则尾部也该如燕子一般呈分叉状。

事后确认，这是一只短尾贼鸥，属于当年度的浙江鸟类新记录。这是一种全长约 45 厘米的深色海鸟，中央尾羽有延

短尾贼鸥　　　　　　　贼鸥科

体小（45 厘米）的深色海鸟。浅色型：头顶黑色；头侧及领黄色，下体白色，上体黑褐。深色型：通体烟褐，仅初级飞羽基部偏白。中央尾羽延长成尖。非繁殖期成鸟色浅而多杂斑，顶冠灰色。

疾飞的短尾贼鸥

长，嘴如猛禽一般呈钩状。它们喜欢在海面上低飞，伺机抢掠其他海鸟所叼的鱼虾等食物，故有"鸟中强盗"之称。

但问题是，短尾贼鸥繁殖于北极地区，秋冬南迁至南方海域，一般只活动在遥远的海上，极少接近大陆。以前，曾在我国南沙群岛、香港海域、台湾北部等地有过少量记录。总之，国内关于这种鸥的记录非常少。

16日下午，我和鸟友"古道西风"一起驱车来到慈溪海边，在龙山镇上了海塘，寻觅这只不寻常的鸥。当时，由于受台风"三巴"的外围影响，海边风非常大。忽然，在离海塘不远的地方，我们看到了一只深色的鸟儿矫健地由东向西逆风飞翔，速度快得离奇。没错，这正是短尾贼鸥！我们的运气太好了，刚到海边就近距离看到了它！

它始终与海塘平行，逆大风而疾飞。我们加大油门，加速追上，然后在它前方两三百米处停车，一开始还试着先把"大炮"装到三脚架上进行拍摄，结果发现这根本行不通，因为它的速度实在太快了，还没等我们把三脚架放好，它就已经高速掠过我们眼前，扬长而去。

没办法，我们只好赶紧把三脚架扔进后备厢，继续大踩油门飞驰，大概追了两三公里，才重新超过了它。这回，我们当机立断，汽车没有熄火，立即下车，举起"大炮"对准转瞬即已飞到眼前的短尾贼鸥，狂按快门，一阵猛烈"扫射"……然后又驱车跟上它，如此反复多次，乔得气喘吁吁，浑身是汗，才拍到了几张比较清晰的照片。

那么，这只贼鸥怎么会突然深入到杭州湾呢？浙江野鸟会的几位资深观鸟人士分析，参照以往一些罕见鸟类的例子，它很可能是受台风"三巴"的影响，被吹到慈溪的。因为，那几天，"三巴"刚好经过宁波附近海域，在海上掀起了狂风巨浪，这很可能迫使部分海鸟到大陆临时避风。

混在银鸥群中的黑头"另类"

2008年4月的一个周末，天色阴阴的，但为了试用一下新买的"大炮"，我还是忍不住驱车赶往镇海的海边。到了那里，才发现鸟况并不好，因为春季迁徙已经开始，很多冬候鸟都走了：岚山水库里，原先成群的野鸭一只都不见了；一周前还在四处游弋的凤头䴙䴘也没了踪影；一抬头，只见鸬鹚们一批又一批地向北飞去，它们黑色的脖子上已经出现了明显的白斑——这是繁殖羽，说明它们要迁回北方繁殖地准备做新郎新娘了。要到秋冬季节，鸬鹚们才会再回来越冬。

到海塘内转转，却见远处的水塘中停着大批银鸥，这些鸥体形甚大，跟一旁的白鹭差不多。我扛着沉重的"大炮"与三脚架，猫腰悄悄向鸥群接近。由于刚下过雨，烂泥粘在鞋底，让人举步维艰。它们主要是西伯利亚银鸥与黄腿银鸥。忽然，有一只头部全黑的鸥"跳"到了镜头里。这是什么鸥？以前从没见过！

当天晚上，我把图片传到了浙江野鸟会网站的观鸟论坛上，请高手来辨认这只黑头鸥。很快，这个帖子引起了观鸟高手们的热议。最后，大家认为那是一只渔鸥（繁殖羽）！时任浙江野鸟会会长、鸟类专家陈水华博士也确认这是渔鸥，并说，这属于浙江省鸟类新记录。还有一位网友则惊奇地说："乱套了，渔鸥跑到宁波来了！"

几天后，我又兴冲冲地去那里找渔鸥，但银鸥依旧在，黑头的渔鸥却已经渺无踪影了。也许，它是在向北迁徙的

渔鸥　　　　　　　　　　鸥科

　　体大（68厘米）的背灰色鸥。头黑而嘴近黄，上下眼睑白色，看似巨型的红嘴鸥，但嘴厚重且色彩有异。冬羽头白，眼周具暗斑，头顶有深色纵纹，嘴上红色大部分消失。

途中偶尔在宁波歇歇脚的吧。资料表明，渔鸥在青海湖等中国西部湖泊是比较常见的夏候鸟，但从未在华东沿海被发现过，此前在香港曾有过零星记录。

整理照片竟"揪"出一只遗鸥

有些事情很不可思议，但确实会发生：谁曾想到，空闲时整理一下原先拍的鸟类照片，居然也能"揪"出一只属于国家一级保护动物的遗鸥！

2008年2月底，我在镇海的岚山水库拍鸟时发现，远处的水面上有两只鸥，一只是比较常见的黄腿银鸥，附近还有一只鸥体形明显偏小，嘴为黑色。当时随手拍下了这两只鸥的照片，由于距离太远，图片质量不大好，事后也就把这张照片忘了，自然也不记得去弄清楚那只体形偏小的鸥到底是

什么鸥。

直到 3 个月后，我在整理图片时才又发现了它，因自己难以识别那只比较"另类"的鸥，就把图片传到了浙江野鸟会网站的观鸟论坛上。结果，经过上海野鸟会的资深观鸟人士"观星者"等几位国内观鸟界的高手确认，这只鸥是遗鸥。成年遗鸥在繁殖期头为黑色、嘴为红色，而我拍到的遗鸥为"第一年冬羽"，故嘴为黑色。这只遗鸥，有可能是冬候鸟，也可能是迁徙过境鸟。

遗鸥　　　　　　　　　　　鸥科

　　中等体形（45 厘米），头黑色，嘴及脚红色。（繁殖羽）与棕头鸥及体形较小的红嘴鸥的区别在头少褐色而具近黑色头罩。白色眼睑较宽。越冬鸟耳部具深色斑块，与棕头鸥及红嘴鸥的区别在头顶及颈背具暗色纵纹。

陈水华博士说："你又弄了个浙江省鸟类新记录！"遗鸥的出现，使得浙江省列入国家一级保护动物名录的鸟类增加到 12 种。

资料表明，"遗鸥"的命名，就是因为它是鸥类中最迟被发现的，人类真正认识它才不过几十年的时间，是人类了解最晚的鸟种之一。在国内，遗鸥主要在内蒙古、陕西等地的局部地方有繁殖种群，鸟类学界对它们的越冬地分布及迁徙路线知之甚少。世界自然保护联盟于 2007 年公布的野生动物受胁等级中，遗鸥被列为"全球性易危"。

不可思议的事情还在发生。2010 年 12 月，我和几位鸟友在慈溪的杭州湾海边拍水鸟，忽然有人说：要是飞过一只遗鸥该多好！此时，滩涂上空有一只鸥悄然从东往西飞过，我们不约而同举起镜头一阵"扫射"，拍下来一看照片，哇，神了，真的是遗鸥啊！

后来，在温州的海边，我也曾拍到过遗鸥。看来，其实很多物种在省内的分布并不见得一定很少，只不过以前关注它们的人少，所以才缺乏发现。

海上轻鸥何处寻

除了上述在宁波出现的罕见鸥类，还有很多鸥相对比较容易看到。就拿红嘴鸥来说，很多人在冬季去过昆明的翠湖公园与滇池，并且在那里喂食过"海鸥"，甚至与它们合影。其实，昆明的成千上万的"海鸥"，就是红嘴鸥。红嘴鸥是宁波的冬候鸟，秋冬时节在沿海的湿地内比较容易见到。有一年深秋，在慈溪的杭州湾畔的一个鱼塘上空，我见到了数以百计的红嘴鸥，它们时常在空中振翼悬停，观察下方的鱼儿的动静。一有发现，立即高速俯冲入水，精准地叼住鱼儿。不过，宁波的红嘴鸥比较怕人，不像昆明的那样容易接近。近几十年来，昆明市民一直善待红嘴鸥，聪明的鸟儿也就愿意与人亲近了。

跟红嘴鸥一样，黑嘴鸥也是宁波的冬候鸟，但作为"全球性易危"物种，其数量要少得多。2008年秋天，我和慈溪

红嘴鸥　　　　　　鸥科

中等体形（40厘米）的灰色及白色鸥。眼后具黑色点斑（冬季），嘴及脚红色，深巧克力褐色的头罩延伸至顶后，于繁殖期延至白色的后颈。嘴红色，脚红色。

红嘴鸥叼鱼

黑嘴鸥 鸥科

　　体小（33厘米）的鸥。夏羽及冬羽均似红嘴鸥，但体形较小，具粗短的黑色嘴。夏羽头部的黑色延至颈后，色彩比红嘴鸥深；具清楚的白色眼环。飞行非常轻盈而似燕鸥。取食方式为飞行中突然垂直下降，快降落时又一转身然后捕食螃蟹及其他蠕虫。

黑尾鸥 鸥科

　　中等体形（47厘米）的鸥。两翼长窄，上体深灰，腰白，尾白而具宽大的黑色次端带。合拢的翼尖上具四个白色斑点。嘴黄色，嘴尖红色，有黑色环带。

黑嘴鸥吃沙蚕

在宁波越冬的黑尾鸥

的鸟友单鹏云来到位于杭州湾的一处海塘边。当时刚好涨潮，原先在滩涂上觅食的水鸟纷纷迁回海塘内歇息。不久前，浙江野鸟会的鸟类调查人员已经在这一带发现了少见的黑嘴鸥，因此我们也在仔细寻找它们的踪迹。幸运的是，在停歇的鸟群的边缘，我们发现了一群鸥，通过拍摄并当场对照鸟类图鉴发现，这群鸥主要有两种，一是鸥嘴噪鸥，另一种就是黑嘴鸥，而且有 20 多只！傍晚时分，部分黑嘴鸥飞到了旁边的一个相对较小的浅水塘，这给了我们一个近距离拍摄的机会。我们把车子停在塘边的道路上，躲在车里拍摄，终于拍到了非常清晰的图片。

后来，在温州的海边，我见到了大量越冬的黑嘴鸥，发现它们有一项捕食"绝技"，即善于发现躲在滩涂软泥下的沙蚕，然后会叼住沙蚕的一端，像拔河一样拼命将长达几十厘米的沙蚕拉出来。

可惜的是，无论是宁波还是温州，当年发现很多黑嘴鸥越冬的湿地，如今都已被开发。湿地不存，鸟将何栖？

宁波的秋冬与早春，最容易见到的是黑尾鸥与各类银鸥，海边湿地几

西伯利亚银鸥 鸥科

　　体大（62厘米）的灰色鸥。腿粉红色。
冬鸟头及颈背具深色纵纹，并及胸部；上体体
羽变化由浅灰至灰或灰至深灰。两者均偏蓝色。
嘴黄色，上具红点。

黄腿银鸥 鸥科

　　体大（60厘米）的鸥。上体浅灰至中灰，
腿黄色。冬鸟头及颈背无褐色纵纹。三个亚种
细部上有别。嘴黄色，上具红点。脚，粉红至
黄色。

　　乎都有。银鸥分为西伯利亚银鸥、黄腿银鸥、灰林银鸥等多种，它们长得很
相似，其亚成鸟的区分尤其困难。有时，银鸥会成群地飞到宁波市区的三
江口一带，在江面上飞来飞去觅食。而且银鸥们跟贼鸥一样，喜欢抢别人
嘴里的食物。

卷羽鹈鹕，乡关何处

有一种鸟，体长可达170—180厘米，被称为"水鸟中的轰炸机"。这种鸟数量稀少，整个东亚的繁殖种群目前总共才一百二三十只，是国家二级保护动物，而浙江是它们最主要的越冬地。

为了它，我曾经不眠不休，凌晨驱车300多公里去拍摄；为了它，我曾在春节期间天天去海边，风雨无阻。

这鸟儿，就是卷羽鹈鹕。

在2016年初的全国水鸟同步调查中，宁波杭州湾新区海边，有7只卷羽鹈鹕被发现。没想到，当年深秋，在同一块水域，出现了约65只越冬的卷羽鹈鹕。

卷羽鹈鹕　　　　　　　鹈鹕科

体形硕大（175厘米）的鹈鹕。体羽灰白，眼浅黄，喉囊橘黄或黄色。翼下白色，仅飞羽羽尖黑色（白鹈鹕翼部的黑色较多）。颈背具卷曲的冠羽。额上羽不似白鹈鹕前伸而是成月牙形线条。数量稀少并有区域性。喜群栖，捕食鱼类。

毫无疑问，这是近年来宁波境内发现的最大越冬群体。

这是什么概念？其东亚繁殖种群的一半在宁波啊！然而，将来它们何去何从？我还是很担心。

为了鹈鹕，甘心"受骗"

2008 年 11 月 28 日，在杭州湾跨海大桥西侧的海塘，我在望远镜里看到，海面上有两只体形巨大的白色水鸟，远看简直就像两艘搁浅的小帆船。这分明是卷羽鹈鹕！这是我第一次在野外见到它们。

几天后，听慈溪鸟友姚北说，鹈鹕增加到了 6 只。

那年 12 月中旬的一个周六，难得睡了个懒觉的我接到姚北的电话。他大声说："今天信信发大财了！镇海岚山水库里出现了 30 多只鹈鹕！"

我一愣，心想这家伙肯定是在骗人。但姚北说："不骗你，我已经赶到了，信信一早打电话给你的，但你手机关机了……"

这我就信了。理由是：慈溪已有 6 只鹈鹕，姚北不至于为区区两三只鹈鹕赶到镇海，而且天气又不好。当时我后悔死了，因为我的手机从来都是一早开机的，就那天贪睡……

于是，我立即心急火燎地加大油门奔了过去。快到时，这两个家伙突然在电话里跟我说：刚才 20 多只鹈鹕飞走了，那场面可太壮观了！现在只

剩下两只了,而且距离很远!

我这个傻帽,直到这时都还信他们,心里那个急啊,唉,你听听,20多只鸬鹚飞走了!

到了水库边,用望远镜找了半天,终于找到了浮在水库中央的两只鸬鹚,太远了。忽然它们起飞了,我赶紧拿出"大炮"。没想到,它们竟一直向我飞来,在我头顶绕了一圈才飞远!天哪,相机取景框已容纳不下这两个大家伙,爆框了!

此时,信信与姚北赶了过来,口中兀自喃喃自语:"人品啊人品,我们等了快两小时都没拍到,你刚来一分钟就爆框了!"

这两个家伙嗑着瓜子,一脸坏笑。我才明白这"30多只鸬鹚"完全是扯淡。

"不跟你讲有30多只鸬鹚,你会来吗?"姚北说。

几天后,这些鸬鹚都离开了宁波,继续南下前往越冬地了。那时,宁波境内缺乏具有大面积水域的滨海湿地,因此像鸬鹚这样的超大型水鸟很难越冬。

相约春节,风雨无阻

所谓"30多只鸬鹚"固然是个善意的骗局,但在仅仅一两个月后,我就得到"情报":温州鸟友在永强机场附近海滨拍到了由二三十只鸬鹚组成的"轰炸机编队"!而且这回是有图有真相,相关照片就发在浙江野鸟会的观鸟论坛上。

2009年春节,我在温州的岳父母家过年。结果,节日期间我不走亲戚,几乎天天跑到海边与鸬鹚"约会"。

卷羽鹈鹕在围捕鱼类

　　大年三十，天气不错，刚到"约会"地点，就见到了 7 只卷羽鹈鹕！初次相见，鹈鹕们颇为害羞，还没等我把车停稳，它们就呼啦一下起飞了。

　　年初一，雨太大，没出去。年初二下午，雨势减弱，我就又忍不住驱车到了海边。那时潮水已退，鹈鹕们在远处的滩涂上，很难拍摄。

　　年初三，继续"约会"。海边很冷，斜风密雨，直往车窗里灌，每拍几张照片，"大炮"的第一片玻璃上就全是密密的水珠。但这一天收获也最大，10 只鹈鹕在海堤内的大水塘中，让我以比较近的距离拍了两三个小时。

　　高潮出现在上午 11 点左右，只见 10 只鹈鹕先是围成半圆形，后来成一纵队，同时探头入水捕食。天哪，这场景太难得了，简直就是动物世界里播放的画面。

　　原来，卷羽鹈鹕的最大特征就是长有一个橘黄色的大型喉囊。捕食时，它们将头部插入水中，把喉囊张得很大，一口可以吞进十几升的水和大量

鱼虾，然后将大嘴合拢，让水顺着嘴边滤出。它们常采用围剿战术：首先把鱼群包围，再用宽大的翅膀奋力拍击水面，把鱼群驱赶到浅水处，趁鱼儿乱成一团的时候，轻而易举地捕食之。

年初四，时阴时雨，见到 3 只鹈鹕。

那个春节与鹈鹕的"约会"，画下圆满的句号。

我把以较近距离拍到的 10 只鹈鹕捕鱼的照片发到省内观鸟论坛上后，众多鸟友都艳羡不已。因为，在那时，国内关于鹈鹕的好照片尚不多见。

可惜，温州永强机场附近的湿地环境慢慢恶化，2009 年之后，那里很少再出现大群的卷羽鹈鹕。

沧海桑田，乡关何处

没想到，2011 年深秋，更加重磅的消息传来：温州灵昆岛上的几个大型水塘中出现了六七十只卷羽鹈鹕。可偏偏那一年我工作特别忙，几乎天天夜班，抽不出时间赶到温州。后来一狠心，干脆在周五的午夜下班后，与朋友轮流开车，连夜赶到灵昆岛。我们只在灵昆的旅馆里睡了两个小时，就在曙光微露的时候赶到了海边。

　　那里是围垦出来的湿地，水不深，但面积极大，在外围绕一圈估计得超过 10 公里。这块湿地绝对是水鸟天堂：鹭、鸥、鸬鹚、野鸭等各种鸟儿的数量几乎都数以千计，它们在空中集群飞掠，在水中觅食嬉戏，这生机勃勃的景象让人想起"万类霜天竞自由"这句诗。

　　当然，包括我在内的来自全国各地的鸟人们的注意力，主要都在几十只鹈鹕上。驾车在海堤上缓缓行驶，一旦发现它们出现在较近的水面上，就迅速停车，把"大炮"直接架在已摇下玻璃的车门上开始拍摄。鹈鹕们不时起飞，从这块水面冲到另一块水面捕食鱼儿。拍摄这种场景总让人大呼过瘾。

　　一周后，心痒难搔的我又决定去拍鹈鹕。那次是凌晨 3 点多起床出发，为此独自来回驱驰 700 多公里。

　　我这么拼，不仅是因为喜欢拍鸟，更重要的，是我意识到环境在时刻变化，以后能这样拍鹈鹕的机会很可能会越来越少。

　　果然，2012 年之后，由于当地开发的需要，灵昆岛的那些大型水塘都逐渐被填平了。2014年冬，我路过那里时，发现"沧海桑田"的转换在短短两三年间已成为现实，湿地严重萎缩，鹈鹕不见了。

留住湿地，留住鹈鹕

时间来到2016年元月。宁波杭州湾新区海边出现7只越冬鹈鹕的消息，让参与水鸟调查的浙江省林业厅的专家也颇为兴奋。

我去实地看了一下，鹈鹕栖息的地方，也是一块新围垦出来的海滨湿地。那里面积广大，水鸟翔集，我看到了无数的野鸭与大雁，还有数十只小天鹅、黑脸琵鹭、白琵鹭等属于国家二级保护动物的珍稀鸟类。卷羽鹈鹕有7只，其中5只成鸟，2只亚成鸟。

这只鹈鹕捕到的鱼多到"合不拢嘴"

1月31日，在湿地边缘的一个排水口附近，不少白鹭、苍鹭、黑尾鸥等鸟儿在抢鱼吃。鹈鹕很快冲了过去，仗着人高马大，当即将其他鸟儿赶到了一旁。有只鹈鹕居然一下子兜住十几条鱼，然后一仰脖全吞了下去。

我看得目瞪口呆。据以前的观察，鹈鹕吃鱼，一般是在水下就把大嘴巴完全合拢，然后抬头吞鱼，所以多数情况下是拍不到鱼露在外面的场景的。估计是因为这次大丰收了，捕到的鱼多得"合不拢嘴"，它才需要张开嘴调整一下食物的位置，以便于吞咽。

我不禁感叹，这地方面积广、鱼儿多、人为干扰少，对鹈鹕来说是多么难得的栖息地啊！

卷羽鹈鹕是宁波的冬候鸟。2016年11月27日，我再去那块湿地拍鸟，出发前就想：说不定鹈鹕也已经来了吧。刚到那里，用望远镜一扫，我的天呀，远处白白的很多大鸟，全是鹈鹕！它们都站在泥涂上休息，几乎一动不

动,我大致数了一下,近 30 只,数量之多已经破了宁波的纪录了!同时,还看到了混群的大量白琵鹭与黑脸琵鹭,合计近百只。

当即打电话给几位鸟友,告知这一喜讯。老钱过来后,发现附近的大水塘里也有 20 多只鹈鹕,两者相加,就接近 60 只了。天哪,我简直不敢相信自己的眼睛。我随即将此事报告给了浙江省林业厅的森林资源监测中心,他们当即决定马上搞一次针对卷羽鹈鹕的全省同步调查。调查表明,宁波这块湿地的越冬鹈鹕有 65 只左右,温州等其他地方只有零星几只。

但鸟友老钱告诉我,他问了这里的鱼塘老板,对方说,他的承包期在两三年后就要结束了,因为这个围垦区也要搞开发。

我多么希望,鱼塘老板所言并不靠谱。如果他的话是真的,我也多么希望,事情今后能出现转机。

湿地,是鹈鹕的家园,又何尝不是我们的家园?

2016 年 12 月,在宁波越冬的卷羽鹈鹕群

全职鸟爸爸

极大多数的鸟儿，都是鸟爸爸鸟妈妈一起承担起筑巢、孵卵、育雏的工作。在孵卵期，通常是一只亲鸟留在巢中，另一只出去觅食，或者负责警戒（通常是雄鸟），到了一定时间，两者就"换班"。而当雏鸟破壳而出后，几张小嘴总是张得大大的，似乎永远吃不饱，鸟爸爸鸟妈妈拼命捉虫喂食，忙得不可开交。

但有的鸟，如水雉、彩鹬等，却属于"另类"：它们实行"一妻多夫"制，即在同一个繁殖季，雌鸟只管产卵，产完卵之后不久就另寻新欢，与其他雄鸟再次交配、产卵，至于接下来的孵卵与养儿育女的工作全部都由鸟爸爸来完成。因此，对它们的宝宝来说，它们是"只知其父不知其母"的。

盛夏7月，是水雉与彩鹬的繁殖季节。且让我们看看"全职鸟爸爸"的辛劳工作吧。

越来越少见的"水凤凰"

顾名思义，水雉就好比是生活在水上的雉鸡 —— 尽管事实上它跟雉没有啥关系，它不属于雉科，而属于水雉科。不过，由于这种鸟外形漂亮，且外形确实有点像鸡，因此它有个很好听的雅号："水凤凰"。

在江南，水雉是夏候鸟，每年春末飞来寻找合适的繁殖地，比如有大片睡莲或菱角等植物的水域。它的趾爪特别长，能轻步在莲叶上行走，挑挑拣拣地找食，间或短距离跃飞到新的取食点。软体动物、昆虫、浮游生物和植物根部、嫩芽或种子等，都在水雉的食品清单上。

我曾在东钱湖畔的一个池塘里，见到多只前来安家、繁殖的水雉。在繁殖期，水雉的打扮很抢眼：背上披着深褐

水雉　　　　　　　　　　　　水雉科

　　体长约33厘米，尾特长。在非繁殖期，头顶、背及胸上横斑灰褐色；颏、前颈、眉、喉及腹部白色；两翼近白，飞行时白色翼明显。嘴的颜色：黄色（非繁殖期）/灰蓝（繁殖期）；脚的颜色：棕灰（非繁殖期）/偏蓝（繁殖期）。在中国，繁殖于北纬32°以南的地区。部分鸟在台湾及海南越冬。

东钱湖的水雉

色的外套（在阳光下有时还会显现铜绿光泽），胸腹部羽色更深，反衬得脸部更加洁白、秀气；而最引人注目的，则是后颈的那一抹镶着黑边的金黄，还有近黑色的纤长的尾羽……尽显高贵、典雅的气质，总之，"水凤凰"的美誉绝非浪得虚名。

可惜好景不长。这个池塘原本是一个堪称"神奇"的池塘。它面积不大，边长充其量就一两百米。在2010年之前，它一直保持着良好的原生态：西边有个口子跟东钱湖相通，东边是荒草地，池塘周边是茂密的芦苇丛。好多鸟类经常在这里活动：除了水雉，还有黑苇鳽（音同"间"）、栗苇鳽等难得一见的鹭科鸟类生活在芦苇丛中；翠鸟经常站在水中的竹竿上准备捕鱼；斑鱼狗也会不时飞到池塘上空悬停，寻找抓鱼的机会；至于黑水鸡等水鸟，更是这里的常住居民……

2010年夏天之后，池塘边开始大兴土木，建造饭店。池塘周边的原生植被因此几乎被一扫而空。后来，环湖游步道也造起来了。游客越来越多，以至于在节假日经常出现交通拥堵的情况。但是，这里再也不见美丽的"水凤凰"的踪影。

2016年6月5日，在日湖公园的荷花塘里，一位鸟友居然拍到了水雉。这让本地众多拍鸟、观鸟爱好者大吃一惊：美丽的水凤凰居然飞到宁波市区了！

我是6日晚得知这一消息的，鸟友的照片显示，一只水雉正在浮于水面的荷叶间漫步。我按捺不住兴奋的心情，于次日一早就携长焦镜头来到日湖。然而，我在荷塘区域仔细找了个把小时，除了看到好多夜鹭站在湖中的树桩上伺机捕鱼，还有只白胸苦恶鸟在一个劲作求偶鸣叫外，根本没有水雉的踪影。

我有点失落。但仔细想想，也不奇怪，这只水雉是路过的，它在寻找

合适的繁殖场所。日湖的荷叶显然不适合它在上面孵卵，因此很快就又离开了。

辛苦的水雉爸爸

水雉的雌鸟与雄鸟长得很相似，书上说雌鸟体形稍大，尾羽也是雌鸟的更长。尽管实际上这在野外是很难判断的，但这也暗示着雌鸟似乎更"强势"，在婚姻生活中更具主动性。

2009 年 7 月，在东钱湖畔的水塘，我经常躲在芦苇丛里，对水雉的孵卵、育雏行为进行了持续的观察。这个水塘并不大，周边有不少芦苇，约一半的水面上覆盖着芡（一种睡莲科的大型水生植物）。在平铺于水面的芡的叶面上，水雉用少量水草，相当"草率"地弄了一个巢。

巢中共有 3 枚卵。这位水雉爸爸非常尽责，偶尔会蹲下来，用翅膀像手一样略微翻动一下卵，然后把 3 枚卵一起"搂"紧，安放在自己身下。它

有时显得有点凶：只要黑水鸡、小鹛鹠、斑鱼狗等鸟儿靠近到离巢二三十米的地方，它就经常起飞，将那些不识相的鸟儿驱逐得落荒而逃。

有一次，受台风影响，风雨大作。然而，水雉爸爸一直静静地趴在窝里，牢牢守护着它的卵。陪伴它的，除了大风大雨，还有隐蔽在池塘边的、尽管穿着雨衣但仍浑身湿透的我。

经过约 3 周的孵卵，水雉爸爸显得比原先憔悴了不少，颈后的金色羽毛明显失去了光泽。

刚破壳的水雉雏鸟

　　一天清晨，我忽然听到水雉的连续的"咕咕"叫声。掉转"大炮"一看，啊呀，这个激动、意外啊，没想到水雉宝宝刚刚出壳了，而且是两只！瞧，刚出生的小水雉显得黑乎乎、湿答答的，其中一个小家伙已经在试着努力站起来，而另一个还趴着呢。半个小时后，两个小宝宝已基本晒干了羽毛，开始跟着爸爸蹒跚学步了。过了一会儿，水雉爸爸继续孵剩下的那枚卵。

　　水雉的幼鸟属于早成鸟。所谓"早成鸟"，是指刚出壳的雏鸟眼睛就已经睁开，并且全身有稠密的绒羽，腿足有力，很快就能跟随亲鸟自行觅食。家养的鸡鸭的幼雏就属于早成鸟。相反，"晚成鸟"在出生时眼睛紧闭，全身光溜溜的几乎没有羽毛，只能依靠父母保温、喂食，比如麻雀、燕子、白头鹎等雀形目鸟类就属于晚成鸟。

　　两天以后的早晨，我再次去看望水雉一家，发现第三枚卵没有孵化成功，它依旧留在原地。不过，两只小水雉已经跟着爸爸走到了离窝很远的地方，自己管自己觅食。又过了两天，小水雉的活动范围更大了。我注意到，有时，如果有一只小水雉落在后面不愿意游过来，水雉爸爸会返回去鼓励它赶紧下水、跟上，这场景真的很感人。

彩鹬也是"全职奶爸"

在宁波，另一位鸟类中的"全职奶爸"就是彩鹬，它属于本地的罕见留鸟。看名字就知道，这是一种非常漂亮的鸟。大多数鸟儿都是雄鸟比雌鸟好看，而彩鹬不一样，雌鸟明显比雄鸟更为艳丽。雌鸟的头部与胸部均为鲜艳的栗红色，看上去雍容华贵，气度不凡，而雄鸟虽然也挺漂亮，但其体色比雌鸟暗淡得多。彩鹬的眼睛在头部所占比例较多，因此显得大而有神。

有一年7月，在杭州湾南岸湿地，我们偶然发现了一个彩鹬的巢。说真的，若不是无意间看到一只彩鹬雄鸟走进去并蹲下来孵卵，我们根本不会想到那竟是一个鸟巢。彩鹬选择了湿地边缘的一撮较高的草，作为这个简陋的巢的外在遮蔽物，然后把这丛草的中央稍稍弄平，雌鸟在里面产完卵后就走了，此后的一切都托付给了雄鸟。

我曾躲起来仔细观察彩鹬雄鸟的孵卵行为，发现它的一举一动都极为小心。由于没有雌鸟跟它"换班"，因此当

彩鹬（左雄右雌） 彩鹬科

体长约25厘米，色彩艳丽的涉禽，尾短。雌鸟：头及胸深栗色，眼周白色，顶纹黄色；背及两翼偏绿色，背上具白色的"V"形纹并有白色条带绕肩至白色的下体。雄鸟：体形较雌鸟小而色暗，多具杂斑而少皮黄色，翼覆羽具金色点斑。栖于沼泽型草地及稻田。行走时尾上下摇动，飞行时双腿下悬如秧鸡。（熊书林/摄）

它出去觅食或返回巢中时，都蹑手蹑脚，稍走几步就停下来观察一下四周的动静。它的体色及羽毛上的斑纹与周边的植被非常好地融为一体。至于后来的"带娃"工作，彩鹬爸爸的行为与水雉爸爸几乎如出一辙。

后来，在一个寒冬腊月，鸟友在东钱湖附近的水田里发现了三四只彩鹬，很奇怪都是雄鸟。早先，我还曾误以为彩鹬是本地的夏候鸟，直到看到它们，才确认彩鹬是留鸟。这块水田里留着秋收后剩下的一些枯黄的稻草，白天，这些彩鹬几乎整天都钻在稻草堆的缝隙里一动不动，有的只露出一双警觉的眼睛。若不是事先看着鸟儿走进去，是根本不可能找到它们的。在白露为霜的清晨，它们悄悄地出来觅食。每次看到它们钻出稻草堆时那小心翼翼、胆战心惊的样子，我就想，这美丽的鸟儿是多么害怕人类啊！

《中国鸟类野外手册》上说："（水雉）以往为常见的季候鸟，现因缺少宁静的栖息生境已相当罕见。"水雉是这样，彩鹬又何尝不是如此?！这两位尽心尽责的鸟爸爸，所需要的，仅仅是一方丰茂而安宁的湿地以养育孩子，但从现实来看，由于湿地的大面积消失，它们的愿望又是多么不容易实现！

彩鹬雄鸟

最美的"鹬"见

"这是青脚鹬,宁波海边最常见的鹬。"

"什么,什么'玉'?"

"嗯,这个字蛮难写的,不是贾宝玉的'玉',而是成语'鹬蚌相争'的'鹬'。"

"哦,明白了,鹬是一种长嘴巴的鸟。"

每次,给别人讲宁波的水鸟,难免会有类似的对话。只有搬出"鹬蚌相争"这个"救兵",大家才能对鹬这种水鸟建立初步的印象。

宁波地处东亚 — 澳大利亚的候鸟迁徙路线的中段,是无数南来北往的鸟儿迁徙的必经之地。而且,从杭州湾、象山港直到三门湾,宁波拥有很

青脚鹬

长的海岸线，广袤的沿海湿地，为水鸟提供了歇足、栖息的场所。鹬，无论从种类还是数量上讲，都是迁徙水鸟的绝对主力。

长相难分清，主要"看气质"

从 2005 年前后起，宁波开始有了民间的观鸟爱好者。随后几年，本地拍鸟、观鸟人士逐年迅速增加，在大家的共同努力下，宁波的鸟类记录不断增加。最初，按照宁波市林业局在 2000 年左右公布的宁波野生鸟类名录，本地的鸟类共有 349 种，而到 2017 年，根据本地资深鸟友"古道西风"的统计，综合历史记载及最近十几年的观察记录，宁波鸟类总数已突破 400 种。

我作了一个粗略的统计，在这 400 余种鸟类中，水鸟起码有一百三四十种，也就是说占了三分之一强。而水鸟中，又以鸻（音同"横"）鹬类占了绝对的大头。这里说的鸻鹬类，是指鸻形目的部分鸟类（不含鸥科、燕鸥科等），该目之下又分若干个科，其中水雉科、彩鹬科、蛎鹬科和燕鸻科在本地分别只有水雉、彩鹬、蛎鹬和普通燕鸻各 1 种鸟；反嘴鹬科，则有黑翅长脚鹬与反嘴鹬 2 种鸟；而鸻科有超过 10 种鸟，鹬科更多，有 30 余种。

鹬，不仅字难写，而且有很多种鹬长得高度相似，没经验的观鸟者面对眼前一群鹬，要把它们分出个甲乙丙丁来，恐怕只有一种表情：囧——恰好跟"鹬"这个字左下角的偏旁类似。

想当初我自己刚学观鸟时，翻开《中国鸟类野外手册》中关于鸻鹬的某页图鉴，脑子里顿时"嗡"的一下，完全蒙了：啥？这一页上画了十几种鸟？这不每一只几乎都一样吗？

而随着野外观察次数的增多，才发觉，哦，原来它们彼此之间的区别还是蛮明显的嘛，而且几乎都有各自的标志性特征。如，矶鹬的"肩部"白色

矶鹬　　　　　　　　　林鹬　　　　　　　白腰草鹬

泽鹬　　　　　　　　　　　　青脚鹬

鹤鹬　　　　　　　　　　　　红脚鹬

翘嘴鹬　　　　　　　弯嘴滨鹬　　　　　　反嘴鹬

如弯月；林鹬披着由小块白色碎斑装饰的外衣，而白腰草鹬背上的白斑细如星点；泽鹬的嘴细而尖，青脚鹬的嘴明显粗而厚；鹤鹬与红脚鹬的腿都是红色的，但红脚鹬的嘴的基部上下都是红的，而鹤鹬只有下喙的基部为红色；翘嘴鹬的嘴是往上翘的，弯嘴滨鹬的嘴是向下弯的，而反嘴鹬的嘴又尖又细且是往上反卷的；白腰杓鹬的腰部是白色的，而外观几乎一样的大杓鹬的体侧均有细纹，腰部为褐色；

大杓鹬

白腰杓鹬

黑尾塍鹬

黑尾塍鹬与斑尾塍鹬在飞行姿态下区别明显，前者尾黑，且双脚伸出尾部较多，而后者无黑色尾部且双脚只略伸出，至于在停歇状态下，前者的嘴平直如线而后者的嘴前端微微上翘，亦容易区分。

当然，更高的境界是：主要看气质。比如青脚鹬与小青脚鹬，两者外观极为相似，但前者是常见水鸟，而后者是极罕见的濒危物种。如果光看图鉴，恐怕初学者无论看多久都会是一团雾水。古人说得对："纸上得来终觉浅，绝知此事要躬行。"观鸟者想要提高鸟类鉴别水平，更是如此。所谓"图片看千遍，不如野外见一次"。任何一位见过青脚鹬与小青脚鹬的资深观鸟者，要分辨这两位"双胞胎"，可以说都不难，不必细究外形，看"气质"就知道了呗！青脚鹬的身形、站姿看上去修长、高挑，好似翩翩少女；而小青脚鹬则显得矮胖、木讷，恰如忠厚小伙。

邂逅浙江鸟类新记录

2008年春，宁波海边产生了两个鹬鹬类的浙江鸟类新记录。其一，是我拍到的阔嘴鹬。其实，阔嘴鹬根本不是稀有鸟类，之所以之前在浙江没有记录，主要是因为早先时候民间观鸟、拍鸟的人几乎没有，依靠专家们有限的调查，漏掉一些鸟种是很正常的。最近几年，浙江鸟类新记录明显增加，主要还是依靠民间爱好者的发现。

而慈溪鸟友单鹏云在当地海边拍到的红胸鹬，却是货真价实的稀有鸟类。春天是鸟类北迁的季节，它们在沿海迁徙时一般都会在杭州湾湿地停留、休整一下。2008年4月30日下午，在杭州湾跨海大桥东边数公里处，单鹏云跟往常一样来到堤坝上拍摄水鸟。滩涂上，有无数的鸻、鹬在低头

阔嘴鹬

觅食。单鹏云注意到,在一群比较常见的环颈鸻、蒙古沙鸻中间,混杂着一只胸前有红斑、比较"另类"的鸟,就把它拍了下来。起初,他以为那是一只东方鸻,但又总觉得不对劲,因为它明显比东方鸻要小,而且通常情况下东方鸻更多地出现在海边的草地上,很少在海涂上见到。

事后,单鹏云把这只鸟的图片传到了浙江观鸟 QQ 群及浙江野鸟会观鸟论坛上,向观鸟高手们请教鸟名。谁知,众多见多识广的高手这回居然谁都不敢确认!

后来,大家又把上海野鸟会的水鸟识别高手"黑皮"(网名)请来看图。"黑皮"说:"这只鸟怎么看怎么别扭,似东方鸻,但不太像;似红胸鸻,但应该在本区域没有分布。"他查了很多资料,又从单鹏云那里要到了此鸟飞行时的图片,通过观察翼下羽色,才认为这应该是红胸鸻。

红胸鸻(单鹏云/摄)

蒙古沙鸻

"为了保险起见，我又把鸟的照片发给了澳大利亚水鸟专家 Mark Barter 先生，他也确认，这确实是一只红胸鸻！""黑皮"说，"这可能是在中国东部沿海的第一笔红胸鸻记录！"

这下，大家都是又惊又喜。因为，根据资料，种群数量稀少的红胸鸻越冬在非洲，在国内只繁殖于新疆天山及准噶尔盆地，谁都想不到它竟会迁徙经过宁波！时任浙江野鸟会会长陈水华及众多鸟友，纷纷向单鹏云表示祝贺。

东方鸻

"水鸟模特"套了彩色脚环

观鸟、拍鸟除了能发现本地鸟类新记录，有时还会看到被环志的鸟。2008年早秋，正是候鸟南迁逐渐增多的时节，我和李超来到慈溪的杭州湾湿地拍水鸟。我们把车停在一个有芦苇荡的浅水塘边，然后躲在车里静候水鸟靠近。

没多久，远处的黑翅长脚鹬、白腰草鹬、红颈滨鹬等候鸟都走了过来。对我们来说，这些鸟都已经是拍过多次的"菜鸟"，本来兴趣并不大。谁知，李超突然喊了声："戴脚环的黑翅长脚鹬！"果然，一只身材高挑、步态优雅的黑翅长脚鹬在不远处的水边"闲庭信步"，通过"大炮"的清晰视野，我们赫然看到它的脚上套了多个彩色脚环。哇，这是被环志的鸟！这下我也来

黑翅长脚鹬

红颈滨鹬 　　　　　　　　　　　被环志的黑翅长脚鹬

劲了，虽然那时我已经拍到过近250种野生鸟类，但有环志的鸟还是第一回见到！

漂亮的黑翅长脚鹬有着一双鲜红的长腿，被称为水鸟中的"模特儿"。眼前的这只，两条腿上都套着脚环，其中两个脚环都是蓝白相间，而另三个脚环分别是橙色、绿色与灰色。"难道它在不同的地方被捕捉并环志过？"我和李超都疑惑不解。

后来，我们把图片传到了浙江野鸟会网站的观鸟论坛上。"黑皮"看到以后说，这是来自台湾的环志，而且是一次性套上去的，其目的是为了辨认不同的环志个体、环志时间等信息。

热心的"黑皮"随即联系上了台湾的相关水鸟研究机构，最后确认这只黑翅长脚鹬是被台南昆山科技大学的翁义聪老师环志的。"黑皮"说，近年来翁老师环志过许多黑翅长脚鹬，其中不少在日本、韩国及我国的上海、香港等地都有回收记录。

为了研究鸟类迁徙、活动的规律，很多国家与地区都采用给野鸟佩带彩色脚环的方法（即"环志"）来跟踪鸟的走向，不同国家与地区的脚环的颜色组合都不一样。不过,被环志的鸟毕竟是极少数,再考虑到长途迁徙中的死亡率,就不难想象,要在野外看到一只被环志的鸟是多么不容易!因此,观鸟爱好者都称发现被环志的鸟是"中奖"了,而且会马上向相关专业机构报告,以利于科学研究。

鹬蟹相争,洗洗再吃

上述跟鸻鹬有关的事情,都以科学性为主,不过,有时候我们也会碰到具有很强的故事性、文学性的事儿。

据《战国策》记载,苏代借助"鹬蚌相争,渔翁得利"这个寓言,成功劝说赵王放弃伐燕:

> 赵且伐燕,苏代为燕谓惠王曰:"今者臣来,过易水,蚌方出曝,而鹬啄其肉,蚌合而箝其喙。鹬曰:'今日不雨,明日不雨,即有死蚌。'蚌亦谓鹬曰:'今日不出,明日不出,即有死鹬。'两者不肯相舍,渔者得而并禽之。"

我相信,在现实生活中,古人一定见过鹬蚌相争的场景,因为这是符合一些种类的鹬的习性的,完全真实可信。我虽未见过"鹬蚌相争",但拍到过"鹬蟹相争"的有趣场景。

有一年深秋,在温州的海边,潮水刚刚退去之时,滩涂上有很多小螃蟹、弹涂鱼。众多水鸟蜂拥而至,来到泥滩上"赶海"觅食,享受大自然赐予的盛宴。我静静地坐在海塘下的石头上,架好了"大炮"等待水鸟靠近。滩涂上鸟不少,那些喜欢低头猛跑,然后突然停下来吃点东西的小家伙是环颈鸻,那些总把像筷子一样细长的喙插到泥里的,是黑尾塍鹬、中杓鹬、白

灰尾漂鹬吃螃蟹

腰杓鹬等鸟儿。

　　后来，我注意到不远处有只灰尾漂鹬在奔跑，它的嘴里衔着一只裹满了烂泥的小螃蟹。这螃蟹也不是省油的灯，正晃动着大螯作垂死挣扎。这只灰尾漂鹬一直往前跑，我正奇怪它为什么不赶紧享受这到嘴的美食呢，却见它在一个小水坑边停了下来，然后伸嘴将螃蟹在水里使劲甩啊甩，哦，原来它是在洗螃蟹呢！

　　相机的快门一阵连响，多张图片像动画片一样连续记录了这一幕。这

中杓鹬

灰尾漂鹬把螃蟹洗了好几秒钟，几乎把小螃蟹的脚都弄掉了，才一口将其囫囵吞下。这时我才明白，它这样洗螃蟹，实乃一举两得，一是洗掉烂泥，二是甩掉螃蟹的螯与脚以便于吞咽。好聪明的家伙！

不过，我在这里要顺便吐槽一下。因为，我在某著名搜索引擎的"百科词条"上惊讶地看到，在与"鹬蚌相争，渔翁得利"相配套的漫画上，竟赫然画了一只鹭在与河蚌相争！这简直让人哭笑不得，看来现代某些人的创作态度实在有愧于古人啊！

风中有朵鸟做的云

除了长嘴剑鸻、灰头麦鸡等少数鸟种之外，宁波境内的绝大多数鸻鹬都出现在海边或者近海湿地。长嘴剑鸻喜欢多石头的水边环境。我曾经于4月在章水镇的四明山脚下的溪流中见到一对,它们在溪边石滩上求偶、繁殖。灰头麦鸡则是本地的罕见夏候鸟,也会在远离海岸的内陆湿地繁殖。

所以,想要欣赏水鸟的"视觉盛宴",必须到海边去,尤其是在春秋迁徙高峰时节。2010年10月,在慈溪海边,我们有幸欣赏到了形状不断变幻的"鸟云",那景象实在令人叹为观止。傍晚,海风猎猎,吹得正紧。原本在海涂上觅食的成千上万的鸻鹬,越过海塘,飞到附近半干的水塘栖息过夜。那里的水塘星罗棋布,我们站在如阡陌纵横的塘与塘之间的泥路上,远远看到一团又一团的"鸟云"从北边飞来。当某朵"云"经过头顶的低空时,我清晰地听到了无数翅膀在空气中振动的"飒飒"声,尽管这声音让人心旷神怡,我们却不敢抬头张嘴看,万一有鸟粪飘落可就尴尬啦!

到了一个有足球场那么大的半干水塘上空,几朵小小的"鸟云"合并为

长嘴剑鸻

灰头麦鸡

一朵云。此时此刻，橙红的夕阳缓缓下坠，无数的水鸟在水塘上空盘旋、翻飞，变幻出各种形状：时而像一列火车驶过天际，时而像一只乌龟在慢慢爬行，时而又像一条长蛇在扭动，时而如一条鱼在摆尾，而落日正好成了这条"鱼"的眼睛！最奇妙的，我曾抓拍到一个瞬间，狂舞的鸟群竟组合成了宛如国家体育馆"鸟巢"的模样！最最奇妙的，它们还曾飞出了一个完美的"心"形！！这是什么样的天地造化啊，没有见过的人又怎么能体会这自然之大美。那一刻，我觉得自己是世界上最幸福的人。

无数的鸟飞出了一个"心"形

黑腹滨鹬

　　暮色四合，鸟儿们的风中之舞逐渐放缓了节奏。不知何时，它们都已落地，于是那些半干水塘的旱地上密密麻麻停满了鸟儿，犹如沙场秋点兵，整齐、安静，甚至有点严肃。仔细一看，这些鸟中绝大部分都是黑腹滨鹬、红颈滨鹬、环颈鸻等小型水鸟。它们静默地站着，当长夜隐去，次日的朝阳喷薄而出，它们又将化成天边的云。

金鸻　　金眶鸻　　普通燕鸻

半蹼鹬　　大滨鹬　　翻石鹬

红颈瓣蹼鹬　　尖尾滨鹬　　流苏鹬

小杓鹬　　青脚滨鹬　　长趾滨鹬

附：宁波的部分鸻鹬类

鸻科：凤头麦鸡、灰头麦鸡、金鸻、灰鸻、长嘴剑鸻、金眶鸻、环颈鸻、东方鸻、铁嘴沙鸻、蒙沙鸻、红胸鸻等。

鹬科：丘鹬、扇尾沙锥、半蹼鹬、黑尾塍鹬、斑尾塍鹬、小杓鹬、中杓鹬、白腰杓鹬、大杓鹬、鹬、红脚鹬、泽鹬、青脚鹬、白腰草鹬、林鹬、翘嘴鹬、矶鹬、灰尾漂鹬、翻石鹬、大滨鹬、红腹滨鹬、趾滨鹬、红颈滨鹬、青脚滨鹬、长趾滨鹬、尖尾滨鹬、弯嘴滨鹬、黑腹滨鹬、勺嘴鹬、阔嘴鹬、流苏鹬、红颈瓣蹼鹬等。

另外还有水雉科的水雉、彩鹬科的彩鹬、蛎鹬科的蛎鹬、燕鸻科的普通燕鸻，以及反嘴鹬科黑翅长脚鹬与反嘴鹬。

"士兵突击"拍潜鸟

宁波电台的《听见》栏目的主播晓云曾与我连线，做了一期以"鸟人说鸟"为主题的节目。当时，晓云有点好奇地问我："鸟儿会飞，应该很难拍啊！你们到底是怎么拍到这么多鸟的？"我说，拍鸟的方法无非两种：一种是"阵地战"，即事先知道鸟儿出现在某个相对固定的区域，然后隐蔽起来等候拍摄；另外一种是"游击战"，就是在运动中随时抓拍好动的鸟儿。

当然，在野外实际拍鸟过程中，肯定会随机应变，比如经常会采用结合了上述两种方式的"伏击战"等。记得 2008 年早春的时候，省里一家报纸的记者曾采访我，后来在写稿的时候就把我们的拍鸟过程比喻成"士兵突击"。

印象中，我们以"士兵突击"的方式拍鸟的故事，以拍潜鸟与秋沙鸭最为典型，也最为有趣。潜鸟与秋沙鸭分别属于潜鸟科与鸭科，但都以善于潜水抓鱼出名。

【潜鸟科】
　　潜鸟善潜水，常潜入深水捕食鱼类，游于水底时用双脚滑动。尾短，外形似鸬鹚，栖于淡水与海水。飞行快而有力，颈伸直，头较低。

【秋沙鸭】
　　属于鸭科秋沙鸭属，具锯状齿，善潜水捕鱼。

八门"大炮"隐蔽拍潜鸟

2008 年 2 月，镇海鸟友信信在当地的岚山水库拍到了非常罕见的红喉潜鸟。这可不得了！这种鸟主要分布在近北极区的水域，冬季才可能南下至华东沿海越冬。

我按照信信的指点，在水库边搭好迷彩帐篷，守了一个上午，没见。下午又在帐篷里等了一个小时，还是没见。到底忍耐不住，钻出帐篷，猫着腰到附近看看。忽然发现老远有只水鸟正向我这边游来，举起望远镜一瞧，不禁欣喜若狂，正是它！

我立即伏在石堤后面，架好长焦镜头。从相机取景器里看到，红喉潜鸟正施施然游来，越靠越近，最后几乎到了我的眼前！这是我第一次见到这种鸟。

没想到，3 月的一天，信信在岚山水库的另一个位置又发现了红喉潜鸟。次日中午，我也赶去拍，发现那里竟然有 3 只潜鸟。当时我总觉得其中一只的"气质"与其他两只不一样，但又说不出个所以然来。晚上，我在电脑上仔细看鸟

红喉潜鸟　　　　　　潜鸟科

　　体形最小（61 厘米）的潜鸟。夏季成鸟的脸、喉及颈侧灰色，特征为一栗色带自喉中心伸至颈前成三角形。冬季成鸟的颏、颈侧及脸白色，上体近黑而具白色纵纹，游水时嘴略上扬。

黑喉潜鸟　　　　　　潜鸟科

　　体形略大（68 厘米）的潜鸟。繁殖羽：头灰色，喉及前颈闪辉墨绿色，上体黑色具白色方形横纹。非繁殖羽：下体白色上延及颈侧、颏及脸下部，两胁白色斑块明显。

红喉潜鸟捕鱼

片，越看越相信其中一只潜鸟恐怕不是红喉潜鸟，而是另一种潜鸟，于是赶紧把图片上传到浙江野鸟会的观鸟论坛上。谁知，这顿时让论坛炸开了锅，省内观鸟高手确认：那只是更少见的黑喉潜鸟！以前在浙江还从未见影像记录！

红喉潜鸟与黑喉潜鸟都善于潜入深水捕鱼，由于种群数量稀少，历来在国内的记录很少。它们的繁殖地都在北方，甚至靠近北极区域。它们可能在宁波越冬，也可能只是在沿海岸线迁徙时路过宁波，岚山水库里丰富的食物可为它们补充能量。

在夏季繁殖期，红喉潜鸟与黑喉潜鸟都会把自己打扮得花里胡哨的，其喉部分别呈栗红色与黑色，而冬季时，婚羽褪去，其喉部变为平淡的白色。在冬季，这两种鸟确实长得比较像。而高手指出，两种鸟除了背部羽色等地方有区别以外，还有一个特征更加明显，即在游动时红喉潜鸟的嘴总是呈略微上扬的姿态，而黑喉潜鸟的嘴基本是平的。

一个风和日丽的周六，得到消息的 5 位省内拍鸟高手大清早就从杭州出发，来到镇海，与宁波的 4 位鸟友会合，共拍潜鸟。水库的一个角落里，多顶迷彩帐篷一字排开，8 支穿上了迷彩外套的专业级"大炮"，再加一台摄像机，从帐篷里伸出头来。而信信则穿了件"野人"伪装服，躲在芦苇丛中拍摄。

当时，在附近平静的水面上，有无数手指长的小鱼聚集在一块儿，引得潜鸟、白鹭、白骨顶及西伯利亚银鸥等纷纷过来抓鱼。看来我们的伪装很到位，潜鸟大大咧咧地游过来了，有时离我们非常近，简直就在眼皮底下。只见鸟儿一个猛子扎到水下去捕鱼，把小鱼吓得纷纷跃出水面。每当它们捕到鱼冒出水面，几门"大炮"就一起对准它们，"咔嚓咔嚓"的快门声如密集的雨点响成一片，"火力"极猛。

中午，大家也舍不得花时间出去吃饭，而是打电话给快餐店，让其把快餐直接送到水库边的"战斗前线"。饭后，大家又立即进入"阵地"，一直拍到夕阳西下。最后，个个笑逐颜开，满载而归。

"伏击"红胸秋沙鸭

如果说躲在帐篷里拍潜鸟算是以逸待劳的话，那么 2010 年 1 月底拍红胸秋沙鸭那次，就属于与鸟儿斗智斗勇的"游击战"加"伏击战"了。

当时，我听鸟友老马说，江北的荪湖来了一只普通秋沙鸭的雌鸟，但后来证实那是罕见冬候鸟——红胸秋沙鸭，这令一帮鸟人喜出望外。那天趁天晴，我和老马先到了荪湖。近中午时分，终于在它经常出没的地方发现了它，但距离极远，又是逆光，没法拍。

后来老熊也来了，我们决定先吃饭，就在湖边农家乐的室外水泥地上摆下了桌子。点好菜刚准备吃，我因为还牵挂着鸟儿，不时举起望远镜观察湖面，忽然发现红胸秋沙鸭有点靠近了，我们赶忙放下筷子，拎上"大炮"跑向湖边。可惜，一到那边，鸭子早又游远了。

于是再吃饭。但我还不死心，随时用望远镜观察鸭子，忽然见到它就在靠近山脚的水边，而更让我吃惊的是，鸭子上面的草丛里正有一个浑身迷彩的鸟人拿着"大炮"在拍呢！我和老马面面相觑，说这家伙倒好，真是来得早不如来得巧！只见鸭子就在这个幸运儿面前拼命振翅、梳理羽毛，动作很多。

红胸秋沙鸭（雌）　　鸭科

体形中等（53厘米）的深色食鱼鸭。嘴细长而带钩，捕食鱼类。丝质冠羽长而尖。雄鸟黑白色，两侧多具蠕虫状细纹。雌鸟及非繁殖期雄鸟色暗而褐，近红色的头部渐变成颈部的灰白色。

我想：莫不是古道兄也赶到了？但他不是说开会出不来吗？这时手机响了，果然是古道打来的，他的声音压得低低的，但仍显得很激动："红胸秋沙鸭很近啊！"

这下我再也忍不住了，再次拎起"大炮"与豆袋就跑。气喘吁吁跑到山脚，那里有一条水泥板铺就的通往水面的小路，我就在这水泥板上卧倒，还好鸭子还没有游远，继续在水面表演。

过了一会儿，老马也忍不住跑来了，就趴在我身边拍。水泥板很窄，一不留神就可能掉到水里去。稍后，鸟友"黄泥弄"也赶来了，但此时鸭子已经越来越远。

于是我们又准备回去吃饭。可此时忽然看到鸭子已游近另一侧的岸边。机会来啦！我和老马、古道迅速跑到了一间破屋子后面，像突击队员一样挤在一起，不时探头观察鸭子动态。此时它离我们已经比较近，但仍然

趁秋沙鸭下潜，我们狂奔就位（中间那位是作者）（黄泥弄/摄）

是逆光，没法拍。

怎么办?!

已经有过与它周旋经验的老马说："它现在不时潜水捕鱼，每次下潜需要几秒钟，要不等它下潜的一瞬间我们向前猛跑，估计它快冒出水面了马上就地趴下!"

别无选择，就这么办!

稍后，鸭子果然潜水捕鱼了，我们3人一起以百米冲刺的速度向前狂奔! 三四十米后，我们就以射击姿势卧倒在地。刚卧倒，就见鸭子在我们的"大炮"前冒出了水面，距离极近啊! 我激动得手忙脚乱，一开始竟没对上焦，好在鸭子也比较从容，没有一下子游远，总算让我们过了一把快门瘾!

这下大家一个个都心满意足地站了起来，拍拍身上的泥尘，回去吃饭，一看时间，已经是下午1点了，哈哈。老熊留在那里吃饭，没拍，有点可惜。

事后回味，还真好笑，都是有一定年纪的男人了，那个时候还乐得跟孩子一样。但我想，这就是全身心投入做一件事所带给人的乐趣吧! 至少在那一刻，至少在心态上，让人返老还童了。

中国 4 种秋沙鸭，宁波均有分布

中国的 4 种秋沙鸭，即普通秋沙鸭、斑头秋沙鸭（又叫"白秋沙鸭"）、红胸秋沙鸭与中华秋沙鸭，它们在宁波均有分布，都是冬候鸟，但都不常见。

其中知名度最高的，当然是被列为国家一级保护动物的中华秋沙鸭，央视曾播放过关于这种鸟类的纪录片。可惜，迄今为止，中华秋沙鸭在宁波的出现可谓惊鸿一瞥。那是在 2008 年 11 月，慈溪鸟友"姚北人家"在当地的四灶浦

中华秋沙鸭（雄） 鸭科

雄鸟：体大（58 厘米）的绿黑色及白色鸭。长而窄近红色的嘴，其尖端具钩。黑色的头部具厚实的羽冠。两胁羽片白色而羽缘及羽轴黑色形成特征性鳞状纹。雌鸟色暗而多灰色。

中华秋沙鸭雌鸟

普通秋沙鸭（雄）　　　　鸭科

　　体形略大（68厘米）的食鱼鸭。细长的嘴具钩。繁殖期雄鸟头及背部绿黑，与光洁的乳白色胸部及下体成对比。雌鸟及非繁殖期雄鸟上体深灰，下体浅灰，头棕褐色而颏白。

斑头秋沙鸭（雄）　　　　鸭科

　　体形小（40厘米）而优雅的黑白色鸭。繁殖期雄鸟体白，但眼罩、枕纹、上背、初级飞羽及胸侧的狭窄条纹为黑色。雌鸟及非繁殖期雄鸟上体灰色，具两道白色翼斑，下体白，眼周近黑，额、顶及枕部栗色。

水库中拍到了3只中华秋沙鸭的雌鸟。我得知消息后，于当天下午火速赶到那里，可惜找了很久，始终没有发现它们。此后，我再也没有听说过这种国宝级鸟类在宁波出现的记录。

　　中华秋沙鸭喜欢生活在多石的宽阔溪流，在湍急的水流中潜水捕鱼。可能宁波山区的溪流都不够宽广吧，对极为警觉的中华秋沙鸭来说，无论是安全性与觅食的方便性，都不够好，因此在宁波很难有真正来越冬的中华秋沙鸭。上次在四灶浦水库出现的那3只，显然只是迁徙路过的。为了中华秋沙鸭，我曾专程去浙江的丽水、临安以及江西的婺源，隐蔽于茅草丛或趴地"狙击"，好不容易才拍到。

　　普通秋沙鸭，应该是秋沙鸭中种群数量最多的，但在宁波不知为何似乎数量并不多，通常在沿海的水库中零星可见。而在杭州西湖，普通秋沙鸭有稳定的越冬记录，比较容易见到，我曾经去拍过，发现它们很会潜水抓泥鳅吃。

　　至于红胸秋沙鸭，自从2010年在江北苏湖见过以后，2016年冬天，有3只

斑头秋沙鸭，前雌后雄

红胸秋沙鸭（一雄两雌）出现在宁波杭州湾新区的海滨湿地中，这是我第二次见到这种鸟。

以上3种秋沙鸭的喙，都不像普通鸭子那样又宽又扁，而是相对比较细长，且内有锯齿，喙的尖端弯曲呈钩状——这样的造型有利于它们捕鱼。唯有斑头秋沙鸭的喙，尽管也有锯齿，尖端也为钩状，但总体还是宽扁状，跟常见的鸭子类似。斑头秋沙鸭在宁波的沿海水库有比较稳定的越冬记录，但数量不多，而且胆子极小，总是待在水库中央，故难得一见。

我与鸳鸯有个约会

"是在宁波近郊保留一个'鸳鸯湖'好呢，还是砍掉鸳鸯赖以栖息的临水植被，造一条过几年就可能烂掉的木栈道好？"面对着苏湖景观初步设计图，我曾直言不讳地问那家房产开发公司的一位负责人。

"嗯，对的，苏湖成为鸳鸯湖，对市民有好处，对我们的项目的美誉度也有好处；而造临水栈道的话，成本高不说，鸳鸯也不会来了，不划算。"

来苏湖越冬的鸳鸯

对方说。

我长舒一口气。经过持续的报道与努力，苏湖的环湖植被终于保住了，水边那些茂密的大树、竹林，还有灌木丛，越冬的鸳鸯们可全靠它们隐蔽啊。

这是 2010 年的事了。

此后每年深秋与冬天去苏湖，都能听到鸳鸯的叫声，在望远镜里可以清晰看到，好多羽色华美的鸳鸯在对岸树荫下的湖面上追逐嬉戏，水花四溅。

真好，鸳鸯们年年都来。

鸳鸯戏水

"得成比目何辞死，愿作鸳鸯不羡仙。""文彩双鸳鸯，裁为合欢被。""尽日无人看微雨，鸳鸯相对浴红衣。"……在中国传统文化中，鸳鸯代表着爱情的和美与忠贞，其意象在古代诗词、绘画等文学艺术中频频出现。而在现实中，要观赏到野生鸳鸯却并非易事。

刚拍鸟的时候，我就梦想着，哪一天，能在野外遇见鸳鸯该多好啊！

大概在 2005 年，我的同事曾在宁海白溪水库看到大批鸳鸯，并在《宁波晚报》上做了图文并茂的报道。但那地方离宁波市区有 100 多公里，对那时尚不会开车的我来说，去一趟非常不便。

不过，机会还是很快来了。

"海华！鸳鸯！好多好多的鸳鸯！就在英雄水库！"2007 年冬天的一个早晨，我接到了好友李超的电话。当时，由于害怕惊动鸳鸯，他把声音压得低低的，但那种难以抑制的兴奋之情还是迅速感染了我。

我以最快速度赶到了这个离家不算太远的城郊水库。从盘山公路上

鸳鸯（雄）   鸭科

　　体小（40厘米）而色彩艳丽的鸭类。雄鸟有醒目的白色眉纹、金色颈、背部长羽以及拢翼后可直立的独特的棕黄色炫耀性"帆状饰羽"。雌鸟不甚艳丽，亮灰色体羽及雅致的白色眼圈及眼后线。雄鸟的非婚羽似雌鸟，但嘴为红色。

俯视，哇，真的，一两百只鸳鸯在水面上徜徉。忽然间，它们振翅起飞，像一片彩云飞掠而过。幸福来得太快，我过于激动，一下子几乎不知道该怎么拍照了。

　　2009年冬天，好消息再次传来：在近郊的荪湖也发现了大群鸳鸯！荪湖的面积远小于英雄水库，这对于观赏、拍摄鸳鸯都非常有利。我曾经在湖畔拍到过一张鸳鸯群飞的照片，整张图中"密不透风"全是鸳鸯。我和女儿一起数了半天，发现仅在这个画面中，就"容纳"了200多只鸳鸯。

　　湖畔茂密的植被也为我隐蔽拍鸟创造了机会。我在灌木丛中搭好了迷彩帐篷，钻进去架好"大炮"，就开始长时间等待。运气好的时候，鸳鸯们会慢慢游到岸边。我把手机设置为静音，大气也不敢喘，只有快门声不时响起，记录下鸳鸯戏水的美妙瞬间。鸳鸯是很活泼的鸟儿，当它们感到安全、放松的时候，常在一起戏水。

巨网捕鸟

2010 年 1 月，周末晚上，鸟友"黄泥弄"告诉我，他看到有人在苏湖安装巨型捕鸟网，意欲捕鸳鸯。次日，我和多位鸟友赶到苏湖，赫然见到一张大网张在阳光下，而且就搭在鸳鸯最爱栖息、逗留的对岸山脚旁的水面上。忽然，一只猛禽掠过，把鸳鸯们全惊飞了起来。当成群的鸳鸯飞过捕鸟网

一对鸳鸯夫妇

附近时，大家都不禁为鸳鸯们捏了把汗。于是，立即报警。

警车很快呼啸而至。森林公安、派出所民警都来了，先去检查湖边的农家乐饭店。因为有鸟友确认，装捕鸟网的人与船都属于那家农家乐。当民警询问饭店内的人是否知道关于捕鸟网的事的时候，对方称"是两个外地人干的"。

我与警察一起乘船来到捕鸟网旁边，靠近了才知道，这网可真够大！它通过3个竹桩从山脚一直延伸到离岸相当远的水面上。凭目测估计，它的长度近100米，高度约10米。仔细一看，网上还粘着少量羽毛，而且有的地方已经出现破洞。显然，这破洞就是在取鸟时留下的。费了很大的劲，大家才把网全部拆毁。

森林公安说，根据法规，鸳鸯作为国家二级重点保护动物，如对其进行非法猎捕、杀害，森林公安部门发现后将予以刑事立案；非法猎捕、杀害鸳鸯分别达6只、10只的，即可作为重大刑事案件、特别重大刑事案件来处理。

此后几天，《宁波晚报》对此事进行了连续报道，市民对此非常关注。很快，张网捕鸟的犯罪嫌疑人被警方控制。农家乐饭店老板承认了张网企图捕鸟的事实，他说，原先苏湖没这么多鸟，没想到最近来了这么多越冬的水鸟，由于不懂法，才打起了捕鸟的主意，以为抓几只回去没关系。

不见不散

然而，一波刚平一波又起。捕鸟事件过去没多久，就听说苏湖要被开发为一个休闲度假区。按照最初的设计方案，在新建的环湖公路下方的湖边要建一条临水步道。我又急了。因为那样一来，势必会直接影响到鸳鸯

的栖息、隐蔽与觅食。

后来，我与有关部门及开发商的负责人均进行了沟通。我说，站在支持开发的角度，也是留住鸳鸯比较"划算"。因为，在浙江，鸳鸯是冬候鸟，一般10月底或11月初飞来，次年3月底再飞回北方繁殖地。这意味着，如果苏湖能保持原生态环境，那么一年中就会有近5个月的时间，大家可以在离市区只有十几分钟车程的近郊观赏到鸳鸯。

是要一个"鸳鸯湖"，还是要一条步道？

本文开头已经给出了答案。

事后想来，我相信，只要共同努力，无论是普通市民，还是政府部门、开发商，大家对生态保护的认识肯定是能逐步深入的。解决问题，尽力保护好原生态，实现共赢，这才是最好的结果。

近几年，我曾带队到苏湖观赏鸳鸯。孩子们也好，父母们也好，当大家生平第一次通过望远镜清晰地看到野生鸳鸯的时候，所有的人都兴奋不已。记得有位女士特别好玩，居然惊叫了起来："哇哦！原来鸳鸯会飞啊！我一直以为它们就是在水面上游来游去的，画上的不都是这样的吗？"我顿时笑得不行，说："鸳鸯是我们宁波的冬候鸟啊，人家从遥远的北方过来越冬，不会飞怎么行？"

我与鸳鸯有个约会。

希望这个约会年年不断，并有更多的人参与这个美丽的约会。

不见不散。

望断西楼盼雁字

"云中谁寄锦书来？雁字回时，月满西楼。"

这是宋代李清照《一剪梅》中的名句，意境优美，大家都耳熟能详。是啊，秋风起，雁南飞，一会儿"一"字形，一会儿"人"字形……小时候，偶尔仰望天空，也曾见过美丽的雁阵。可现在呢？秋高气爽的日子里，几人曾见过大雁迁徙的景象？

是大雁的数量大大减少了，还是我们忙得连仰望天空的时间都没有了？

一定是两个原因都有吧，我想。

何处秋风至，萧萧送雁群

可能我眼界不广，但凭感觉，雁与燕这两种名字发音相同的鸟，或许是中国古典诗词中出现频率最高的鸟类。有人做过统计，"雁"字光在杜甫的诗歌中出现的次数，就有 50 多次。

[鸭科] 鸭科属于雁形目。本目为游禽。喙一般呈扁平状，先端具嘴甲，两侧边缘均具栉（音同"至"，梳子和篦子的总称，喻像梳齿那样密集排列着）状突。大多数种类的翅上具翼镜，多呈金属光泽。绒羽发达。脚短而生于躯体较后处，前三趾间有蹼膜或半蹼，后趾较其他趾短且着生位置高。善于游泳或潜水，拙于陆上行走。（据《上海水鸟》）

白额雁

　　跟燕子一样，早在 2500 年以前，大雁就已经"飞翔"在古老的《诗经》里。《诗经》中，有 5 首诗提到雁（鸿），次数仅次于雉鸡类（6 次）。具体如下：

　　雝雝鸣雁，旭日始旦。士如归妻，迨冰未泮。（《匏有苦叶》）

　　鸿雁于飞，肃肃其羽。（《鸿雁》）

　　将翱将翔，弋凫与雁。（《女曰鸡鸣》）

　　鸿飞遵渚，公归无所，於女信处。鸿飞遵陆，公归不复，於女信宿。（《九罭》）

　　叔于田，乘乘黄。两服上襄，两骖雁行。（《大叔于田》）

　　"雝雝（音同'拥'）鸣雁"说的是雁群在清晨的和鸣之声，"两骖雁行"是说两侧的马儿像雁阵一样整齐，"鸿雁于飞"与"鸿飞遵渚"都是描述雁的飞行，而"弋凫与雁"则是指对大雁的捕猎。

　　在古代，雁还是议婚、嫁娶过程中必不可少的礼物。如《仪礼》中所说："昏有六礼，纳采、问名、纳吉、纳征、请期、亲迎。""纳采"为六礼之首，女方若同意男方的婚姻请求，就会接纳男方家送来议婚的礼物，包括大雁。到了后世，大雁越来越难得，于是很多地方改雁为家鹅。在宁波的地方习俗中，毛脚女婿在端午节到未来丈人家送礼，是要挑大白鹅去的。

可见，雁在中国的传统文化中，具有极为重要的象征意义。但现在，大雁不仅在野外越来越少，同时也逐渐淡出了现代文化的视界。"何处秋风至？萧萧送雁群。"（唐·刘禹锡《秋风引》）可叹的是，秋风年年至，雁群却越来越少见。

雁尽书难寄，愁多梦不成

"雁尽书难寄，愁多梦不成。愿随孤月影，流照伏波营。"（唐·沈如筠《闺怨》）这里的"雁尽"，原是雁群都飞走了的意思，但现在读来，我的第一反应竟是"大雁种群数量越来越少"之意。是的，拍鸟、观鸟迄今十余年，所见大雁寥寥无几，以致每次不期而遇时，都兴奋莫名。

2008年深秋，我认识的鸟还不多，有一天在镇海岚山水库的上空拍到一只高飞的鸟，不认识，就请教高手。结果，杭州的"文明"大师掩嘴而笑："拍到了豆雁还不知道！"现在看起来，豆雁应该是宁波最"常见"的大雁了（严格说来，现在豆雁已经被拆分为两种：豆雁与短嘴豆雁，但这里还是统称豆雁），它们是宁波的冬候鸟或旅鸟。其实豆雁还是比较好认的，其黑色的喙部有一圈明显的橘黄色斑。每年秋冬季节，只要去海边的湿地或开阔的草地、农田认真寻找，基本都能找到，通常只能见到零星的几只，运气好的话也能看到一群几十只。

豆雁 鸭科

体形大（80厘米）的灰色雁。颈色暗，嘴黑而具橘黄色次端条带。飞行中较其他灰色雁类色暗而颈长。

最令人不可思议的是，2012 年 11 月，几乎就在宁波市中心的地方，鸟友"黄泥弄"等人竟发现了一只豆雁，同时在那里的还有几只珍稀的白琵鹭，以及不少苍鹭、白鹭。那地方，就在湾头大桥南堍的东侧，那时候是一个刚拆迁完毕的村庄，人迹罕至的废墟旁有个大池塘，紧邻姚江。

我看见，这只失群的豆雁孤零零地站在池塘的浅水中，它的身边是几只白琵鹭正忙着用大嘴像扫地一样来回在水下横扫，不时逮到一条小鱼。豆雁忽然飞了起来，我看着它翱翔在天空，背后是湾头大桥的路灯杆，心中不禁非常感慨：这些可怜的鸟儿啊，其实它们要的并不多。在充满艰辛的漫漫迁徙路上，哪怕只是一块小小的湿地可供歇足，哪怕是在高楼林立的城市中央，它们都会翩然飞下，吃点东西，喘口气。

当然，所有的鸟人都知道，这个水塘的存在时间早已进入倒计时。没多久，当年的拆迁村庄成了一个大工地。如今，那里是一个相当高档的楼盘。

飞过湾头大桥附近的豆雁

除了豆雁，我在宁波还见过鸿雁与白额雁。对，就是"鸿雁传书"的鸿雁。当然，成语中的鸿雁是泛指大雁，因为"鸿"本身就是雁。鸿雁也是属于不会被认错的大雁，其头顶直至颈背覆盖着一条红褐色的带，而脸颊的下半部分与前颈的颜色明显较浅，与那条红褐色的带几乎截然分开。2016 年 1 月，在宁波杭州湾新区的海边湿地，我们发现了一大群鸿雁，总数在 100 只左右，这是近年来在本地发现的鸿雁的最大越冬种群。

鸿雁　　　　　　　　　　　　鸭科

　　体大（88 厘米）而颈长的雁。黑且长的嘴与前额成一直线，一道狭窄白线环绕嘴基。前颈白，头顶及颈背红褐，前颈与后颈有一道明显界线。飞行时作典型雁叫，升调的拖长音。

在宁波越冬的鸿雁

我在岸边用望远镜静静地观赏它们，只见它们不时振翅伸脖欢叫，声如"昂昂"，一如家鹅（鹅是由雁驯化而来的）。

那群鸿雁中，还混着几只白额雁。我和鸟友"古道西风"还逐一仔细观察，试图从里面找出一只小白额雁来，但最后未能如愿。白额雁与小白额雁均为比较珍稀的鸟类，两者长得极为相似。前者在宁波偶有出现，而后者应该没有人在本地拍到过。

白额雁　　　　　　　　　　鸭科

体大（70—85厘米）的灰色雁。腿橘黄色，白色斑块环绕嘴基，腹部具大块黑斑。

燕雀安知鸿鹄之志

自古以来，"鸿鹄"常并用。最有名的当然是出自《史记·陈涉世家》中的那句叹息："嗟乎，燕雀安知鸿鹄之志哉！"鹄，后世多称"黄鹄"，即天鹅。洁白、美丽、高贵的天鹅，历来都是不媚流俗的高士、才子的象征。前有屈原宁死不屈的诘问："宁与黄鹄比翼乎，将与鸡鹜争食乎？"（《卜居》）后有李白怀才不遇的愤懑："珠玉买歌笑，糟糠养贤才。方知黄鹄举，千里独徘徊。"（《古风·其十五》）

中国的天鹅有 3 种，分别是疣鼻天鹅、大天鹅与小天鹅，都是体形巨大的大个子。在宁波出现的，目前只有小天鹅。最近几年，宁波海边每年都有小天鹅的越冬记录，一般每年 11 月来，次年 3 月前后北返。

慈溪的杭州湾畔有很多编号的风力发电机，在 2010 年前后，有一块湿地被我们宁波鸟人命名为"26 号湿地"——实际上，是指这块湿地位于 26

号风力发电机旁。那时候，这块面积相当于很多个足球场的湿地既有大块的浅水区域，又有成片的芦苇荡，因此每到秋冬时节，这里总是有很多迁徙的水鸟在此逗留或留下来越冬。

2010年11月初，好消息传来，那里出现了好多小天鹅！我十分激动，当即赶去，这可是我第一次拍摄野生天鹅啊！到那里后，发现早已有很多鸟友在岸边架好了"大炮"，不到百米外，果然有20多只小天鹅站在湿地中。这里显

小天鹅　　　　　　　　　鸭科

　　较高大（142厘米）的白色天鹅。嘴黑但基部黄色区域较大天鹅小。上喙侧缘的黄色不成前尖形且嘴上中线黑色。

然包括了多个天鹅家庭，全身雪白的是成年天鹅，而身上灰灰的，则是亚成鸟。有的在觅食，有的扭头梳理着羽毛，有的扑打着翅膀，有的伸长了脖子

"26号湿地"中的越冬小天鹅

互相扭在一起似在嬉戏……总之，看上去它们很放松。那天，我不仅拍了照片，还拍了视频。

在天鹅群的背后，还有多只黑脸琵鹭与白琵鹭。这些都是很珍稀的鸟啊！这是块多么生机勃勃的水鸟乐园！然而好景不长，随着开发节奏的加快，"26号湿地"永远成了一个美丽的代号。

随后几年，来宁波越冬的小天鹅主要集中在杭州湾新区的沿海湿地中，尽管数量也有几十只，但就总体而言，湿地显得越来越局促，而且很可能朝不保夕。通常，体形越大的水鸟越警觉，同时也越需要大面积的湿地，这样才能保证它们的安全与充足的食物来源。真的希望，宁波海滨能多多保留一些大型湿地，给南来北往的水鸟们一个宽裕的生存空间。

我曾经用望远镜仔细观赏数百米外的一对小天鹅。它们紧挨在一起，自在、从容、优雅，慢慢游向水中央的一丛芦苇。忽然想起了《庄子·大宗师》中那句著名的话："相濡以沫，不如相忘于江湖。"在当代的语境下，就鸟儿本身而言，所谓"鸿鹄之志"，或许并不那么远大，它们所需要的，就是能与我们人类"相忘于江湖"，足矣！

野凫眠岸有闲意

"凫鹥在泾，公尸来燕来宁。"（《诗经·大雅·凫鹥》）这句诗大意是说，野鸭（凫）、鸥鸟（鹥）栖息在流淌的水中，（受祭的）神主前来赴宴，多么安详平和。

鸭科鸟类属于雁形目，可以简单地分为三大类，即大雁、天鹅、野鸭，在古文里分别对应雁、鹄、凫，这几个字在《诗经》里都有出现。上面聊了雁与天鹅，最后来说说野鸭。

在宁波有分布的鸭科鸟类，据《中国鸟类野外手册》记载有近 30 种，不过有好几种实际上已好多年未见了。我统计了一下，自己拍到过 24 种本地鸭科鸟类，除上述的小天鹅、豆雁、鸿雁与白额雁外，还有以下 20 种：绿翅鸭、绿头鸭、斑嘴鸭、琵嘴鸭、针尾鸭、鸳鸯、赤膀鸭、罗纹鸭、赤颈鸭、白眉鸭、花脸鸭、翘鼻麻鸭、凤头潜鸭、斑背潜鸭、红头潜鸭、青头潜鸭、斑脸海番鸭、中华秋沙鸭、红胸秋沙鸭、斑头秋沙鸭。除斑嘴鸭在宁波有夏季繁殖外，其余几乎均为

绿翅鸭（雄）　　　　鸭科

体小（37 厘米）、飞行快速的鸭类。绿色翼镜在飞行时显而易见。雌鸟褐色斑驳，腹部色淡。

在宁波越冬的绿翅鸭

冬候鸟，个别属于旅鸟。（注：关于鸳鸯，请参看《我与鸳鸯有个约会》；关于秋沙鸭，请参看《"士兵突击"拍潜鸟》）

绿翅鸭、绿头鸭与斑嘴鸭，是宁波最常见的野鸭，冬季常结成大群，出现在海滨湿地、湖泊、水库等大型水域。绿翅鸭的翅膀上有绿色的"翼镜"，于飞行时尤为明显，就像是一扇绿色的小窗。绿头鸭是家鸭的祖先之一，其雄鸟的头部为具有金属光泽的深绿色，特征明显。斑嘴鸭体形较大，"嘎嘎"的叫声非常响亮，其喙端黄色，故名"斑嘴"。

以下属于宁波"次常见"或少见的野鸭：琵嘴鸭、针尾鸭、鸳鸯、赤膀鸭、罗纹鸭、赤颈鸭、白眉鸭、翘鼻麻鸭、凤头潜鸭、斑背潜鸭、红头潜鸭。

琵嘴鸭一般不易见，但在特定的环境中可能会很多。2016 年冬天，我曾在杭州湾湿地公园的未对游客开放的区域见到数以千计的琵嘴鸭。这种鸭子的嘴很独特，呈扁平的匙状。

野鸭的命名，多体现了鸟儿的特征。如针尾鸭，是因为其中央尾羽特别延长，其细如针；罗纹鸭，则是因为其雄鸟的胸部与体侧有大量波状细纹；翘鼻麻鸭，是因为其雄鸟的上喙基部具红色的瘤状突起（主要是在繁殖期）。

对缺少经验的观鸟者来说，难以区分的是多种野鸭的雌鸟，因为它们都是羽色灰暗，乍一看几乎一模一样，但仔细看，通常只要看它们的喙部就能区分多种野鸭雌鸟。

花脸鸭、斑脸海番鸭与青头潜鸭均属宁波难得一见的鸟类。早先，花脸鸭与青头潜鸭都还是比较常见的鸟，但近几十年来它们的种群数量均急剧下降。花脸鸭目前是"全球性易危"物种，我在宁波见过两三次，其雄鸟的脸部由黄、绿色的月牙形色块及黑、白色细斑纹相间杂，相当好认；而青头潜鸭已被列入"全球性极度濒危"物种，在本地我仅在杭州湾湿地见过一

绿头鸭 鸭科

　　中等体形（58厘米），为家鸭的野型。雄鸟头及颈深绿色带光泽，白色颈环使头与栗色胸隔开。雌鸟褐色斑驳，有深的贯眼纹。

琵嘴鸭 鸭科

　　体大（50厘米）而易识别，嘴特长，末端呈匙形。雄鸟：腹部栗色，胸白，头深绿色而具光泽。雌鸟褐色斑驳，尾近白色，贯眼纹深色。

针尾鸭 鸭科

　　中等体形（55厘米）的鸭。尾长而尖。雄鸟头棕，喉白，中央尾羽特长延，两翼灰色具绿铜色翼镜，下体白色。雌鸟黯淡褐色。

赤膀鸭 鸭科

　　雄鸟：中等体形（50厘米）的灰色鸭。嘴黑，头棕，尾黑，次级飞羽具白斑及腿橘黄为其主要特征。比绿头鸭稍小，嘴稍细。雌鸟：似雌绿头鸭但头较扁，嘴侧橘黄，腹部及次级飞羽白色。

罗纹鸭   鸭科

雄鸟：体大（50厘米），头顶栗色，头侧绿色闪光的冠羽延垂至颈项，黑白色的三级飞羽长而弯曲。雌鸟暗褐色杂深色。

赤颈鸭   鸭科

中等体形（47厘米）的大头鸭。雄鸟特征为头栗色而带皮黄色冠羽。飞行时白色翅羽与深色飞羽及绿色翼镜成对照。雌鸟通体棕褐或灰褐色。

白眉鸭   鸭科

中等体形（40厘米）的戏水型鸭。雄鸟头巧克力色，具宽阔的白色眉纹。胸、背棕而腹白。雌鸟褐色的头部图纹显著，腹白。繁殖期过后雄鸟似雌鸟。

花脸鸭   鸭科

雄鸟：中等体形（42厘米），头顶色深，纹理分明的亮绿色脸部具特征性黄色月牙形斑块。雌鸟：似白眉鸭及绿翅鸭，但体略大且嘴基有白点。

翘鼻麻鸭　　　　　　　鸭科

　　体大（60厘米）而具醒目色彩的黑白色鸭。绿黑色光亮的头部与鲜红色的嘴及额基部隆起的皮质肉瘤对比强烈。胸部有一栗色横带。

凤头潜鸭　　　　　　　鸭科

　　中等体形（42厘米）、矮扁结实的鸭。头带特长羽冠。雄鸟黑色，腹部及体侧白。雌鸟深褐，两胁褐而羽冠短。

斑背潜鸭　　　　　　　鸭科

　　中等体形（48厘米）的体矮型鸭。雄鸟体比凤头潜鸭长，背灰，无羽冠。雌鸟与雌凤头潜鸭区别在于嘴基有一宽白色环。

红头潜鸭　　　　　　　鸭科

　　中等体形（46厘米）、外观漂亮的鸭类。栗红色的头部与亮灰色的嘴和黑的胸部及上背成对比。雌鸟背灰色，头、胸及尾近褐色，眼周皮黄色。

青头潜鸭　　　　　　　　鸭科

　　适中（45厘米）的近黑色潜鸭。胸深褐，腹部及两肋白色。繁殖期雄鸟头亮绿色。雄鸟虹膜白色，雌鸟为褐色。

斑脸海番鸭　　　　　　　　鸭科

　　中等体形（56厘米）的深色矮扁型海鸭。雄性成鸟全黑，眼下及眼后有白点，虹膜白色，嘴灰但端黄且嘴侧带粉色。雌鸟烟褐，眼和嘴之间及耳羽上各有一白点。

只雄鸟。

斑脸海番鸭，恐怕是长得最"丑"的野鸭了，全身黑褐色，脸上有小块的白斑，好似小丑的黑脸上贴了白膏药。但由于它很稀有，因此又是最受鸟人们欢迎的野鸭之一。2007年左右，鸟友信信曾在镇海海边拍到过斑脸海番鸭，但后来似乎在本地绝少有记录。

鸟人圈子里流传着一句"名言"，即"家鸭不是鸭"，也就是说，在鸟人们看来，野鸭才配得上称为真正的鸟。但任何有一定观鸟经验的人都知道，在中国，想要接近观赏、拍摄野鸭是多么困难的事情！任何一只野鸭，哪怕在它漂浮于水面上貌似在睡觉的时候，眼睛都是半睁半闭，保持着高度的警觉性，一有风吹草动，马上起飞。

"亭树霜霰满，野塘凫鸟多。"（唐·马戴《秋思二首》）"野凫眠岸有闲意，老树着花无丑枝。"（宋·梅尧臣《东溪》）多么平淡、写实的诗句，蕴含着多么隽永的诗意！这种诗意不仅来自文字，更来自自然。

可叹的是，栖息地的不断丧失、非法捕猎的屡禁不绝，已经让很多地方的野鸭难得安宁。乡土之大，难道就容不下几处野塘吗？

杭州湾湿地公园内的大群琵嘴鸭

鹤鸣九皋几时闻

2016年3月,我和一群大学生到奉化参加桃花节,赏完桃花之后,又去附近的古村玩。村中一幢老宅门口的石上刻有"鸣皋"字样,几个学生就问:鸣后面这个字念啥呀? 我说,念"高"。他们说,哦! 然后就走了。

我摇摇头,忍不住叹了一口气。或许我们真的和古典文化太隔膜了,连"皋"这样并不算生僻的字都不认识了,更不用说"鸣皋"两字的出处了。

"鹤鸣于九皋,声闻于野。鱼潜在渊,或在于渚。…… 鹤鸣于九皋,声闻于天。"(《诗经·小雅·鹤鸣》)皋,沼泽地;九皋,言沼泽之多。鹤栖息在大型湿地中,且叫声响亮,因此古代诗人的描述是与其习性相符的。后来,"鸣皋"两字还常被用作人名。

而现在,我们不仅失落了很多优秀的古典文化,也失落了鹤。

【鹤科】

鹤的羽色为灰蓝、白及黑色,颈长、头稍小、嘴直而粗、翼长而宽、尾短、脚长。有相当繁复的鸣叫,鸣声如号角或笛声。飞行时头颈及脚直伸,边飞边鸣叫,在水边及沼泽间活动觅食。(据《台湾野鸟手绘图鉴》)

【鹳科】

鹳嘴长而有力,腿长、两翼宽、尾短。多以鱼类或其他小型动物为食,常在开阔的湿地悄然漫步而捕食。鹳善飞行,飞行时颈前伸,极善随高空热气流翱翔。

2008 年 11 月在杭州湾跨海大桥旁拍到的白鹤

惊鸿一瞥遇白鹤

作为一种意象，鹤在中国古典诗画艺术中频频出现，并成为卓尔不群、品行高洁的象征。如成语"梅妻鹤子"，说的就是宋代诗人林逋隐居杭州孤山，自谓"以梅为妻，以鹤为子"，《梦溪笔谈》中说他"常畜两鹤，纵之则飞入云霄，盘旋久之，复入笼中"。

我们且不讨论隐士风度。其实，从另外一个角度看，这也证明，鹤类在古代很长一段时间内，应该不属于特别罕见的鸟类。

但是，试问，时至今日，还有几个人在野外见过鹤、听到过鹤鸣？绝对是微乎其微！在中国有分布的鹤有 9 种，如白鹤、丹顶鹤、白枕鹤等，多数被列为国家一级保护动物，因为它们几乎都是濒危乃至极度濒危物种。

2008 年 11 月 28 日下午，在杭州湾跨海大桥西侧的滩涂旁，我和鸟友单鹏云本来在拍卷羽鹈鹕，忽见一只貌似大白鹭的鸟由西向东飞来，由于是强逆光，我们分辨不出那是什么鸟，只觉得

白鹤　　　　　　　　　　鹤科

体大（135 厘米）的白色鹤。嘴橘黄，脸上裸皮猩红，腿粉红。飞行时黑色的初级飞羽明显。幼鸟金棕色。叫声：飞行时发出欢快、轻柔、悦耳的 koonk koonk 声。

两只在宁波越冬的白鹤

它体形很大，全身洁白。它不紧不慢滑过了头顶的蓝天，"慷慨"地给了我们 30 秒的拍摄时间，然后就消失于天际。

拍完后马上查证，这竟然是白鹤，中国少数几种"全球性极危"鸟类之一。白鹤是一种大型涉禽，脸部猩红，体羽除翅膀前端为黑色外，其余为纯白色。白鹤繁殖于俄罗斯的东南部及西伯利亚，主要在我国的鄱阳湖越冬。

时任浙江野鸟会会长、鸟类生态学博士陈水华说，此前在浙江，白鹤虽有过历史记录，但至少已有 30 年未见其踪影了，更不用说被拍到了。这次我们拍到的白鹤很可能属于脱离了迁徙大部队的"迷鸟"，是被当时比较强劲的西北风"捎"到了宁波。

2012 年 12 月，在慈溪龙山与镇海澥浦交界处的海涂上，我们又发现了两只白鹤。而且，这两只白鹤一直在这一带活动，直到次年早春才飞走。这是宁波历史上第一次发现白鹤在本地越冬。

缥缈鹤影难寻觅

2011 年 1 月初，在余姚临山镇的海边，两位杭州观鸟爱好者发现了一只白头鹤。这成为当年的浙江鸟类新记录。白头鹤又称为"修女鹤"，相对于其他身材高大的鹤类来说，它的个子算是比较娇小的，身高 1 米左右。其身体大部分羽毛为石板灰色，因此远看很像常见的苍鹭。得知消息后，我和鸟友"古道西风"等人马上去那里寻找，可惜早已不

白头鹤　　　　　　　　鹤科

体小（97 厘米）的深灰色鹤。头颈白色，顶冠前黑而中红飞行时飞羽黑色。亚成鸟头、颈沾皮黄色，眼斑黑色。叫声：响亮的 kurrk 叫声。（黄泥弄 / 摄）

见其踪影。

同年 10 月 29 日，鸟友"黄泥弄"来到慈溪龙山的海边，沿着湿地用望远镜找鸟，只见野鸭、白鹭、苍鹭等水鸟成群。一只单飞的大鸟引起了他的注意，因为它的飞行姿势有点特别。拍下来一看，惊喜地发现那竟然是一只鹤！后经确认，也是白头鹤。

2013 年 12 月 20 日，杭州鸟友钱斌在绍兴上虞区滨海湿地拍到了两只白枕鹤，发现地紧邻余姚海滨。此前，白枕鹤在浙江的记录极少。我后来也尽快赶过去拍了，还好，这次记录到了它们。

2015 年 12 月 5 日，杭州初冬的第一场雪后，当地鸟友老宋寻思，这次冷空气会不会带来意外的鸟况呢？于是他决定到余杭北湖草荡看看，结果竟在湿地田埂上发现一家三口 3 只白头鹤在觅食。想到白头鹤在宁波境内两次出现我都无缘拍到，因此那次一听说它们在杭州附近又出现了，就心急火燎连夜赶去，但可惜白头鹤已经飞走了，再次与之失之交臂。

白枕鹤

室外鹳鸣今何在

> 我徂东山，慆慆不归。我来自东，零雨其濛。鹳鸣于垤，妇叹于室。……自我不见，于今三年。(《诗经·豳风·东山》)

站在一个观鸟爱好者的角度，《诗经》305篇，这一首是很令我惊讶的。上述诗句的大意是：一个远征三年的男人，终于解甲回家，在细雨蒙蒙的归途中，他忍不住想象家中的情景：屋外土堆上的白鹳在叫唤，而不知丈夫将至的妻子还在室内叹气。

是的，我没有看错，诗中明明白白说"鹳鸣于垤，妇叹于室"。垤(音同"蝶")，土堆也。一只白鹳就在家外的小土丘上！

白鹳在欧洲也有，其外观和分布在东亚地区的东方白鹳很相似，不过它们属于不同的物种。前者生存状况还算不错，但后者由于湿地严重被破坏等原因而处境堪忧，种群数量锐减，目前属于濒危物种，被列为国家一级保护动物。《诗经》中所说的鹳，自然是指东方白鹳，跟鹤类一样，也是一种珍稀的大型涉禽。

《聊斋志异》中有一篇名为《禽侠》的短文：

> 天津某寺，鹳鸟巢于鸱尾。殿承尘上，藏大蛇如盆，每至鹳雏团翼时，辄出吞食净尽。鹳悲鸣数日乃去。如是三年，人料其必不复至，

东方白鹳　　　　　　鹳科

体大(105厘米)的纯白色鹳。两翼和厚直的嘴黑色，腿红，眼周裸露皮肤粉红。飞行时黑色初级飞羽及次级飞羽与纯白色体羽成强烈对比。

而次岁巢如故。约雏长成，即径去，三日始还。入巢哑哑，哺子如初。
蛇又蜿蜒而上，甫近巢，两鹳惊，飞鸣哀急，直上青冥。俄闻风声蓬蓬，
一瞬间，天地似晦。众骇异，共视一大鸟翼蔽天日，从空疾下，骤如风
雨，以爪击蛇，蛇首立堕……

这里说的是东方白鹳请来"禽侠"复仇的故事。文中的"鸱尾"，是指古
建筑屋脊两端的饰物，以外形略似鸱（音同"痴"，指猫头鹰）尾，故称。东
方白鹳有个习性，即喜欢筑巢在土丘、屋顶等高处。由此看来，至少在清朝
初年的时候，东方白鹳数量还比较多，甚至会在天津的寺庙顶上连续多年
筑巢。

由此可见，在古代中国，东方白鹳还是相当易见的鸟儿。可叹的是，这
是很久很久以前的一幕了。当时光闪回到当代中国，白鹳与人类如此亲密
共处的场景恐怕是不可能看到了。

一赏白鹳何其难

东方白鹳主要繁殖于俄罗斯远东与中国的东北，越冬于长江中下游的
湿地，因此到了秋冬时节，在浙江还是有机会见到它们的。但尽管我有着
十余年的观鸟史，仍深深感觉到，如今想要在宁波本地一睹东方白鹳的芳
容，真的殊为不易，因为它们的种群数量实在太少了。

我第一次与东方白鹳失之交臂，是在 2008 年。那年深秋的一个傍晚，
两个杭州朋友在慈溪海边拍到一只白鹳。我获知消息后于次日早晨即与
鸟友赶去寻找，但搜寻整日，一无所见。2013 年，几乎同样的经历，让我错
过了出现在镇海金塘大桥附近的那只白鹳。

丽水景宁的东方白鹳（王隼凡/摄）

2014年冬，我到慈溪四灶浦水库拍鸟，刚在堤坝上停好车，忽然从车窗里望见几只白鹳在蓝天下飞翔。可惜，等我手忙脚乱地下车取出"大炮"，它们已逐渐飞远，我只拍到几个背影。

2015年11月，特意赶到丽水景宁，谁知到了那里才知道，那只原本已逗留了两个月的白鹳刚好于两天前飞走了！同年12月，听说杭州余杭区的一块湿地内出现了白头鹤，我连夜赶去，结果，白头鹤没见着，倒意外看到了一只白鹳。但一则距离远，二则天气雾蒙蒙的，因此还是没有拍好。

以上，就是迄今我与东方白鹳打交道的历史。这固然有运气不佳的原因，但总的来说，这种大鸟的罕见程度，也可见一斑。

浙江缺乏大型的湿地，不适合鹤、鹳等大型水鸟越冬，因此上述国宝级的鸟类对浙江来说，几乎都属于旅鸟或"迷鸟"——也就是说，它们多为因天气等原因而在迁徙途中偏离了方向而临时落脚。而长江中下游的部分适合鹤与鹳越冬的湖泊或沿海湿地，近些年由于环境恶化，水鸟栖息地面积越来越小，这直接加剧了它们的生存危机。

鹡鸰在原兄弟情

    鹡鸰，古代作"脊令"，这样生僻的鸟名似乎有点让人望而生畏，其实这是一类蛮常见的小鸟，尤其是白鹡鸰，更是全国广布，几乎随处可见。

    大家都知道，燕子、鸳鸯、大雁、鸥、鹭等都是著名的"诗鸟"，频频在中国古典诗词中"亮翅"，摇曳生姿。但或许很少有人留意到，鹡鸰由于本身所具有的一些特性，而被古人认为是一种很有人情味的鸟，并因此也成了常在古诗中"飞鸣"的鸟儿，而且总是跟"友于兄弟"相关。

    可以说，鹡鸰在中国传统文化中的"传奇"，恐怕比现实中的鸟儿故事更吸引人。

脊令在原，急难何来？

    鹡鸰在古老的《诗经》中出现了两次，都是见物起兴。其一：

        脊令在原，兄弟急难。每有良朋，况也永叹。(《小雅·常棣》)

【鹡鸰科】

    鹡鸰为体形细长而领域性强的鸟类。多行走于地面，许多种类摇摆尾羽，也因此得其英文名（wagtail）。嘴细、腿细长。所有种类均食虫，但也吃些其他小型的无脊椎动物。多数鹡的外形似百灵，但以腿脚长且嘴较细为其特征。

白鹡鸰

《常棣》一诗，主旨是讲兄弟之情非常宝贵。"脊令在原"，怎么会引起"兄弟急难"的联想？经典的解释是：

> （脊令）水鸟，而今在原，失其常处，则飞则鸣，求其类，天性也，犹兄弟之于急难。（孔颖达《毛诗注疏》）

自古及今，古今名家的解释基本都是上面这个思路：一、鹡鸰是一种水鸟，而如今居然在原野陆地上，是"失其常处"了，因此让人想起"急难"；二、鹡鸰"失其常处"之后，就边飞边鸣，以求其类，这让人想到兄弟相助。现代研究《诗经》的大家余冠英、周振甫等均沿用此观点。而马持盈的注释没有强调"水鸟"："脊令，鸟名，飞则共鸣，行则摇尾，有急难相共之意，故借之比喻兄弟之处急难。"

但古人的经典解释与事实不符，实在牵强。鹡鸰有好多种，最常见的是白鹡鸰，其他还有灰鹡鸰、黄鹡鸰等，但不管哪一种，首先都不是水鸟，最多是喜欢在近水处逗留、觅食。因此，所谓"脊令在原"正是其常态，何"难"之有？

倒是"飞则共鸣，行则摇尾"这种说法符合鹡鸰的习性。鹡鸰的脚与尾均细长，行走时尾巴轻摇。故鹡鸰这种鸟，在英语中被称为 wagtail，由 wag（摇动）与 tail（尾）两个单词组成。

但不管怎么说，以上说法，我都觉得没有说到点子上。

有一次，晚饭后，偶然在家里说起这个让我困扰的问题，没想到还在读初二的女儿航航在一旁冷不丁说了一句："爸爸，你从白鹡鸰的叫声那方面去想啊！"我一时没反应过来，愣愣地看着航航。她见我不解，又说："白鹡鸰的叫声不就是'急令！急令！'吗？这说明事情很急了呀！"对呀！我顿时恍然大悟。是的，白鹡鸰有个特性，总是一高一低如波浪状飞行，且边飞边鸣,叫声很像"急了急了"。原来,鹡鸰这个鸟名,乃是模仿其叫声"急令"的象声词啊!

我不禁感叹,还是小孩子的心更接近古代诗人啊!按照王国维的说法,这叫作"不隔"。孩子也好,《诗经》时代的诗人也好,他们对于自然都做到了"不隔"。

《诗经》中还有另一处提到鹡鸰:

> 题彼脊令,载飞载鸣。我日斯迈,而月斯征。夙兴夜寐,毋忝尔所生。《小雅·小宛》

《小宛》是一首借怀念父母以告诫兄弟要勤勉谨慎、小心避祸的诗,也是以飞鸣的鹡鸰起兴。上述诗句的大意是说:你看那小小鹡鸰,"急令,急

灰鹡鸰

令"在飞鸣,我们也是天天奔忙、夙兴夜寐,不能辜负父母养育之恩。

急雪脊令相并影

《诗经》之后,"脊令在原"遂成典故,后世,干脆以"在原"或"鸰原""原鸰"专门指代兄弟之情。如《北齐书·元坦传》:"汝何肆其猜忌,忘在原之义?"杜甫《赠韦左丞丈济》诗:"鸰原荒宿草,凤沼接亨衢。"李商隐《为裴懿无私祭薛郎中文》:"原鸰奕奕,沼雁驯驯。"现代作家郁达夫《寄养吾二兄》诗:"与君念载鸰原上,旧事依稀记尚新。"

也有专门的题画诗。如明代才子唐寅在《败荷鹡鸰图》中题诗道:"飞唤行摇类急难,野田寒露欲成团。莫言四海皆兄长,骨肉而今冷眼看。"清代诗人卓尔堪《题脊令图》诗:"脊令飞鸣声不息,先急后悲何凄恻。"

用"脊令在原"之典,最为深情动人的诗,恐怕要算北宋黄庭坚的《和答元明黔南赠别》:

> 万里相看忘逆旅,三声清泪落离觞。朝云往日攀天梦,夜雨何时对榻凉。急雪脊令相并影,惊风鸿雁不成行。归舟天际常回首,从此频书慰断肠。

黄庭坚的长兄黄大临,字元明。黄庭坚遭贬黔州,有感于其兄万里相送,乃作此赠别诗。"急雪脊令相并影,惊风鸿雁不成行"一联,是说在风狂雪急的恶劣天气里(暗指处境艰难),连鸿雁都飞不成行了,而两只小小的鹡鸰却依旧能"并影"相伴,不离不弃,还有比这更真挚深切的兄弟之情吗?

而最有意思的,是唐玄宗李隆基与鹡鸰的故事。有一年秋天,唐玄宗在皇宫中居然见到了上千只鹡鸰,而且这些鸟儿在宫内还逗留了十天左

黄鹡鸰

右。玄宗非常高兴，为此专门作了一篇《鹡鸰颂（并序）》（关于《鹡鸰颂》的文章作者，一说是唐玄宗和魏光乘合作，一说是玄宗为唱和魏光乘所作颂文而独自又写成的一篇），并以行书书写，据说该书法作品是现存唐玄宗的唯一墨迹。

其序中说："朕之兄弟，唯有五人…… 每听政之后，延入宫掖，申友于之志，咏《棠棣》之诗…… 展天伦之爱也。"这里说得很清楚，玄宗常与兄弟们在宫中边咏《诗经·棠棣》之诗，边叙兄弟友爱之情。忽然有一天，"奇迹"发生了：

> 秋九月辛酉，有鹡鸰千数，栖集于麟德之庭树，竟旬焉，飞鸣行摇，得在原之趣，昆季相乐，纵目而观者久之，逼之不惧，翔集自若。

秋季是鸟类迁徙高峰期，鹡鸰科的鸟儿几乎都是候鸟，有的在迁徙时会成大群。有一年秋天，我们曾在慈溪海边见到满地都是过境的黄鹡鸰。所以玄宗所见"鹡鸰千数"，完全是可能的。玄宗见到这么多鹡鸰"飞鸣行摇"，就自然而然地想起了"鹡鸰在原"的诗句，故说"得在原之趣"。更有趣的是，这么多鹡鸰居然也不怕人，所谓"逼之不惧，翔集自若"。

秋冬最宜赏鹡鸰

在宁波，目前有确切记录的属于鹡鸰科的鸟至少有 10 种，分为鹡鸰与鹨（音同"六"）两大类，分别为：白鹡鸰、黄鹡鸰、灰鹡鸰、山鹡鸰、田鹨（原名理氏鹨）、树鹨、北鹨、红喉鹨、水鹨、黄腹鹨。另外，黄头鹡鸰迁徙时应该也路过宁波，但迄今我未闻有影像记录。

除白鹡鸰为本地四季可见的常见留鸟外，其余的鹡鸰与鹨，均为候鸟。

黄鹡鸰为过境之旅鸟，灰鹡鸰为冬候鸟，山鹡鸰为夏候鸟；北鹨为旅鸟，其余的鹨均为冬候鸟。

　　几乎在任何靠近水边的开阔地上，都可能见到白鹡鸰。白鹡鸰是黑白灰分明的鸟，没有任何彩色羽毛，尽管有多个亚种，主要区别还是在于眼纹有无、羽色深浅等方面。宁波最常见的白鹡鸰亚种，脸颊白净，没有贯穿眼部的眼纹；相对少见的亚种在特征上可区分为"灰背眼纹亚种""黑背眼纹亚种"等。有的亚种属于宁波的候鸟。

白鹡鸰　　　　　　　　　鹡鸰科

　　中等体形（20厘米）的黑、灰及白色鹡鸰。冬季头后、颈背及胸具黑色斑纹但不如繁殖期扩展。黑色的多少随亚种而异。受惊扰时飞行骤降并发出示警叫声。

有眼纹的白鹡鸰亚种

残疾的白鹡鸰

鲁迅的《从百草园到三味书屋》中有一段描写雪后捕鸟的文字：

> 看鸟雀下来啄食，走到竹筛底下的时候，将绳子一拉，便罩住了。但所得的是麻雀居多，也有白颊的"张飞鸟"，性子很躁，养不过夜的。

这里的"张飞鸟"就是指白鹡鸰。因为白鹡鸰头部羽色黑白相间，颇似京剧里的张飞脸谱——特别是那种有黑色眼纹的白鹡鸰，就更加像了。

白鹡鸰通常在地面活动，有时会上树。它总是在草地上轻巧地走动觅食，当有所发现时，会突然快走小段距离，那步法之迅捷灵巧，几乎让人觉得它脚不沾地。有时，它也会突然腾空而起，追捕空中的小飞虫。我曾经在绿岛公园见到一只残疾白鹡鸰，尽管它断了一只脚，但依然目光坚毅，在水洼边疾步如飞地抓虫，着实令人心生敬意。

灰鹡鸰在宁波以冬候鸟为主，通常在溪流边最容易见到。这鸟也好认，上体多灰色，而腹部、臀部等为柠檬黄。它喜欢在溪边觅食，不时从这块石头轻跃到另一块石头。寒冷的时候，灰鹡鸰甚至会到城市的河边觅食。2017年早春，一只灰鹡鸰总是在海曙区的白云公园的河边漫步，我曾抓拍到它从岸边跃起飞捕水面上的小飞虫的瞬间。

黄鹡鸰是迁徙路过宁波的旅鸟，通常在4月、10月前后最容易在海边观察

灰鹡鸰　　　　　　　　　鹡鸰科

中等体形（19厘米）而尾长的偏灰色鹡鸰。腰黄绿色，下体黄。常光顾多岩溪流并在潮湿砾石或沙地觅食。

灰鹡鸰喜欢在溪边活动

黄鹡鸰　　　　　　　　　　鹡鸰科

　　中等体形（18厘米）的带褐色或橄榄色的鹡鸰。似灰鹡鸰但背橄榄绿色或橄榄褐色而非灰色，尾较短。喜稻田、沼泽边缘及草地。

山鹡鸰　　　　　　　　　　鹡鸰科

　　中等体形（17厘米）的褐色及黑白色林鹡鸰。上体灰褐，两翼具黑白色的粗显斑纹；下体白色，胸上具两道黑色的横斑纹。尾轻轻往两侧摆动，不似其他鹡鸰尾上下摆动。

北鹨　　　　　　　　　　　鹡鸰科

　　中等体形（15厘米）的褐色鹨。似树鹨但背部白色纵纹成两个"V"字形，且褐色较重，黑色的髭纹显著。喜开阔的湿润多草地区及沿海森林。有时降落在树上。

树鹨　　　　　　　　　　　鹡鸰科

　　中等体形（15厘米）的橄榄色鹨。具粗显的白色眉纹。比其他的鹨更喜有林的栖息生境，受惊扰时降落于树上。

鸣唱中的北鹨

到它们。黄鹡鸰也有好多亚种,头部颜色深浅、身体黄色多少、眉纹颜色如何,在不同亚种间均不同。

鹡鸰通常都喜欢在水边活动,唯独山鹡鸰是个"另类"。它的俗名叫林鹡鸰或树鹡鸰,因为它喜欢活动于树林之中,时而在林下散步,时而在枝上鸣唱。山鹡鸰是宁波的不常见夏候鸟,曾经有几年,每到 5 月中旬,我一走进绿岛公园的树林,就能听到它那细柔、婉转的独特鸣声,仿佛有位羞涩的少女躲在绿荫中轻轻拉琴,琴声略似"嘎滋、嘎滋"。可惜,最近几年一直没有听到这样美妙的天籁之音了。

至于各种鹨,除北鹨为过境之旅鸟外,其余均为冬候鸟。北鹨在浙江很罕见,有幸拍到它的鸟人都会非常开心。我几次见到北鹨,都是四五月份在海边的开阔地上。而树鹨为最常见的鹨,在公园树林下草地上常能见到。树鹨喜欢单独或成小群在地面觅食,行走轻巧无声,加上暗淡的橄榄绿的背部,使得它不容易被发现。当受到惊扰时,树鹨通常会飞到附近

田鹨   鹡鸰科

　　体大（18厘米）腿长的褐色而具纵纹的鹨。栖于开阔草地。上体多具褐色纵纹，眉纹浅皮黄色；下体皮黄，胸具深色纵纹。站在地面时姿势甚直。

红喉鹨   鹡鸰科

　　中等体形（15厘米）的褐色鹨。与树鹨的区别在上体褐色较重，腰部多具纵纹并具黑色斑块，胸部较少粗黑色纵纹，喉部多粉红色。喜湿润的耕作区。

黄腹鹨   鹡鸰科

　　体形略小（15厘米）的褐色而满布纵纹的鹨。似树鹨但上体褐色浓重，胸及两胁纵纹浓密，颈侧具近黑色的块斑。初级飞羽及次级飞羽羽缘白色。冬季喜沿溪流的湿润多草地区及稻田活动。

的树上停栖，同时轻轻摇动尾巴。其他几种鹨，在宁波以海边开阔地最容易见到，其中水鹨、黄腹鹨也常出现在山脚溪流附近。从时间上来说，从秋天到仲春，观赏鹡鸰科的鸟类是最为适宜的。

燕燕于飞传诗意

"小燕子，穿花衣，年年春天来这里 ……"除了麻雀、白头翁，燕子恐怕是大家最熟悉的鸟儿了，这首歌里唱的就是最常见的夏候鸟 —— 家燕。除了家燕，金腰燕也是宁波的常见夏候鸟。不过，说起烟腹毛脚燕、崖沙燕，知道的人恐怕就不多了。

是的，目前所知，宁波起码有 4 种燕科鸟类分布。在这些身穿燕尾服的小小绅士中，家燕与金腰燕数量最多，与人类最为亲近，筑巢于屋檐之下；而烟腹毛脚燕与崖沙燕在宁波不多见，前者通常营巢于高山岩壁之缝隙，少数在人工建筑物中安家，后者属于迁徙路过本地的旅鸟。

燕子的街市

每年 3 月，家燕陆续抵达宁波，多数于乡村的屋檐下筑巢，极少数落户于市中心，如鼓楼步行街、大沙泥街等地。一旦选定巢址，家燕就立即在附近寻找湿泥、枯草等，叼来垒窝。乍一看，家燕是黑白两色的鸟，实际上，它

【燕科】
　　燕类为人们所熟悉的遍布全球的优雅之鸟。身体细长，两翼长而尖。燕类喜群栖，在空中捕捉昆虫，沿水流上下捕食或在高空盘旋。外形极似雨燕但不似雨燕迅疾。

家燕　　　　　　　　　　燕科

　　中等体形（20厘米，包括尾羽延长部）的辉蓝色及白色的燕。上体钢蓝色；胸偏红而具一道蓝色胸带，腹白；尾甚长，近端处具白色点斑。在高空滑翔及盘旋，或低飞于地面或水面捕捉小昆虫。降落在枯树枝、柱子及电线上。

金腰燕　　　　　　　　　　燕科

　　体大（18厘米）的燕。浅栗色的腰与深钢蓝色的上体成对比，下体白而多具黑色细纹，尾长而叉深。习性似家燕。

的背部为具有金属光泽的暗蓝色，而喉部为棕色。

　　很多人分不清家燕与金腰燕的区别，反正未做细察，一律呼为燕子。粗粗一看，这两种燕子确实长得很像，但仔细一瞧，两者的区别还是很明显的。首先，顾名思义，金腰燕的"腰部"（即背与尾的相接处）是金色的，这一特征在飞行时尤为明显；其次，家燕的腹部偏白，而金腰燕从喉部到腹部均密布纵纹。金腰燕的习性跟家燕相似，但据我观察，它们似乎只在乡村筑巢，而不进入市中心（当然，这可能与它们数量没有家燕多有关）。另外，金腰燕的巢的形状也跟家燕略有不同。家燕的巢，如吸附于墙上的半个碗，开口朝上；而金腰燕的巢，颇似半个葫芦，其开口圆而小。

　　家燕还有一个有趣的习性，就是"有时结大群夜栖一处，即使在城市"（《中国鸟类野外手册》）。家燕结群夜栖，乃至形成"燕子的街市"，似乎通常出现在育雏期的后期或者育雏期结束以后。近年的8月上中旬，在鄞州东吴镇、姜山镇，我曾看到，每到傍晚，成千上万

燕子的街市

的燕子从四面八方飞来，马路上空简直就像是一片云在翻腾。它们依次停在电线上，密密麻麻，但彼此间隔的距离比较均匀，看上去井井有条。如果有一只燕子来晚了，想"插队"，它就会与相邻的燕子叽叽喳喳交流一番，对方若认可，就会挪出一个空位来；要是对方不乐意，迟到者就只好飞离，另择栖息点。次日清晨，它们即飞离。如此周而复始，直到有一天消失。

到底是什么因素促使形成了"燕子的街市"？对此我一直很好奇。或许跟

家燕

地理环境、食物等有关，但我更相信，这一现象似乎预示着它们即将集体启程南迁。早在 200 多年前，英国博物学家吉尔伯特·怀特，就在其名作《赛尔伯恩博物志》中对家燕的迁徙行为有相近的看法。他说："有些人说，家燕离去时也跟来时一样，是三两成群逐渐消失的。我不赞成这种看法，因为那一大群家燕（指他此前的实际观鸟所见）似乎是同时离开的。"

怀特还说："大多数家燕都会迁徙，但还是会留下一些，藏在我们身边过冬。"这些描述完全符合我多年来对宁波的家燕的观察。在寒冷的 12 月、1 月与 2 月，我都曾在江北的英雄水库、慈溪的四灶浦水库等地见到少量留在宁波越冬的家燕，从几只到几十只不等。

"崖洞建筑师"路过宁波

家燕与金腰燕体形大小差不多，全长在 20 厘米左右，而崖沙燕与烟腹毛脚燕都是"迷你燕"，体长只有十二三厘米，比麻雀还小。

2008 年 7 月底，慈溪鸟友单鹏云在当地海边先拍到了崖沙燕。"哪里有崖沙燕？"匆匆赶去的我问单鹏云。他指了指旁边一个搭建在池塘边的农家乐小饭店，说："就在那里。"

看我很吃惊，单鹏云二话不说，就带我进了这小饭店的包厢，然后轻轻打开后窗，说："你看，这灰色的小家伙！"原来，这包厢后面就是一个芦苇荡，附近斜拉着几根铁丝，时值傍晚，很多燕子都停歇在铁丝上，主要是家燕，其中混杂着两只崖沙燕。

不比不知道，崖沙燕的体形比家燕小了很多。小家伙全身灰褐色，虽然不那么靓丽，但有着圆圆的脑袋、大大的眼睛，当它扭头看人的时候，还是很萌的。于是，我把"大炮"直接架在窗台上拍了起来。崖沙燕与家燕一样，浑不怕人，随便我以 5 米左右的超近距离拍了个爽。

　　因喜欢在沙崖、土壁上打洞做窝，崖沙燕被称为"崖洞建筑师"。当时，单鹏云把崖沙燕的图片上传到浙江野鸟会的网站上后，引起了鸟友们的一片惊讶声：天气还这么热，崖沙燕就开始南迁了？有资深鸟友说，我们所拍到的崖沙燕从特征上看应该是其东北亚种，它们在我国北方繁殖，越冬在南方，宁波只是其迁徙途经之地，因此比较少见。

　　鸟类南迁通常从 8 月开始，那次才 7 月底就看到迁徙的鸟类，确实偏早了点。不过，崖沙燕并不是孤独的先行者，那天我们还观察到了长趾滨鹬、林鹬等迁徙的水鸟。

　　2012 年春天，在横街镇的海拔约500 米的四明山上，鸟友老周等人发现了烟腹毛脚燕。通常，这种燕子喜欢安家在高山的悬崖峭壁上，如岩壁的凹陷处或石隙间，没想到这次居然跟家燕一样筑巢在人家屋檐下 —— 虽然是一个高山村。

　　我想，这些悬崖上的"隐士"之所以

崖沙燕　　　　　　　　燕科

　　体小（12厘米）的褐色燕。下体白色并具一道特征性的褐色胸带。亚成鸟喉皮黄色。生活于沼泽及河流之上，在水上疾掠而过或停栖于突出树枝。

烟腹毛脚燕　　　　　　燕科

　　体小（13厘米）而矮壮的黑色燕。腰白，尾浅叉，下体偏灰，上体钢蓝色，腰白，胸烟白色。叫声：兴奋的嘶嘶叫声。习性：比其他燕更喜留在空中，多见其于高空翱翔。

群居的烟腹毛脚燕

愿屈尊跟人类居住在一起，估计跟这个小村良好的觅食环境有关。从烟腹毛脚燕安家之地往前看，是开阔的小型梯田，附近还有溪流、竹林、山林等，空中飞虫很多。停栖在巢边的烟腹毛脚燕看上去矮墩墩的，身着黑白两色的外套，一副朴实憨厚的模样。但是，当它们在空中捕食的时候，我不禁为其高超的飞行技巧所折服，不仅速度快，而且异常飘忽，很难抓拍到。它们的嘴短而宽扁，呈倒三角形，适合在疾飞时啄取小虫。

7月，烟腹毛脚燕的雏鸟已经比较大了，但亲鸟还是不停地在喂食。鸟爸鸟妈嘴里叼的飞虫很微小，几乎看不清是什么类型的虫。我还注意到一个有趣的细节，由于有的巢是连接在一起的（不像家燕，每个巢都是独立的），因此有时会有四五只成鸟同时飞来喂食，看上去非常热闹的一大家子。当时见此情景，我还想，莫非它们也像红头长尾山雀一样，七大姑八大姨的，都会过来照料孩子？

顺便说一下，在迁徙季节，在宁波还能看到一种"燕子"，即白腰雨燕。但这种"燕子"跟上述的4种燕不同，它不属于燕科，而属于雨燕科。2010

年的 5 月，在慈溪龙山镇的海边，我们拍到了正在北迁途中的小群的白腰雨燕。它们的体形大小跟家燕差不多，具有镰刀状的双翼，在空中觅食时飞得极快，在望远镜里可以看到其明显的白色腰部，以及深叉的燕尾。

白腰雨燕 雨燕科

体形略大（18 厘米）的污褐色雨燕。尾长而尾叉深，颏偏白，腰上有白斑。成群活动于开阔地区，常常与其他雨燕混合。进食时做不规则的振翅和转弯。

翩然翻飞古诗中

燕子体态轻盈，春来秋去，惹人情思。古往今来，咏燕之诗，比比皆是，佳作迭出。因此，说燕子乃是"诗燕"，实不为过。

> 燕燕于飞，差池其羽。之子于归，远送于野。瞻望弗及，泣涕如雨。燕燕于飞，颉之颃之。之子于归，远于将之。瞻望弗及，伫立以泣。燕燕于飞，下上其音……（《诗经·邶风·燕燕》）

大意是，妹妹远嫁，哥哥送之于野，目睹燕子在空中上下翻飞、鸣唱，离别之情更为复杂。诗中，燕子飞鸣的情态被描绘得非常细致，富有画意，起到了很好的渲染情境的作用。因此，清人王士祯称赞此诗"为万古送别之祖"。

《诗经》之后，燕子作为古典诗歌中的一个经典意象，主要在两方面触发了诗人的诗情并被描述。其一，是燕子的生活状态，包括衔泥筑巢、飞行姿态等。如：

几处早莺争暖树，谁家新燕啄春泥。（唐·白居易《钱塘湖春行》）

自来自去梁上燕，相亲相近水中鸥。（唐·杜甫《江村》）

熟知茅斋绝低小，江上燕子故来频。衔泥点污琴书内，更接飞虫打着人。（唐·杜甫《绝句漫兴九首》）

细雨鱼儿出，微风燕子斜。（唐·杜甫《水槛遣心二首·其一》）

旧时王谢堂前燕，飞入寻常百姓家。（唐·刘禹锡《乌衣巷》）

去年春恨却来时。落花人独立，微雨燕双飞。（宋·晏几道《临江仙》）

其二，是燕子的迁徙习性，最容易在归来、离别方面引发诗人的惆怅。如：

小园芳草绿，家住越溪曲。杨柳色依依，燕归君不归。（唐·温庭筠《菩萨蛮》）

睡鸭炉寒熏麝煎。寂寂歌梁，无计留归燕。十二曲阑闲倚遍。一杯长待何人劝。（宋·贺铸《蝶恋花》）

记得画屏初会遇。好梦惊回，望断高唐路。燕子双飞来又去。纱窗几度春光暮。（宋·苏轼《蝶恋花》）

春来秋去，往事知何处。燕子归飞兰泣露，光景千留不住。（宋·晏殊《清平乐》）

每次读到这些优美的古典诗句，作为现代人，我总是觉得万分惭愧。我在想，为什么我们感受并表达自然之诗意的能力变得如此欠缺？是环境变了？是心态变了？还是都变了？

且听林间自在啼

"你这么喜欢鸟,家里一定养了不少鸟吧?"不知有多少人曾问过我这个问题。

每次我都哭笑不得,因为完全不能理解"爱鸟就养鸟"这个逻辑。一直以来,我都觉得自由状态的鸟儿才是最美的,不管是形态还是鸣声。于是我回答:

"我从来不养鸟。我喜欢观鸟,不关鸟。"

是的,要观鸟,不要关鸟。不过,这"绕口令"把对方给搞糊涂了。

奈何锁向金笼听

早晨去月湖公园、中山广场,总会见到不少遛鸟的人。鸟笼里的鸟,自

【画眉科】
嘴大多直而侧扁,有些下弯。两脚强健,以跳跃前进。生活于山区浓密的树林、灌丛和草丛。以小群活动。翅短圆,不擅长飞,仅在丛簕(音同"擞",意为多草的湖泽)间作短距离移动。擅鸣唱或鸣叫,常久鸣不歇,有的鸣声嘈杂,有的则婉转动听悦耳。(据《台湾野鸟手绘图鉴》)

【椋鸟科】
椋(音同"凉")鸟身体结实,嘴尖直有力,腿长。多为群栖性,多数种类于地面轻盈步行而取食。食物为果实及无脊椎动物。椋鸟喧闹吵嚷,发出沙哑叫声,也模仿其他鸟的鸣叫声。

然以画眉为最多，其次是八哥、红喉歌鸲、暗绿绣眼鸟等。喜欢养鸟的人自然会觉得它们的鸣叫好听，但在我听来，无论怎样都是渴望自由的哀唱。

现在的花鸟市场里，公开大量卖鸟的比以前少了（这里指卖野生鸟类，纯人工繁殖的观赏性鹦鹉之类除外）。前几年我曾见到几大笼几大笼的野鸟拥挤在一起，鸟种主要有画眉、红嘴相思鸟、珠颈斑鸠、八哥、丝光椋鸟、白腰文鸟、暗绿绣眼鸟等，每一只都羽毛蓬乱，外表有磨损、擦伤的不在少数。它们基本都是从野外捕来的，在捕猎、运输、笼养等过程中，死亡率极高。这些鸟主要卖给两种顾客：一、为了放生；二、为了笼养。这些买卖的背后，其实充满了杀戮，只不过顾客们不了解罢了。

2010 年初，我曾经在《宁波晚报》上报道过一个关于捕鸟的案件。经村民现场举报，江北的公安民警抓住了两个来自外地的捕鸟"高手"。这两人根本不知道捕鸟是违法行为，居然在被抓后还在警察面前议论斑鸠是红烧好吃还是清蒸好吃，令人哭笑不得。民警曾带着两人来到他们所说的捕鸟地点，进行现场还原，核实案情。结果，其中一人当场进行了"技艺示范"，只见他随手摘取了一片竹叶，将其卷成一定形状，放到嘴边就吹。民警说，此人学得惟妙惟肖，那声音确实很像画眉的叫声。据此人自己说，他学的是雌画眉的叫声，专门用来吸引雄画眉的，雄鸟一听到雌鸟叫声就会飞来，撞到事先安装好的网上。他们的捕猎目标是雄画眉，不要雌鸟。

正是法律意识、自然意识的双重淡

画眉　　　　　　　　　　　**画眉科**

体形略小（22 厘米）的棕褐色鹛。特征为白色的眼圈在眼后延伸成狭窄的眉纹。顶冠及颈背有偏黑色纵纹。

漠，才使得有那么多人会去捕野鸟、养野鸟，而不知有任何不妥。

早在千年前，欧阳修就曾写过一首《画眉鸟》诗："百啭千声随意移，山花红紫树高低。始知锁向金笼听，不及林间自在啼。"我觉得写得真好！是的，经常观察自然、倾听自然的人，才会真正明白，大自然中的鸟鸣才是最美的！

宁波有多种"画眉鸟"

在宁波，属于画眉科的野生鸟类超过 10 种，只不过大家平时不大关注罢了。这些形态差异甚大的"画眉鸟"包括：画眉、黑脸噪鹛（音同"眉"）、灰翅噪鹛、黑领噪鹛、小黑领噪鹛、红头穗鹛、棕颈钩嘴鹛、斑胸钩嘴鹛、红嘴相思鸟、灰眶雀鹛、栗颈凤鹛等。

大家注意到没有，这里有好几种"噪鹛"，顾名思义，这些都是嗓门比较大的鸟。并不是所有画眉科的鸟儿都像画眉那样具有婉转动听的鸣声，几种噪鹛的叫声都比较响亮而且单调，尤其是黑脸噪鹛，特别喜欢成群结队，在一起喧嚷，

黑脸噪鹛　　　　　画眉科

体形略大（30 厘米）的灰褐色噪鹛。特征为额及眼罩黑色；上体暗褐；外侧尾羽端宽，深褐；下体偏灰渐次为腹部近白，尾下覆羽黄褐。

灰翅噪鹛　　　　　画眉科

体形略小（22 厘米）而具醒目图纹的噪鹛。头顶、颈背、眼后纹、髭纹及颈侧细纹黑色。指名亚种体羽偏红色较多，且头顶及颈背近黑至灰褐。

几百米外都听得清清楚楚。

其中,灰翅噪鹛是浙江省内比较少见的一种噪鹛。2008 年早春,在鄞江镇的四明山的一处山脚,我拍到了属于浙江鸟类新记录的短尾鸦雀后,有一段时间,我经常抽空到那里拍鸟。一天中午,在寻找短尾鸦雀时,我在山路旁的灌木丛里发现了一对颇像画眉的鸟儿,所不同的是它们长着一张滑稽的花脸,翅膀也不是全然的棕色,而是有着灰、白、黑相间的斑纹。当时我就想,这显然也是一种噪鹛,以前没有拍到过!

可惜,它们跟那里常见的画眉一样,老喜欢在灌木丛底下翻拣落叶找食吃,很难拍清楚。我在一旁守候了很久,也只拍到一个模糊的影子。在我失去信心准备"撤退"的时候,我惊喜地发现了其中一只噪鹛的行动规律:它边翻落叶边往前走,居然跟我一样也是沿着山路往下走,只不过它是走在路边的灌木丛里而已!于是,我先走到它前方三五米处,挑一个灌木丛之间相对开阔的空当,然后在旁边隐蔽起来,像狙击手一样耐心地等待它穿过这个空当。果然,伴随着沙沙的落叶翻动声,它大模大样地走了出来,最近的时候离我不足两米!终于拍到了它!

红头穗鹛、红嘴相思鸟、灰眶雀鹛与栗颈凤鹛,都是灵巧活泼的小不点儿。尤其是红头穗鹛,比麻雀还小,经常在山区的灌木丛里钻进钻出、跳来跳去,往往只见它棕红的头顶一闪而过,眨眼便不见了踪影。

真正野生的红嘴相思鸟其实在宁波很少见,我所拍到的,几乎都是放生鸟。"鸣声欢快、色彩华美及相互亲热的习性使其常为笼中宠物。休息时常紧靠一起相互舔整羽毛。"(《中国鸟类野外手册》)多么可悲!正因为这小鸟既漂亮又多情,才被大量捕捉,沦为笼中囚徒!

栗颈凤鹛(原为栗耳凤鹛的一个亚种)在宁波也不太常见。

最常见的是灰眶雀鹛,它跟麻雀差不多大,灰褐色的圆滚滚的身体,加

红头穗鹛　　　　　　　*画眉科*

体小（12.5厘米）的褐色穗鹛。顶冠棕色，上体暗灰橄榄色，眼先暗黄，喉、胸及头侧沾黄，下体黄橄榄色，喉具黑色细纹。

红嘴相思鸟　　　　　　*画眉科*

色艳可人的小巧（15.5厘米）鹛类。具显眼的红嘴。上体橄榄绿，眼周有黄色块斑，下体橙黄。翼略黑，红色和黄色的羽缘在歇息时成明显的翼纹。

灰眶雀鹛　　　　　　　*画眉科*

体形略大（14厘米）的喧闹而好奇的群栖型雀鹛。上体褐色，头灰，下体灰皮黄色，具明显的白色眼圈。

栗颈凤鹛　　　　　　　*画眉科*

中等体形（13厘米）的凤鹛。上体偏灰，下体近白，特征为栗色的脸颊延伸成后颈圈。具短羽冠，上体白色羽轴形成细小纵纹。

棕颈钩嘴鹛　　　　画眉科

　　体形略小（19厘米）的褐色钩嘴鹛。具栗色的颈圈，白色的长眉纹，眼先黑色，喉白，胸具纵纹。

八哥　　　　棕鸟科

　　体大（26厘米）的黑色八哥。冠羽突出。与林八哥的区别在冠羽较长，嘴基部红或粉红色，尾端有狭窄的白色，尾下覆羽具黑及白色横纹。

上明显的白眼眶，倒也挺可爱。冬季与早春，在四明山的山脚灌木丛里很容易看到这些小家伙，它们总是结伙出游，而且一路上"唧唧，居居"叫个不停，往往不见其鸟先闻其鸣。灰眶雀鹛真的是很爱热闹的小鸟，它们还喜欢加入各种小鸟混合而成的"鸟浪"，闹哄哄地从一处飞到另一处。更让人想不到的是，据《中国鸟类野外手册》描述，它们还英勇异常，竟会"大胆围攻小型鸦类及其他猛禽"。

　　棕颈钩嘴鹛与斑胸钩嘴鹛，都拥有尖而弯的嘴，长相奇特。两种钩嘴鹛以前者为常见，后者很少见，它们都喜欢在灌木丛中活动，行踪较为隐秘，故难以睹其全貌。在台湾，棕颈钩嘴鹛的特有亚种被称为"小弯嘴画眉"。

只因学舌失自由

　　几乎全身乌黑的八哥，并不是一种长相俊俏的鸟儿，鸣声也不见得多么动听，之所以被称为"著名"的笼养鸟，就是因为其经驯养后善于学舌。

　　八哥古称"鸲鹆"（音同"渠浴"），在《聊斋志异》里有一篇题为"鸲鹆"的短文，说的就是一只对答如流的狡黠八哥。这只八哥见主人窘迫得连路费都没有了，居然建议："何不售我？送我王邸，当得善价，不愁归路无资也。"主人说："我安忍？"八哥言："不妨。"这八哥被高价卖入王府后，它就说："臣要浴。"王爷于是"开笼令浴"，谁知等它洗完澡、晾干羽毛，这家伙突然说了一声："臣去呀！"一眨眼便飞得无影无踪，原来又去找旧主人去了。你看，这八哥都成精了。当然，这是经蒲松龄妙笔艺术加工后的故事，现实中不可能有如此善于人言的鸟。

　　八哥不仅善于学舌，走路也很神气，它总是目视前方，昂首阔步，颇有

八哥的表情有时候很"酷"

点顾盼自雄的样子,十分有趣。飞行时,其双翅有明显的白斑,这是它的特征。八哥常成小群出现在公路的护栏附近,专门在被扔掉的垃圾里寻食。

八哥属于椋鸟科。在宁波有记录的椋鸟科的野生鸟类有以下几种:八哥、丝光椋鸟、灰椋鸟、黑领椋鸟、紫翅椋鸟、北椋鸟。

丝光椋鸟是本地常见留鸟,其特征鲜明,不易被错认,尤其是雄鸟具有雪白的头部(雌鸟为褐色)、鲜红的嘴,颈部羽毛披散呈矛状。秋冬时节,城市附近的天空有时会出现"鸟云","云朵"形状不断变幻,快速翻腾,极为壮观。不用说,这十之八九是集大群的丝光椋鸟,这种鸟就是这个习性。春末夏初,是丝光椋鸟的繁殖高峰,我曾在6月初于日湖公园的草坪上见到好多丝光椋鸟,它们不停奔跑着捕捉小虫,嘴上会衔着好几条,然后飞回巢中育雏。

黑领椋鸟是宁波不常见的留鸟,通常在海边多见。有趣的是,2017年5月,在我住的小区里居然出现了一只黑领椋鸟。起初我们发现它总是在河边的

丝光椋鸟   椋鸟科

体形略大(24厘米)的灰色及黑白色椋鸟。嘴红色,两翼及尾辉黑,飞行时初级飞羽的白斑明显,头具近白色丝状羽,上体余部灰色。

黑领椋鸟   椋鸟科

体大(28厘米)的黑白色椋鸟。头白,颈环及上胸黑色;背及两翼黑色,翼缘白色;尾黑而尾端白;眼周裸露皮肤及腿黄色。

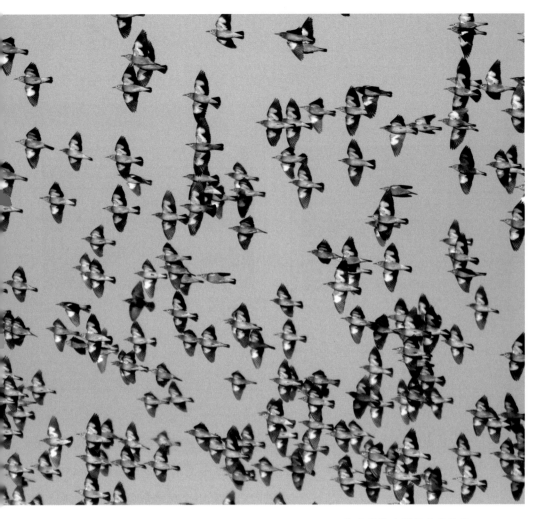

秋冬季集大群的丝光椋鸟

草地上觅食，人走到它身边两三米处都不飞走。当时我就怀疑这可能是逃逸的笼养鸟，谁知没过多久，它竟在邻居家的北边小窗台上筑巢了。只见它忙忙碌碌，不停地飞到河边的柳树上，用嘴拗断枯枝，然后叼到窗台的不锈钢花架上搭巢。就这样持续了好些天，而且老是听到它站在巢边高声大叫。我老婆说，它每天这样叫唤，是不是要招亲啊？我说，应该是的。但始终只见到它孤零零一个。也不知道哪一天，忽然没听见它的叫声了。从此，再不见踪影。

灰椋鸟是宁波常见的冬候鸟，常成小群，冬季在城郊开阔地就容易见

灰椋鸟　　　　　　　　椋鸟科

　　中等体形（24厘米）的棕灰色椋鸟。头黑，头侧具白色纵纹，臀、外侧尾羽羽端及次级飞羽狭窄横纹白色。雌鸟色浅而暗。

紫翅椋鸟　　　　　　　　椋鸟科

　　中等体形（21厘米）的闪辉黑、紫、绿色椋鸟。具不同程度白色点斑，体羽新时为矛状，羽缘锈色而成扇贝形纹和斑纹。

　　到，灰黑的身体、白色的脸颊，是其主要特征。紫翅椋鸟与北椋鸟均为宁波少见的旅鸟，尤其是后者，只在海边有过零星记录。而紫翅椋鸟相对又多见一些，有一年秋天，我们曾在慈溪海边的农田里见到数以百计的它们。

　　出门去吧，用眼睛，用镜头，用望远镜，捕捉飞鸟的影迹；用耳朵，用心灵，去倾听，去感受，那因为自由才流露的美妙的天籁之音！

你好，小不点

说真的，我得坦白地说，"你好，小不点"这个标题事实上有点偷懒的意味 —— 尽管相当无奈。"宁波野鸟传奇"的系列文章已经到尾声了，总字数已经远远超过预期，我想该到收尾的时候。可是仔细一盘点，我的天，还有好多好多可爱的鸟儿尚未提到呢！宁波有这么多美丽灵动的飞羽，把谁落下都好像不应该啊。若鸟儿有心灵感应，被忽视者（虽然不是有心）想必也会不大开心吧！

更何况，未及叙述它们的传奇的，以"小不点"为主，多数比麻雀还小，少数跟麻雀差不多大或最多略大一点，涉及鹟科、莺科、扇尾莺科、绣眼鸟科、燕雀科、戴菊科、花蜜鸟科等。我可不能因为它们身材娇小而把它们"忽略不计"，因此，下文会提到一长串生僻的名字，请大家不要失去耐心。请相信，每一个你所不熟悉的名字后面，都是一个会飞翔的精灵，都有一颗热爱天空与大地的自由之心。

"捕蝇鸟"的旅行

1767 年 8 月 4 日，在英国汉普郡的乡村塞耳彭，教区牧师吉尔伯特·怀特在给朋友的信中说："（捕蝇鸟）有个特点似无人留意到，那就是：它总站在一根竿子顶上，一见蚊虫，则飞身而下，将沾地与不沾地之间，蚊虫即进了嘴，然后又耸身回到竿顶上……"

怀特对于鹟（英语叫 flycatcher，即捕蝇鸟）这类小鸟的捕食习性的描述，可谓传神。怀特以其《塞耳彭自然史》一书流芳后世，很多人将他称为现代观鸟第一人。

宁波的鹟科鸟类目前所知有以下几种：灰纹鹟、北灰鹟、乌鹟、白眉姬鹟、黄眉姬鹟、鸲姬鹟、红喉姬鹟、白腹蓝姬鹟、铜蓝鹟等。它们全部都是旅鸟，即只在春秋迁徙期在宁波作短暂的逗留，然后继续北迁或南下。比较常见的，是灰纹鹟、北灰鹟与乌鹟这 3 种。诚如怀特所描述的，它们喜欢站在突出的树枝上，猛然飞出捕食路过的飞虫，然后迅速返回原枝。相对于

灰纹鹟

乌鹟

北灰鹟

白眉姬鹟

小巧的身体，它们拥有乌溜溜的大眼睛，嘴虽小但基部宽大，嘴边还有刚硬的髭须，这些都有利于捕捉小型昆虫。有点令人为难的是这3种鹟长得颇为相似，都是灰灰的，只是斑纹、羽色深浅等有所不同，初学观鸟者往往分辨不清。

黄眉姬鹟

通常，几种姬鹟更难被观鸟者所发现，因为它们生性害羞，常躲在灌丛深处或幽暗的树丛中，偶尔才跳出来露一小脸。不过，多数姬鹟的颜值都很高，尤其是雄鸟。白眉姬鹟与黄眉姬鹟的雄鸟，都是黑、黄、白三种色彩对比鲜明的小鸟，主要区别在"眉毛"

鸲姬鹟

的颜色。鸲姬鹟的美丽也不遑多让，其橙色的喉部与胸部尤其显眼。白腹蓝姬鹟的雄鸟，身披隐隐闪着金属光泽的暗蓝的外衣，深色的喉、胸部与洁白的腹部形成明显对比。红喉姬鹟很罕见，迄今在宁波本地我只于2007年

白腹蓝姬鹟

10月在绿岛公园见过一次，其雄鸟的喉部在繁殖期为红色，可惜在秋季迁徙期已变为白色。

铜蓝鹟在浙江的记录很少，在宁

红喉姬鹟

铜蓝鹟飞啄果实

波出现的基本属于迷鸟。在我印象中，这种全身蓝绿色的鸟儿，仅于 2008 年 4 月在姚江公园以及 2010 年冬天在江北苏湖被发现过，但都是一两天工夫便不见了踪影。那次在姚江公园，我和鸟友李超偶尔撞见一只铜蓝鹟，都非常兴奋，而鸟儿也很"赏脸"，只见它一次又一次地飞起来啄食一种鲜红的果实，让我们一次拍了个够。

最难辨认是柳莺

在观鸟圈子里有一句"名言"："唯莺鹰最难辨。"意思是说，在野外最难分辨清楚的是柳莺与鹰科猛禽。

确实，一些鹰科鸟类由于亚种、年龄、换羽等因素，本来就已经不好分辨，再加上猛禽往往飞得高、离得远，缺乏可辨识的细节，因此想要快速、准确地识别某种猛禽，是需要非常丰富的野外观鸟经验的。

而对某些柳莺的辨识，其难度相对于猛禽恐怕有过之而无不及。柳莺体形纤巧，多数种类比麻雀还小不少，羽色多为绿、黄、褐、灰等颜色，嘴都是又细又尖，外观极为相似。在行为上，它们总是在树上快速地穿飞，捕捉虫子，有时还会在花朵边、枝头旁快速地扇动翅膀，把小型昆虫驱赶出来，再飞扑过去啄食。因此无论是观察还是拍摄，难度都不小，就算把它拍清楚了，也常常会因为光线、角度等原因，没法确认某些关键性的辨识特征。因此，很多观鸟高手在野外是凭鸣叫声来确定柳莺的具体种类的。

柳莺属于莺科。宁波的莺科鸟类起码有十几种，具体如：黄腰柳莺、黄眉柳莺、极北柳莺、淡脚柳莺、冕柳莺、褐柳莺、强脚树莺、远东树莺、鳞头树莺、矛斑蝗莺、棕脸鹟莺、黑眉苇莺、东方大苇莺、斑背大尾莺等。

黄腰柳莺与黄眉柳莺是宁波最常见的柳莺，均为冬候鸟，冬季与早春在

黄腰柳莺

黄眉柳莺

远东树莺

极北柳莺

冕柳莺

褐柳莺

强脚树莺

公园里就容易见到。它们会不时发出轻柔的近似"居、居"的上扬的鸣叫声，而到了早春，黄眉柳莺的鸣叫会变得很响亮，老远就能听到。另外，说来有趣，其实黄眉柳莺有点名不副实，因为它的眉毛最多只是淡黄，甚至有点偏白；而黄腰柳莺的眉毛反而相当黄，当然，黄腰柳莺所具有的黄色腰部是黄眉柳莺所没有的。另外，极北柳莺、淡脚柳莺、冕柳莺与褐柳莺等，对宁波而言以旅鸟为主，少数个体为冬候鸟。

3种树莺中，以强脚树莺最常见，其早春时候的悠扬鸣声十分出名，因此台湾散文大师陈冠学称之为"报春鸟"。远东树莺头顶偏棕红，也不难一见。难得一见的，是鳞头树莺。这小家伙是宁波的旅鸟，而且总在灌木丛内的地面活动，十分隐秘。这习性跟同为旅鸟的矛斑蝗莺类似，鸟人们常把这类小鸟称为"小耗子"，拿它们没办法。棕脸鹟莺是宁波的留鸟，生活在竹林中，轻柔的"铃铃铃 ……"声是其标志性的鸣叫声。

关于东方大苇莺、黑眉苇莺及斑

鳞头树莺

棕脸鹟莺

棕扇尾莺

背大尾莺，请看《苇莺的悲欢离合》一文。

宁波还有 3 种属于扇尾莺科的小鸟：棕扇尾莺、纯色山鹪莺（又名褐头鹪莺）与山鹪莺。它们都善于鸣唱。体形最小的是棕扇尾莺，全长只有 10 厘米左右（麻雀为 14 厘米），跟很多柳莺差不多大。在春天的开阔草地的上空，常能听到空中传来轻微的"唧居、唧居"的鸣声，然后马上会看到一只棕褐色的小鸟呈波浪状在飞。这是棕扇尾莺的雄鸟在为求偶作炫耀飞行呢。纯色山鹪莺在郊外常见，它喜欢站在草茎上唱个不休。山鹪莺在本地不多见，只在山区偶尔可见。

纯色山鹪莺

山鹪莺

绣眼的亲情

暗绿绣眼鸟，简称"绣眼"，黄绿色的小身体、显著的白眼眶，怎么看都是透着机灵的很可爱的小鸟。它们喜欢成群结队，总是轻声叫着，呼朋引伴，从这棵树飞到那棵树。早春，当樱花、红叶李等花朵盛开的时候，绣眼就在花丛中忙碌，用尖尖的小嘴贪婪地品尝花蜜。这真是一种快乐的小鸟！每次看到它们，我的心情都会变得好起来。

2010 年 6 月，我到河南的董寨国家自然保护区拍鸟，连续几天下雨，在一个农家小院的树上见到了绣眼雨中育雏的场景。为了不让自己的宝宝被淋湿与受凉，这对绣眼父母总是配合默契：一只喂完食后立即趴在窝里给幼鸟遮雨保温，等另一只叼着东西进树的时候才离开去抓虫，如此周而复始。雨水唰唰，连日不停，亲鸟忙忙碌碌觅食喂雏，把自己淋得透湿，蛮可怜的。

绣眼在育雏期抓虫的本事真不能让人小看。我拍多了，后来就开始留意起虫子的种类来，大致数了数，起码有近 10 种，青虫、苍蝇、蜜蜂、小螳螂、飞蛾、蜘蛛等，什么都有。有的时候虫大得吓人，小鸟很难吞进去。

天晴之后，亲鸟不再需要趴在窝里，于是一起飞来飞去寻找食物，喂食的频率非常高，每隔几分钟就来喂一次。而且，绣眼父母很注意鸟巢的清洁卫生，它们经常在喂食完毕后将头探到巢底，看有没有掉落的食物残渣或雏鸟粪便。亲鸟必须保持鸟窝的洁净，否则，万一有残渣引来蚂蚁之类，幼鸟们就麻烦了。有趣的是，雏鸟拉臭臭的时候，通常会撅起屁股，然后只见一包白色的粪便就从肛门中冒了出来。而亲鸟会马上将这包粪便叼走，有时将其叼到远处扔掉，很多时候竟直接自己吞吃了。

据说，我离开董寨后的第三天，4 只小鸟就都出窝了，它们总共在窝里

吃花蜜的绣眼

红胁绣眼鸟

待了一周左右。对幼鸟来说，越早离巢越安全。因为，周边还有不少像喜鹊之类的不怀好意的鸟，万一让喜鹊发现这鸟巢，小鸟们就完了。

宁波属于绣眼鸟科的鸟有两种，除了常见留鸟暗绿绣眼鸟外，还有罕见的旅鸟：红胁绣眼鸟，一种体侧的胁部为红色的绣眼。

不识天高亦何妨

一说起燕雀，大家恐怕会马上想起"燕雀安知鸿鹄之志"（语出《史记·陈涉世家》）这句著名的话。其实类似的有名的话还有一句，即"宇栋之内，燕雀不知天地之高；坎井之蛙，不知江海之大"（语出西汉桓宽《盐铁论》）。反正，都是说燕雀这样的小鸟目光短浅、胸无大志。其实就小鸟本

燕雀

身而言，这还真有点冤。万物各有天性，做适合自己的事情就好，又岂能个个做胸怀天下的好汉？

当然，上文说的燕雀，实际上只是泛指燕子、麻雀之类的小鸟，跟现代鸟类分类学上说的燕雀不是一回事。在宁波，属于燕雀科的鸟有如下几种：燕雀、黄雀、北朱雀、金翅雀、黑尾蜡嘴雀。

黄雀

燕雀与黄雀均为宁波的冬候鸟。这里的黄雀，也显然不是"螳螂捕蝉，黄雀在后"之"黄雀"，因为现代之黄雀比麻雀还小一圈，嘴短而尖，善于啄食种子，恐怕不可能对付凶悍的螳螂。能抓螳螂的"黄雀"，估计是棕背伯劳之类的鸟。金翅雀与黑尾蜡嘴雀均为本地常见留鸟，而北朱雀迄今在宁波只有一笔影像记录，是有一年深秋鸟友老钱在慈溪的杭州湾海边拍到的。

金翅雀

白腰文鸟与斑文鸟属于梅花雀科，均为本地常见留鸟，很多人会将它们误认为是麻雀。前者腹部、腰部均为白色，后者腹部多斑纹，无白腰，是两种文鸟的区别所在。文鸟喜欢成群

黑尾蜡嘴雀

北朱雀（钱晚/摄）

白腰文鸟　　　　　　　　　　　　　斑文鸟

活动，故俗称"十姊妹"，又粗又厚的嘴很适于啄食稻谷、高粱，在谷物成熟时常飞到田里大快朵颐。在古代，白腰文鸟还常被驯养为"算命鸟"，算命先生利用它叼出签或牌，为人解读算命。

原来你也姓戴

有人曾开玩笑说："请问戴胜与戴菊这两种鸟有什么共同点？"

答："它们都姓戴。"

确实，除了都"姓戴"之外，戴胜与戴菊真的没有任何相似之处。前者属于戴胜目戴胜科，仅含戴胜一种鸟；后者属于雀形目戴菊科，在国内包括戴菊与台湾戴菊两种。戴菊喜欢松树等针叶林的生境。

漂亮灵动的戴菊

任何一个有幸见到戴菊的鸟人都会开心得要命，因为它太漂亮太可爱，又太罕见。戴菊是中国最娇小的鸟儿之一，全长约9厘米，其最大的特征是其头顶具有金色或橙红的冠纹，两侧镶以黑纹。它的羽冠平时是收拢的，但据说一旦受到刺激或为了求偶，就会发散开来，就像一朵绽开的菊花——这应该就是"戴菊"一名的来源吧。而戴菊的法文名为roitelet，其字面含义即为"小国的国王"，显然也是因为灿烂的羽冠而得名。

戴菊还有一个有趣的地方，正如《中国鸟类野外手册》所描述的："眼周浅色使其看似眼小且表情茫然。"确实是这样。2008年4月25日，我到姚江公园拍鸟，居然撞见了一只戴菊！它十分好动，但似乎不怕人，偶尔停下来的时候，我透过镜头清楚地看到了它的眼神，真的总是一种迷茫而若有所思的样子，十分好笑。次日，它便消失了，从此我再也没有见过这种鸟。

100多年前，瑞士欧仁·朗贝尔的《飞鸟记》一书中就有一篇《戴菊》，该文的末尾如此描写那些留在当地森林中越冬的戴菊：

> 戴菊，忠诚于其所爱之故土，仍旧鸣唱飞舞于古老的冷杉林中。而我们看见，在山顶之上、在钟乳石般的冰挂中、在落满雪花的针叶里，还有在冬天为森林穿上的所有雾凇间，都闪耀着它金色的王冠。

作为一个目睹过戴菊的灵动之美的幸运者，我完全被这些语句感动了。这不是散文，是诗。

最后，必须得再介绍一位同样超级"迷你"又超级漂亮的"小不点"，那就是叉尾太阳鸟，它隶属于花蜜鸟科，雄鸟拥有金属绿的顶冠羽与绛紫色的喉部，色彩极为艳丽。

按照早先的资料，叉尾太阳鸟原本分布在浙南及以南的地方，在宁波是没有的。但最近几年，这种小鸟的北扩趋势真的很明显，据说连江苏都

叉尾太阳鸟（雄）

已经有了记录。

　　宁波最初发现叉尾太阳鸟，是在 12 月的四明山中，鸟友们居然看到它们在啄食残存在枝头的吊红（柿子）。后来，在早春山茶花盛开的时候，我们也曾见到叉尾太阳鸟在吃花蜜。它们像蜂鸟一样，具有高超的振翅悬停技巧，然后将细而弯的嘴探入花中，吸食甜美的花蜜。

云中的风铃

　　你从大地一跃而起 / 往上飞翔又飞翔 / 有如一团火云,在蓝天 / 平展着你的翅膀 / 你不歇地边唱边飞,边飞边唱…… 整个大地和天空 / 都和你的歌共鸣 / 有如在皎洁的夜晚 / 从一片孤独的云 / 月亮流出光华,光华溢满了天空。(节选自雪莱《致云雀》,查良铮译)

　　很荣幸,我也曾经在海边的旷野里,仰望振翼于高空的云雀,倾耳聆听它悦耳的歌声。我没有雪莱的诗才,但云雀带给我同样的感动。

　　当然,从鸟类分类学的角度而言,准确地说,在宁波,我所听到的是小云雀的叫声。云雀与小云雀都属于百灵科,长得也非常相似,鸣声尽管不同,但都很甜美动人。不过,前者在本地很少见,而后者则是常见留鸟。

栖于大地,歌于天空

　　小时候看童话书,经常读到草原上百灵鸟的故事。从那时起,不知怎

【百灵科】

　　百灵腿短,领域性强,栖于开阔地带,外形似鹨但飞行力较弱,尾较短而嘴较厚,有几个种类具可耸起的短冠羽。百灵飞行时鸣唱,一些种类停于空中振翼并发出悦耳动听的鸣声。取食及营巢均在地面。

的，心中便有了这样的印象：百灵鸟很美丽，它们生活在北方草原上。以至于到了三十几岁，刚拍鸟时得知小云雀就是一种百灵鸟时，竟有点失落：它长得没想象中那么好看啊！

小云雀　　　　　百灵科

体小（15厘米）的褐色斑驳而似鹨的鸟。略具浅色眉纹及羽冠。与云雀及日本云雀的区别在体形较小，飞行时白色后翼缘较小且叫声不同。于地面及向上炫耀飞行时发出高音的甜美鸣声。栖于长有短草的开阔地区。

是的，小云雀并非羽色艳丽的鸟儿，全身都是浅黄褐色，跟土地与枯草的颜色差不多；身材也无甚特殊，比麻雀略大一点，也更修长一点而已。若一定要说有啥特色，最多只能说它的"发型"还不错——有着短短的微微翘起来的冠羽。所以，如果一位不熟悉鸟类的宁波人见了，恐怕又会说："这不是只'麻将'吗？"

跟普通的小鸟有所不同的是，小云雀是地栖性的鸟类，从不上树。它们最喜欢开阔的长满短短的野草的大地，在原野上觅食，在原野上安家，它们显然不喜欢任何阻挡视线、限制仰望天空的障碍物，哪怕是葱郁的树林。

小云雀喜欢生活在开阔的短草地

小云雀在沙浴

所以，在森林，在公园，都是不可能找到它们的，海边的满是沙砾与小草的土路或旷野，倒是常可以见到它们的踪影。它们在这里散步、游戏、觅食，连洗澡也喜欢沙浴——是的，只要随便寻一个小沙坑，趴进去，激烈地抖动翅膀，让细沙与身体互相摩擦，就能去除沾染的脏污，乃至寄生虫。

春天，蓝色的阿拉伯婆婆纳、黄色的鼠麹（音同"曲"）草、白色的泽珍珠菜……这些最常见的小野花开满了荒野，小云雀也迎来了求偶季节。于是，荒野成了它们赛歌会的广阔舞台。

小云雀站在一块石头上，昂起胸，抬起头，美妙、清澈、婉转多变的音符顿时如山涧的溪水潺潺流淌，与石相击，叮咚作响；又仿佛在如水的月光下，打击乐忽急忽缓，时而欢快，时而深情款款……

但光站在地面上引吭高歌，岂足以表达它那欢乐又急切的心情？于是，

歌唱中的小云雀

它纵身而上，越飞越高，直蹿云霄，直到几乎看不清楚为止。忽然，银铃般的歌声又从高空倾泻而下 …… 紧接着，又一只小云雀升空了。然后，又一只! 这是它们的求偶炫耀飞行。

正当我仰头听得如痴如醉之时，上空的歌手忽然停止了歌唱，如闪电一般俯冲而下，转瞬间便落在草地上，若无其事地散步、觅食了。

野草为席，白云为被

小云雀的巢，也安置在草地上。亲鸟在地面的矮草丛中用枯草、枯枝等物缠绕成一个碗状的巢，非常简陋，连防范风雨的基本条件都没有，全靠亲鸟的身躯为卵和雏鸟遮阳挡雨。

2010 年前后，在慈溪龙山镇的海边的一条宽阔的土路上，每到春夏之交，那里就有好多小云雀的巢，还有很多金眶鸻、环颈鸻也在砂石地面上直接产卵。

5月，是小云雀育雏的高峰期。通常，一个巢里有 3 到 4 只嗷嗷待哺的雏鸟，两只亲鸟忙得团团转。好在这个季节也是虫子最多的时候，亲鸟在草丛里奔忙，可以找到很多食物，据我观察以昆虫的幼虫最多。一些蝶蛾类的幼虫，胖乎乎的，对雏鸟来说，或许算是鲜美多汁的佳肴吧。

通常拍鸟，都是用"大炮"以较远的距离拍摄，但小云雀的巢在地面草丛中，有条件使用广角镜头加遥控的方法来拍摄，这样可以表现出鸟儿所在的整个环境，即荒野的广阔感。

于是我买来了无线遥控快门，将信号接收器装在相机上，自己躲在远处用信号发射器遥控快门即可。我找到一个鸟巢，趁亲鸟外出觅食的时候，赶紧把装着广角镜头的相机用迷彩布、枯草等伪装起来，然后放置在鸟巢

小云雀筑巢在地面矮草中

附近的地面上。我躲在附近，用望远镜观察，当亲鸟叼着食物回来时，几只原本趴在窝里一动不动的雏鸟立即抬起头来，张开血红的大嘴乞食。

这时，我按下了遥控快门，"啪啪"的快门声显然惊动了亲鸟。只见它先不喂食，而是口衔虫子绕着巢走了一圈，显然，它对家附近新出现的一块盖着枯草的"石头"（相机）起了疑心。那时候我心里很紧张，觉得自己的做法有点鲁莽，惊扰了鸟儿育雏。但那时已没办法过去把相机拿回来。万幸！万幸！亲鸟最终确认这块"石头"对它的家没有威胁，很快又正常喂食宝宝们了，我才松了一口气。不过我也没有多拍，就把相机拿回来了，毕竟这样做对鸟儿有失礼貌。

顺便说一下，宁波的百灵鸟，除了小云雀与云雀，还曾出现过大短趾百灵。大短趾百灵在北方挺多的，但在浙江相当罕见。2010年5月中旬，鸟友在慈溪龙山镇的那条海边土路上，即我拍小云雀的地方，发现了一只大短趾百灵，这应该是这种鸟儿在宁波的首次影像记录。粗粗一看，它跟小云雀长得很像，但嘴型不同，显得又短又厚（小云雀的嘴相对比较尖细），后脑勺也没有小云雀那样的冠羽。

可惜，后来这条土路连同周边的湿地都被开发了，从此再也没有鸟来繁殖，再也听不到百灵鸟的歌声。

我还想说，所有这些外表平凡、衣着朴素的百灵啊，你们以大地为家，以天空为歌唱之舞台，怎不让人心生敬佩！愿我们人类对自然多一点保护，少一点"开发"！

大短趾百灵　　　　　百灵科

中等体形（14厘米）的沙色百灵。上体具黑色纵纹，下体皮黄白色，上胸具深色的细小纵纹。眉纹白，下有黑色线。栖于半荒漠、盐碱滩地及干旱平原，冬季于农耕地。

晴日风铃，求其友声

以诗的语言极力赞美云雀的，西方有雪莱，东方则有陈冠学。

陈冠学先生是台湾的散文大师，也是钟情乡土的博物爱好者。他中年时毅然辞去教职，隐居家乡屏东县，晴耕雨读，以晶莹剔透的文字，写下了《田园之秋》这部日记体散文集，记录了作者归隐后的田园生活。陈冠学对于云雀（注：实际上也是指小云雀）特别喜欢，曾经借一位客人之口说他的隐居之地乃是"云雀之乡"。陈冠学在好多篇日记中描述、称赞了云雀。他曾记述：

> 夜读时间，我拿出了孩子们用的习字簿，写下了"云雀之歌"四个字为题，想写一篇长诗，好跟雪莱、济慈媲美。结果，涂掉了大约半本习字簿，一行也未写成。（《十一月二十二日》）

但我想，尽管先生没有用诗的体裁，但他用散文同样极为生动而真诚地向云雀的歌声致敬。

雪莱在《致云雀》中咏唱：

> 无论是春日的急雨／向闪亮的草洒落／或是雨敲得花儿苏醒／凡是可以称得／鲜明而欢愉的乐音，怎及得你的歌？

陈冠学则说：

> 云雀是晴日里的风铃。（《九月二十三日》）
>
> 一只云雀在小溪北升起，那水晶般的歌声也随着从地面升起，向四面辐散……云雀越唱越起劲，方才分明是唱的大地之歌，把大地的

歌声辐散上天庭；此时它唱的该是长天之曲，将上苍的祝福播落人间。在那样高的地方不断有美音播落，听着听着不由感激起来。(《十一月二日》)

忽然想到，如果让陈冠学先生选一种鸟儿来代表自己，我猜他一定会选择云雀：既立足于乡土，又能对大地进行审美观照，以如诗的文字（恰似云雀的歌声）赞美田园，唤起人们对土地的关切与爱护。

诗曰："嘤其鸣矣，求其友声。"在雪莱笔下，云雀是欢乐、光明、美丽、热情与自由的象征，读来让人心潮澎湃。而我相信，陈冠学先生的赞美田园、赞美自然的声音，恰似云中的风铃，在生态环境问题日益引起关注的当代社会，也一定能得到越来越多的共鸣。

最后再引用先生的一句话与大家共勉：

你不断绝自然，自然就不断绝你。

观鸟拍鸟有秘籍

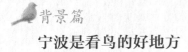
背景篇

宁波是看鸟的好地方

宁波西靠连绵的四明山,东临大海,刚好处在东亚 — 澳大利亚的候鸟迁徙路线的中段,因此无论是水鸟还是林鸟,种类都很多。在宁波有记录的 400 多种鸟类中,三分之二属于候鸟,其中冬候鸟又占了多数。从地理位置来看,宁波是一个观察我国的候鸟比较理想的地方。

大家知道,任何一个地方,每个季节的鸟儿的种类与数量都是不同的。加之我国幅员辽阔,地形多变,因此相隔遥远的不同地区所分布的鸟儿往往会有明显的差异。

我们通常将鸟儿分为留鸟与候鸟两大类。留鸟是指某个地方四季常在的"土著居民";而候鸟自然是指会迁徙的鸟类,它们每年春秋两季沿着相对固定的路线往返于繁殖地和越冬地之间。在不同的地域,根据候鸟出现的时间,可以将候鸟分为夏候鸟、冬候鸟、旅鸟。对于某种鸟类来说,在其越冬地则视为冬候鸟,在其繁殖地(或避暑地)则为夏候鸟,在它往返于越冬地和繁殖地途中所经过的区域则为旅鸟。

斑嘴鸭

拿"鸿雁传书"的鸿雁来说，夏天它们在我国东北繁殖，因此是东北的夏候鸟；秋天，它们向南迁徙，途经河北、山东等省，那么对于经过地区而言，它们是旅鸟；它们主要在长江中下游一带越冬，于是就成为那些地方的冬候鸟。次年春天，又北迁至东北，如此周而复始。

早在 8 月间，鸟儿的南迁之旅就已经开始了。先头部队以小型的水鸟为主，成千上万的鸻鹬类水鸟主要沿着海岸线附近一路南飞。九十月份，大量林鸟也开始集中迁徙了，猛禽们大大咧咧地在白天翱翔，可怜小型的雀鸟们为了躲避猛禽的捕食，通常选择赶夜路。而野鸭、大雁、鹳、鹤、鹈鹕等中大型的水鸟，通常要到 10 月下旬与 11 月才会到达江南的越冬地。在寒冷的一二月，各种冬候鸟都还留在越冬地，因此也是观鸟的好时节。3 月之后，冬候鸟开始逐渐分批北迁。四五月份，大量迁徙的鸟路过宁波，这个时候的鸟儿很多已经披上"婚装"（即繁殖羽），羽色特别鲜艳漂亮。

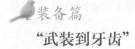

装备篇

"武装到牙齿"

怎么样？是不是恨不得马上想去观鸟、拍鸟了？别急，出门前，有些事情你必须了解，否则恐怕难逃"兴冲冲出去，灰溜溜回来"的结局。这里就给大家分享一些关于观鸟、拍鸟的小攻略，先说说装备。

野外观鸟，你最好拥有一本专业的鸟类图鉴，如《中国鸟类野外手册》，同时网上的观鸟论坛也非常适合大家提高认鸟水平。其次，还需要一架合适的望远镜。初学者不妨使用品牌较好的双筒望远镜，放大倍率7—10倍即可。注意千万不要追求过高倍率，否则你根本没法拿稳望远镜，影像会抖得你头晕；同时，要选择口径较大的望远镜，这样视野会更加明亮清晰。常见的参数是7X35、8X42等，前面的7或8是指放大倍率，而35、42（单位：毫米）是指望远镜的口径。还要建议大家

随身带上纸和笔，随时记下观察所得，若你能为鸟儿画几笔简单的速写，则更好。

如果你是摄影爱好者，还想为鸟儿留下倩影，则需要较好的摄影器材。现在的资深鸟类摄影爱好者都拥有焦距500毫米以上的定焦镜头（俗称"大炮"）及高端数码单反相机，此外还包括重型三脚架与专业液压云台或悬臂云台等一系列必备的附属器材，总价非常昂贵，足够买一辆不错的家用轿车。

但对于拍鸟初学者来说，未必需要这样一步到位。大家不妨先选择一套轻便的器材，如一台可以快速对焦与连拍的数码单反相机，再加一支焦距400毫米左右的"小炮"即可。如果镜头本身有防抖功能，使用这样的器材在光线不错的情况下连三脚架都省了。当然，这套器材适合拍摄一些林鸟，如果到海边拍水鸟，就有点鞭长莫及了。

经验篇

看鸟的四大窍门

窍门一，找对地方。看常见的林鸟，去植被多样性较好（有各种大树、灌木丛、草地）的公园或郊野即可，附近有池塘等水体的尤佳。不要去植被单一、过于人工化的环境，越有野趣的公园绿地，其生物多样性就越好，鸟儿越多。观赏水鸟，则需要寻找湿地环境。河畔的湿地、湖泊以及海边的滩涂、半干水塘、水库等都是不错的选择。一般来说，上午与近傍晚时分，鸟儿比较活跃，相对易于观察，而中午前后鸟儿相对较少。

窍门二，等在鸟的前面。初学观鸟、拍鸟的人，往往一看到鸟就激动，拼命追着鸟儿跑，结果，运气好的，看到个鸟屁股，运气差的，啥也没看清。其实，凡事都不能慌手慌脚，而先要认真观察，尽量摸清鸟儿活动的规律，猜测它们移动的方向，然后悄悄地绕到前面，等着鸟儿"撞"到眼前

来就是了。

窍门三，找到鸟的"食堂"与"澡堂"。冬天食物比较缺乏，因此只要找到一株结满可食用的果子的树，在这附近"守株待鸟"即可，肯定会有一批又一批的鸟儿光临。其次，鸟儿也是很爱卫生的，经常要洗澡。有一次，在宁波市中心的月湖公园，我看到一群黄腹山雀挤在假山石上的一个小水洼里欢快地洗澡，忽然，冲过来一只体形大得多的白头鹎，凶巴巴地把小山雀们给吓跑了。等白头鹎洗完，山雀们才又陆续回来。

窍门四，到海边看水鸟的话，请掌握好涨潮的时间。因为当潮水逐渐涌上来，淹没滩涂，原先在远处觅食的水鸟们将被迫后撤，离岸越来越近。这时，如果近处的滩涂上有一块高地，那么大量水鸟都可能集中在那里，包你一次看个爽。就算没有高地，鸟儿们也会起飞，不断飞过头顶。

还有一点小提醒：野外观鸟、拍鸟时，要穿轻便合脚的鞋子，穿朴素的衣服或迷彩装，以尽量与环境融为

一体，而不要穿太鲜艳的服装，并记得带上水与少量干粮。同时切记，观鸟最重要的是安静，最忌高声喧哗，更不能用扔石头等手段驱赶、惊扰鸟类，而应保持适当观赏距离。

认鸟篇

野外观察最重要

鸟儿，应该是最容易观察到的野生动物了，公园里、小区内、田野中、溪流边、海涂上，这些飞翔的精灵无处不在。但是，你能叫出多少种鸟儿的名字？是不是把小而灰的都叫麻雀，大而灰的就称老鹰，凡是黑漆漆的就喊乌鸦，羽毛洁白的便呼白鹭？

当然不能这样。很多初学观鸟、拍鸟的人，最头疼的就是鸟类辨识问题，似乎看很多鸟都长得差不多。但其实只要多观察、多记录，慢慢就会掌握一些认鸟的窍门，并学会为相似的鸟儿找不同。且让我们把麻雀作为参照物，试着找出可能与之搞混的其他小鸟的不同。麻雀的外貌实在太平庸，似乎没啥特点——但别急，其实，跟类似的小鸟仔细对比，麻雀的长相可以称得上是"标志性"的，那就是"小白脸上有黑斑"！记住这一点，可以帮助你区分很多鸟呢。

有一类叫作"鹀"（音同"吴"）的鸟，除三道眉草鹀为宁波的留鸟外，其余以冬候鸟为主，也有一些旅

麻雀"标准照"

黄眉鹀

黄喉鹀

灰头鹀

栗耳鹀

白眉鹀

小鹀

鸟。宁波的鹀科鸟类有好多种，具体包括：灰头鹀、苇鹀、白眉鹀、栗耳鹀、小鹀、黄眉鹀、田鹀、黄喉鹀、黄胸鹀、栗鹀、硫黄鹀、三道眉草鹀等。它们通常喜欢在灌木丛附近活动，体形、羽色跟麻雀比较接近，连嘴型也差不多，又短又厚。但是，只要我们一看它们的脸颊，不是"小白脸上有黑斑"，那么首先就把麻雀给排除掉了。接下来的事情很简单，继续"看脸"

就是了：头部几乎都是灰色的就是"灰头鹀"，有明显的几道白色纹路的就是"白眉鹀"，眉毛黄色的就是"黄眉鹀"，喉部黄色的就是"黄喉鹀"，头顶偏灰而眼后栗色的便是"栗耳鹀"，同样是眼后栗色但头顶偏棕色的乃是"小鹀"……怎么样？是不是超简单？这么多鹀中，以黄胸鹀、硫黄鹀最为罕见。特别让人伤心的是，俗称"禾花雀"的黄胸鹀，本为常见鸟，居

黄胸鹀

硫黄鹀（黄泥弄/摄）

鸬鹚

绿头鸭

然因为被大量捕捉食用，如今活生生被吃成了濒危物种！

　　以上说的都是林鸟，而在宁波，由于有着漫长的海岸线及大量的滨海湿地，因此越冬的水鸟也非常多。常见的有普通鸬鹚、苍鹭、凤头䴙䴘，以及各种野鸭、鹬等。其中，光野鸭就起码有十几种，相对比较常见的有斑嘴鸭、绿头鸭、绿翅鸭、琵嘴鸭、赤颈鸭等。是不是光看名字就大致知道它们各自的特征了？是的，至少对雄鸟来说就是这样——多数种类的野鸭的雌鸟的羽色都很暗淡，彼此不易辨别。野鸭喜欢生活在比较宽阔的水域，而很多小型水鸟喜欢栖息在海涂上或半干的水塘里，这就是大量

鸳鸯

的鹬与鸻，常见的有青脚鹬、泽鹬、黑腹滨鹬、环颈鸻、鹤鹬、白腰杓鹬、中杓鹬等。有些种类的相似度很高，需要有丰富的野外观鸟经验才能快速识别。

到海边，运气好的话，还能在湿地中见到大型的水鸟，如大雁、天鹅等。在宁波越冬的大雁有豆雁、鸿雁、白额雁等，均不常见。在宁波每年都有少量小天鹅来越冬。运气特别好的话，甚至还可能见到鹈鹕、鹤、鹳等非常罕见的鸟类。

小天鹅

野鸟传奇"未完待续"

（代后记）

　　我虽竭尽全力试图去描述宁波的各种鸟类，但还是"力有所不逮"，仍然有不少美丽的飞羽不曾在本书中被专门提到。如，关于杜鹃科的鸟，我只在《苇莺的悲欢离合》一文中讲了大杜鹃的"巢寄生"习性，而小杜鹃、中杜鹃、四声杜鹃、鹰鹃、噪鹃、小鸦鹃等均没有专门描述。我没写可爱的太平鸟与小太平鸟，没写珍稀的黑脸琵鹭与白琵鹭，甚至没有专门去写灵动飘逸的寿带、紫寿带……虽然它们只是极少数，虽然是因为我的野外观察、学习经验的不足导致可供写作的素材不够充实，但我心中依然对这些鸟儿存着一种歉疚感。

　　但换一个角度想想，我也有所释然了。因为大自然是如此伟大而无限，渺小如我，又岂能妄想哪怕是穷尽自然界之沧海一粟？所以，"野鸟传奇"注定是永远"未完待续"的

小鸦鹃

传奇。

在书稿完成之际，我要致谢，要感谢的人有很多很多。

十年前，为了拍鸟，当我花"大把银子"去购买昂贵的相机与"大炮"的时候，当我"疯疯癫癫"几乎把所有业余时间都用在野外的时候，我的父母、妻女几乎从未有过多少怨言，最多唠叨一句"你怎么又去拍鸟了"算数。我的家人了解我的热爱、支持我的人生态度、认同我的生活方式。这就是家人，他们是始终默默为你加油，甚至"纵容"你的人。

近年来，由于喜欢自然摄影，我认识了好多志同道合的朋友。虽然大家身份不同，其中有的人做大官，也有的人拥有巨额财富，但在大自然面前，大家都仿佛变成了赤身的儿童，不谈功名利禄，而言必称鸟儿、野花之类，人与

小太平鸟（尾羽末端为红色）

黑脸琵鹭　　　　　　　　　　　　　　　白琵鹭

人的相处变得如此单纯而美好。在本书的写作过程中，很多鸟友为我提供了无私的帮助，书中不少照片来自于他们。鸟友"古道西风"的微信公众号里有很多介绍本地鸟类的好文章，我从中受益匪浅。"爱自然的灵魂终会相遇"，感谢所有喜欢自然的人，与你们的相遇是我的荣幸与快乐。

　　然而，作为一个曾经读过哲学、文学、古典美学等专业的文科生，我平时竟只顾痴迷于野外摄影，而疏于写作。多年前，妻子就劝我：照片拍得好的人多了去了，你的优势在于把影像与文字结合起来，所以应该多写写。我知道她说得很对，但还是懒。

　　直到 2015 年秋，时任报社副总编的志坚兄（当时是我的顶头上司）再三叮嘱我：海华，你拍了这么多年鸟，野外的故事这么多，你应该赶紧写出来，与大家分享，相信大人孩子都会喜欢看的！就这样，我在《宁波晚报》上开设了《大山雀的博物旅行》专栏，一般每隔两周或一周刊登一期，直至今日，已有两年，从未间断，颇受读者欢迎。很多家长告诉我，他们把每一期的专栏版面都保存下来，跟孩子一起看。可以说，没有志坚兄的鼓励，就不会有这个在报纸副刊中相当独特的博物专栏，我就不会有强大的写作动力（或压力）。当然，也不会特意去写这本"鸟书"——至少不会这么快。

这期间，还有多位报社领导对这个专栏表示了鼓励与支持。时任宁波都市报系总编辑的王存政先生还特意保存了我的开栏第一篇《那群麻雀改变了我的人生》。直到2017年夏，即将离开总编辑岗位的他还在跟我谈话时，勉励我继续努力，多多创作，令我十分感动。

如今，志坚兄与王存政先生都已不是宁波都市报系的分管领导，所以我才敢说上面这些话，否则我是宁愿在心底表示感谢也不愿书诸文字的，以免有媚上之嫌。

说了这么多，突然想到一句话：对欣赏你、爱你的人的最好回报，就是做更优秀的自己。是的，今后，我所能做的，唯有继续努力、再努力，和所有的人一起努力，为生态环境变得更好一点点而不断努力。如此，庶几不负来人世间走一回。

现在，书即将付印，心中忽然惶恐了起来。这是一本关于鸟类的"漫谈"式的书，虽然写作时力求严谨，但难免主观感情色彩较重，或许上架"自然文学类"倒比上架"科普、生物类"更合适些；且限于水平，不当之处在所难免，在此恳请大家多多指教！

最后，还有几句"题外话"不吐不快。2006年，我所见到的《宁波市鸟类名录》收录了340多种鸟。10年以后，精于辨识鸟类的宁波资深鸟友"古道西风"，综合历史记载及近年来的本地鸟人拍鸟的影像记录，确认目前宁波有记录的野生鸟类已突破400种，并列出了详细的分类名录。这一成果，在宁波市林业局开展的新一轮宁波市陆生野生动物资源调查中，被直接吸收。为什么会"多出来"这么多鸟？有的人或许会"习惯性"地归因为"生态环境

寿带（雄，白色型）

改善了"，这最多是部分说对了。鸟类"变多"的一个非常重要的原因，实际上是民间观测者明显增多了。十几年前，整个浙江痴迷于观鸟、拍鸟的也就寥寥数人，而现在光宁波就有好几十人，而且多数人拥有"高精尖"的专业摄影及观测器材，为记录、统计本地鸟类提供了极大的便利。

近年来，有些地方的环境确实明显变好了，但是也有一些地方——尤其是好些沿海湿地，其现状实在不容乐观，甚至令人心痛。水鸟是宁波的一大特色，种类多、数量多、珍稀鸟类多，而湿地是包括水鸟在内的众多动植物的共同家园，也是"大地之肾"。可是，近10年来，我目睹好多曾经是鸟类乐园的芦苇荡、浅滩、海涂等湿地逐渐消失，南来北往的迁徙的鸟儿面临着无处歇脚的窘境。

这种发展与保护如何取舍、平衡的两难问题，不仅宁波需要去正视，也是国内多数地方亟待解决的问题。希望"绿水青山才是金山银山"这句话，不仅能深入人心，更能切实地转化为实际作为——不仅在于政府的决策与举措，也在于每一个人的日常所为，只有这样，我们的生态环境才能真正地书写传奇。

我相信，我祝愿，"野鸟传奇"会是整体环境改善这个宏大传奇的一个靓丽侧面、一个熠熠生辉的缩影。

张海华

2017 年 9 月 5 日

图书在版编目（CIP）数据

云中的风铃：宁波野鸟传奇 / 张海华著 . 一宁波：
宁波出版社，2017.11（2018.4 重印）
　ISBN 978-7-5526-3064-0

　Ⅰ . ①云… 　Ⅱ . ①张… 　Ⅲ . ①鸟类－宁波－普及读物
Ⅳ . ① Q959.708-49

中国版本图书馆 CIP 数据核字（2017）第 242825 号

致谢： 为确保表述科学、准确，本书中所附各种鸟儿的介绍分别摘引了《中国鸟类野外手
册》《台湾野鸟手绘图鉴》《上海水鸟》三种图书的部分文字，若非特别注明，均摘自《中
国鸟类野外手册》。特此说明，并致感谢。

云中的风铃：宁波野鸟传奇

张海华　著

出版发行	宁波出版社	
地　　址	宁波市甬江大道 1 号宁波书城 8 号楼 6 楼	
邮　　编	315040	
联系电话	0574-87259609	
网　　址	http://www.nbcbs.com	
策　　划	徐　飞	
责任编辑	徐　飞	
装帧设计	马　力	
责任校对	何培瑶	
印　　刷	浙江新华数码印务有限公司	
开　　本	710 毫米 ×990 毫米　1/16	
印　　张	26.25	
字　　数	320 千	
版　　次	2017 年 11 月第 1 版	
	2018 年 4 月第 2 次印刷	
标准书号	ISBN 978-7-5526-3064-0	
定　　价	79.00 元	

本书若有倒装缺页影响阅读，请与出版社联系调换，电话：0574-87248279